JN027914

Predicting Future Oceans:
Sustainability of Ocean and Human Systems Amidst Global Environmental Change

Edited by Andrés M. Cisneros-Montemayor, William W. L. Cheung, and Yoshitaka Ota

海洋の未来
持続可能な海を求めて

アンドレス・シスネロス=モンテマヨール,
ウィリアム・チェン, 太田義孝 [編]

太田義孝 [訳]

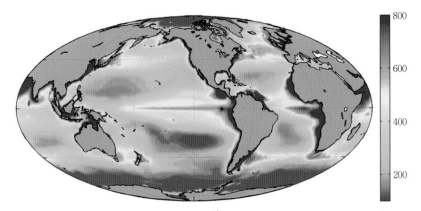

図 1.2 地球観測衛星により観測し，VGPM[1] により導出した一次生産力（gC/m²/ 年）[66]。本図は，VGPM と Eppley-VGPM という 2 つのモデルによる計算結果の平均値を示したものである。

水深 400 m における酸素濃度（mL/L）

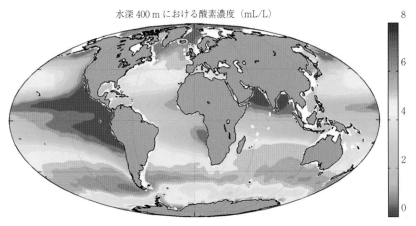

図 1.3 水深 400 m における海中酸素濃度を示した地図。[84]より編集。赤道域の貧酸素海域に注目のこと。

1）Vertically generalized production model の略であり，海面におけるクロロフィル a の濃度と海面水温の関数として求めた光合成活性から一次生産力を導出するモデル。

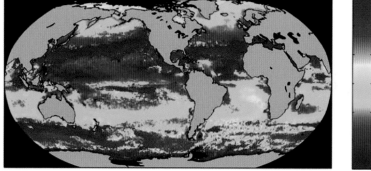

図 2.1　人工衛星に搭載された海色センサー SeaWiFS から送信されたデータに基づく
ブルーム開始日の 1998 年から 2007 年の平均値を世界地図上に示したもの。そ
の年に発生した最初のブルームのみが反映されている。図中のデータ処理には
[2]が示した閾値算出アルゴリズムが使用された。

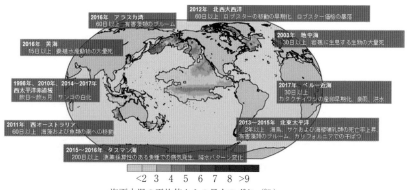

2016年　アラスカ湾
60日以上　有害落類のブルーム

2012年　北西大西洋
60日以上　ロブスターの移動の早期化，ロブスター価格の暴落

2016年　黄海
15日以上　養殖水産動物の大量死

2003年　地中海
30日以上　岩礁に生息する生物の大量死

1998年、2010年、2014〜2017年
西太平洋赤道海域
数日〜数カ月　サンゴの白化

2017年　ペルー近海
30日以上
カタクチイワシの産卵早期化，豪雨，洪水

2011年　西オーストラリア
60日以上　海藻および魚類の南への移動

2013〜2015年　北東太平洋
2年以上　海鳥，サケおよび海棲哺乳類の死亡率上昇
有害落類のブルーム，カリフォルニアでの干ばつ

2015〜2016年　タスマン海
200日以上　漁業採算性のある魚種での病気発生，降水パターン変化

<2 3 4 5 6 7 8 >9
海面水温の平均値からの最大のずれ（℃）

図 3.1　過去 20 年間に記録された海洋熱波の空間的広がりと最大強度。海洋熱波発生中
に観測された最高海面水温と平均海面水温の差が黄色から赤で示されている。
橙色の欄中には，海洋熱波の発生年および発生海域に加え，継続期間を示すと
ともに，観測された自然システムおよび人間システムへの影響の例を挙げてい
る。[3]より一部改変。

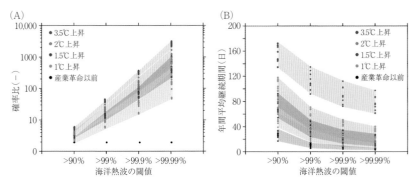

図 3.2 （A）予測された確率比（すなわち海洋熱波発生日数の相対的増加［対数表示］）の変化の比較。（B）海洋熱波の継続期間を，異なる地球温暖化の度合いと異なる海洋熱波の閾値の下でシミュレーションした場合に予測される変化の比較。第5期結合モデル相互比較計画（CMIP5）について，12種類の地球システムモデルによるシミュレーションを過去にさかのぼって実施するとともに，未来については RCP8.5 のシナリオに従って実施し，得られた結果を用いた。網掛け部分は，結果が取りうる値の最大幅を示す。個々のモデルの結果は，単一の点ではなく複数の点の集合となるべきである。[16]より一部改変。

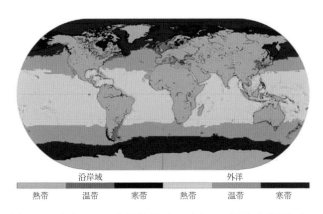

図 5.2 レイゴンデューらが提唱したバイオームを示した地図[23]。

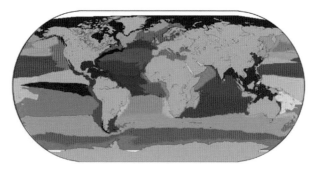

図 5.2（続き） レイゴンデューらが提唱した生物地球化学的区分を示した地図[23]。

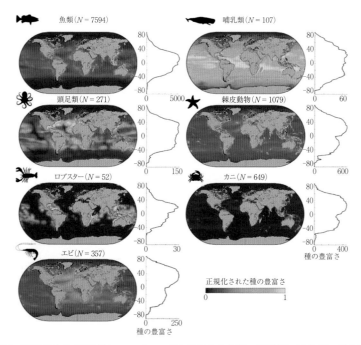

図 5.3 1970 年から 2000 年について，モデル化された魚類，哺乳類，頭足類，棘皮動物，ロブスター，カニおよびエビの種の豊富さを示したマップ。各グループでモデル化した種数を N とした。多様性の生データ（つまり N）の最大値が 1，最小値が 0 となるよう正規化されているため，マップ上の種の豊富さは 0 以上 1 以下の数値で表されている。それぞれの種の豊富さのマップの右側には，算出された生物多様性の緯度勾配を表示している。

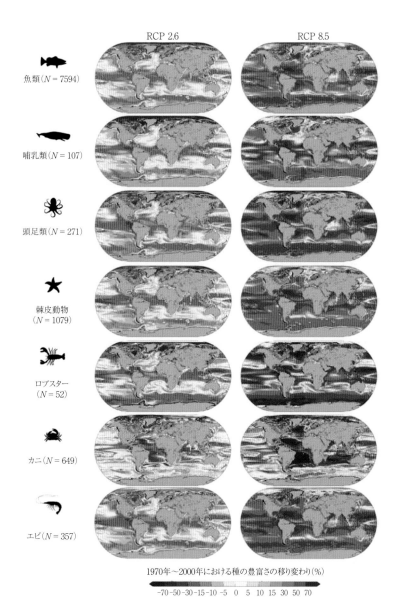

RCP 2.6　　　　　　　　　RCP 8.5

魚類（*N* = 7594）

哺乳類（*N* = 107）

頭足類（*N* = 271）

棘皮動物
（*N* = 1079）

ロブスター
（*N* = 52）

カニ（*N* = 649）

エビ（*N* = 357）

1970年～2000年における種の豊富さの移り変わり（%）

-70 -50 -30 -15 -10 -5　0　5　10 15 30 50 70

図 5.4　RCP2.6 および RCP8.5 という 2 つのシナリオについて，対照期間（1970 年から
　　　2000 年［図 5.3］）と比較した今世紀末（2090 年から 2099 年）の種の豊富さの
　　　変化（%）を示したマップ。

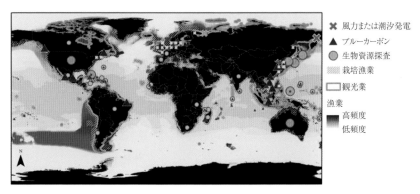

図 13.2　ブルーエコノミーに含まれる可能性が検討されている海洋産業セクターの現状
での活動現場および分布状況。データは[30-34]より。

謝　辞

　本書は，日本財団ネレウスプログラムフェロー，共同研究者，および主要な研究者の多大な貢献と助成，そして最先端の学際的で変革的な研究を追求するという献身によって成しえたものである。この本は非常に多様な研究者のグループによる業績であり，その代表例となるものを示している。この科学的な努力と彼らの仲間の研究者，双方のコミットメントへの感謝は尽きることがない。ネレウスプログラムネットワークの多くのメンバーにとって，本書とそこにいたる貢献は，プロの研究者としてのキャリアにおける成長と移行のユニークな時間を反映している。現時点での科学的理解を示し，将来世代の研究者のプラットフォームである本書に記録された彼らの援助にとても感謝する。

　私たちは，各章にコメントをくれた多くの査読者，特にこの本の準備のために手助けをしてくれた Wilf Swartz に感謝する。また，プロセス全体を通して丁重なサポートをしてくれた Elsevier の編集チーム，特に Louisa Hutchins, Redding Morse, Katerina Zaliva, Vijayaraj Purushothaman に感謝する。

　本書は，日本財団と世界中の 17 の学術研究所による学際的海洋研究プログラムである日本財団ネレウスプログラムの成果物である。これらのパートナー機関と，ネレウスプログラムフェロー，共同研究者，主要研究者への 10 年間に及ぶ追加的なサポートに深謝する。ネレウスプログラムは，笹川陽平会長が先導する海洋の持続可能性を向上させようという日本財団のビジョン，そして健康的な海や地域社会を目指す彼のコミットメントを反映している。さらに，プログラムの期間全般を通じて，研究グループとフィールドを横断して継続的な協力と助言をくださった海野光行氏にも感謝する。

　このプロセスを通じて生まれ本書につながった，研究機関，プロフェッショ

ナル，そして個人のネットワークが，沿岸域のコミュニティと未来の海の持続可能性のために成長し続けることを願っている。

序論　海の未来を予測する

本書の目的

　本書は，2011年から2019年まで8年間継続して行った海洋科学研究プログラム「日本財団ネレウスプログラム」の成果の一部をまとめた編著である。原本となる *Predicting Future Oceans* は，2019年の秋にエルゼビアから出版されており，気候変動が海におよぼす影響から，企業，市民社会，政府が中心となって進めている SDGs（持続可能な開発目標）まで，海に関する課題を48章，500ページにわたって述べている。原本の企画，編集，執筆を率いた立場からいえば，膨大な情報を含んだ書籍を出版することは，百科事典を作り出すようであり，また，分野横断的なアプローチによって多角的に海の未来を示すことであった。執筆者の多くは，調査の切り口からデータの収集・分析，そして結論まで，各自が行ったオリジナルの研究を基盤としており，未来の海において懸念される環境変化，なかでも気候変動，新たな海の開発や政策の批判的思考を伴った解説を展開している。特に，これまで十分な知見が蓄積されていない海の社会的な課題，沿岸域社会や島嶼国の食糧安全保障や主権についての論考は，海洋政策で国際的な注目を浴びているテーマである。

　本書は，その48章の中から結論を含む17章を選択して，特別に日本語版として再構成したものである。ネレウスプログラム統括であり，原本の編集責任者である筆者が，原本とは異なる内容で執筆した新たな序章（本章）を追加した。掲載する17章については，その内容やオリジナリティーをふまえ，本書のテーマである「海の未来」についての直接的な情報と私たちが認識すべき課題に関する研究を扱った章を，筆者が選び収録した。直接的な情報とは，海の未来において，人々に知っておいてほしい科学的知見や国際的な議論に関わる

　研究を指している。今，環境や社会に悪影響を与えている問題は，未来では規模が拡大するのか？　その影響が軽減する可能性はあるのか？　一般的に注目されている政策課題は何か？　これらの問題や課題に対する解決策，学術的な考察はどんなものか？　最新の研究がこれらの質問の答えとなる。具体的なトピックとしては，気候変動（異常気象，季節変化，生物多様性，生物適応を含む），海洋汚染，水産資源の枯渇，海洋開発の影響，食糧安全保障，海洋紛争，企業的な責任，海洋所有権，SDGs，国際漁業管理に着目した。

　これらのトピックは，未来において，グローバルな海の問題として，深刻に，複雑に発展していくという共通項がある。特に気候変動，汚染，水産資源の枯渇は，環境保全団体によるメディア戦略とは裏腹に，その規模，根深い歴史，政治的な原因から「悪魔的な（解決できない）課題（Wicked Problem）」として解決の糸口が見えていない。「悪魔的」である仕組みとして，気候変動の研究者らが指摘するのは，地球規模の環境変化は「累積的」に生態系に影響を与えるという点である。累積的とは，単一の変化が与える影響だけでなく，多様な変化が累なって起こることで生じる相乗作用を指しており，特に気候変動が環境や社会に与える影響を理解する鍵となるコンセプトである。本書では，海水温の上昇，生息域の減少，生物分布の変化など多様な影響が，いかに海洋生態系に累積的な変化をもたらしているのかを取り上げ，気候変動が海に与える影響の「悪魔的」な複雑さを示す。また，これらの章には，モデル分析を駆使した研究内容が多く含まれるが，モデル分析に生じる不確実性にかかわらず，各章の結論においては，曖昧な表現を可能な限り避けることとした。

　また，「累積的」と並んで，気候変動が「悪魔的な課題」である理由は，「トレードオフ」と呼ばれる利点と負荷の二律背反が，気候変動への適応または緩和によってもたらされることにある。例えば，気候変動についていえば，パリ条約により温室効果ガス排出を軽減することが第一の解決策とされる一方で，動かない国際社会を傍観しているより，地域的な適応策の実施がより喫緊だとする声もある。国際的な取り組みも重要であり，問題が引き起こす深刻な環境的，経済的な状況に対処して人々を守ることを重視する立場からの議論ではあるものの，適応するためには地域的影響の予測が必要であり，それを地球規模で起こる変化から導き出すことはあまりに難しい。特に，環境変化の影響が社会

経済へ移行する時に，すでに存在する不平等や社会公正性の欠如によって，差別的に異なる社会階層，民族，職種グループに悪影響が及ぶ結果につながる。本書が扱う海の社会的な側面の研究は，未来の海において増殖された負荷が，政治的，人種差別的な理由から周辺化された人々（先住民や移民）の食糧安全保障，経済活動，文化に大きな影響を与える「顔の見える危機」を取り上げている。

　原本の目的は，未来の海についての百科事典的な機能を備えることであったが，日本版の本書は，海と人との伝統的な関わりを考え，より社会的な課題を前面に出したメッセージ性の高い内容にすることを新たな目的とした。海に関する社会的な課題とは，変化や危機を予測して来たるべき未来を描くのではなく，問題を解決するために必要な知見を吟味し，問題解決の過程を構築することを指す。つまり，未来の海をより豊かに，美しく（恣意的ではあるが），自由に（すべての人が平等にその恩恵を受ける）するために今私たちは何をすべきかという議論を行うことである。本書では，国際的な取り組みとして注目を浴びている「ブルーエコノミー」「企業の社会的責任」「持続可能な開発目標」を章として取り上げ，これらの取り組みやコンセプトが示す解決策に必要とされる視点，特に社会的公正を中心とした議論を紹介している。端的にいえば，海からの恩恵を誰が受けているのか，そして誰が受けるべきかという問いに，私たちはどう答えるのかという議論を展開しているのである。

本書の内容

　本書は，多岐にわたる課題を取り上げることで，未来の海を三つの側面から説明している。第一に，気候変動による海洋生態系への影響，第二に，環境変化への適応に際してのリスクとその負荷を担う対象，そして第三に，未来の海のための国際的な取り組みの再検討である。各章は，これら三つのテーマに沿って，単一的な海の未来図を描くことを目的とせずに，論考しているものもあれば，オリジナルのデータを基に議論しているものもある。すべての内容は，すでに査読付き学術論文として出版されているので，これらの論文を読むことにより，情報の根拠とさらに専門的な詳細を理解できる。研究の最前線に立つそれぞれの執筆者が，これらの詳細をできる限り反映させながらも，専門外の

読者にも問題の原因，規模，トレードオフ，解決方法（とその問題点）が認識できるように，各章で背景，現在の知見，考察，結論を述べ，テーマとなる自然的，社会的，政策的な海に関する動きを解説した。

　すべての章は独立しているが，前半7章までを読む際には，まず気候変動が海に与える影響をまとめている第1章を読んでいただきたい。変化する海洋環境について，地球システムのメカニズムと今後の動向予測とともに解説するこの章は，その後章に登場する二次的な変化，温暖化や酸性化などの物理的な変化がいかに生態系に影響するのかを理解する際の助けとなるだろう。例えば，第2章では，海水温の上昇によりいかに生物季節（季節をめどに反復される生物学的現象のサイクル，プランクトンの発生など）に不整合が現れるのか，また第3章では，海洋熱波と呼ばれる極端な気象の発生が増加するのかなどを扱うため，これらの章の前段として海水温の上昇についての基礎的な仕組みと規模を学ぶことは有効であろう。また，海洋生物多様性や生物進化・適応への気候変動について述べている第5，6章でも，最も重要な誘因は，海水温の上昇によって受ける影響であると捉えられている。一方で，第7章では，生物分布の変化，特に商業種として対象とされ，移動範囲が比較的に広い魚種について，海水温の上昇によって生息域を追われる（熱すぎる水から逃げるために）という傾向だけでなく，「魚の成体の運動」，あるいは「海流による幼生の分散」によって生息域を拡大することも可能であるとし，変化の連鎖が必ずしも直線的でないことを示している。その上で，これらの変化する海と海の生物の行動が，漁業への「長期的なリスク」となり，地域に根ざした漁業管理の手法が必要となる可能性を解説する。これは，第4章で解説されている気候変動と海洋汚染（特に水銀汚染の拡張）についても同様で，海水温が上昇すると魚の体内での汚染濃度が高まる傾向があるものの，生態系の変化により，この傾向が一部では緩和されることも考えられる。前半の第1章から第7章では，地球システムから地域漁業まで，海洋から生態系，そして経済活動へと，気候変動が連鎖的に与える影響を説明している。そして，複雑な仕組みを伴って，現在の科学的知見によって示される未来の海は，これまでとは異なった「累積的」な変化に覆われていることが明らかにされているのである。

　海から社会へとつながる関係は，漁業という生業を通して，歴史的に，文化

的に多様な形で，それぞれの沿岸域社会において適応・変化してきた。第8章では，北極圏で暮らすイヌイットの食料システムを取り上げる。魚や海洋哺乳類を地域社会で分け合い，文化を守り，食料を確保しようとする人々は，今，気候変動の影響で彼らの狩猟文化の継続を困難にされている。その上，近年，北極圏で乱立する石油ガス採掘を目的とした開発による環境汚染物質（海運の拡大など，局地的な人為的汚染の影響も含む）が，地理的には離れたところで暮らしている生物相から検出されている。その環境汚染物質を含有する野生種を食料として摂取することにより，地域住民が汚染物質にばく露する懸念が高まっている。同時に，不備の多い流通・食料政策による食費の高騰，またイヌイットの伝統食に必要な自給自足に関する無理解が，イヌイットの人々に「累積的」な負担を課している。つまり，未来において，気候変動の影響でより一層汚染濃度が上がり，生息域を奪われた野生種が激減する時が来てしまったら，食糧安全保障とともに民族の文化と生業を支える食料主権（生きるために食べさせられるのではなく，自身の選択によって食べることができる権利）が脅かされる結果となる。未来の海が，差別的な負担を沿岸地域に課す例は，イヌイットに限らない。第9章では，これまで地域レベルの懸念としてしか語られることのなかった先住民の「食料主権」について，世界83カ国にまたがる2000近い地域での水産消費の記録を積み上げ，グローバルな課題として紹介する。その上で，海とともに生きる人たちの声を政策に届ける必要性と，それを実現するためには，定量的なデータという「証拠」を国際的なレベルで作り上げる恣意的な取り組みが必要であると現状を厳しく指摘する。

　本書の後半第10章から第15章は，未来の海の危機やリスクについて，解決策とされる管理手法，政策，ソフト面での努力に注目し，その視点，効力，現状を解説する。これらの章では，比較的新しい海洋管理と利用用途に焦点を当てているが，専門知識や前提となる背景に関する知見がなくても各章の内容は理解できる。しかし，これらの章を読み解く上で，取り扱っている議題，社会的責任や持続可能な開発目標などが必ずしも肯定的に認識されていないという傾向が，すべての章に共通している点である。例えば，企業の社会的責任を扱う第10章では，水産業界が，自らの説明責任を果たす代わりに自社の商品（水産物）のエコラベル認証に過度に依存することで「責任からの逃避」や「新

たなイノベーションの抑圧」を生む可能性を議論する。第11章では，海という共有財産を市場化，私有化，商品化する「新自由主義的」な動きについて，海洋保全であれ，漁業資源管理であれ，「所有権」を海の領域や資源に与えることで，一部権力がその恩恵を「囲い込む」不平等と不正義につながると指摘する。海洋システムの複雑性と紛争とのつながりを説明する第12章では，これまで単純化されてきた海洋紛争の原因や仕組みへの理解を検討しつつ，「海洋紛争」は，魚資源の枯渇や分布の移動が直接的に紛争を喚起させるのではなく，領土や領海の所有権をめぐるさらに根深い戦いの代理戦争ではないかという懸念をも示している。

　国際的な取り組みは，国や企業が主導する取り組みと一線を画しており，個々の立場と利害を超えた地球的な未来への希望やビジョンとして称賛されるべきかもしれない（アメリカンジョークに，"エリートにはいろいろなものが見える。ゴーストやビジョンなど"がある）。しかし，第13章のブルーエコノミーについては，社会公正が，環境保全と同様，もしくはそれ以上に必要な条件であることを主張する。その上で，海洋利用や開発の「持続可能性」が，一元的な定量的データや一部の利益者，特に開発技術や資金力を持つ先進国によってのみ具現化される「植民地的」な危険を指摘する。そして，持続可能性を国際的な目標として掲げたSDGsに関しては，その基盤となる「プラネタリーバウンダリー・安全な機能空間」の視点を第14章で再検討する。第14章では，人間の安全な生活には自然環境を適切な状態にすることが第一であり，その安全な空間の中でこそ，経済的，社会的な目標は達成される（べきだ）という論理は正当に見えるものの，実際には，必ずしも適切な環境が安全な社会に繋がる訳ではないということを，歴史的な事例とともに論理的に展開する。第15章では，国際漁業関連法に関わる「義務の遵守」という実施力の議論を解説し，適切な評価，統一された基準，どの国が説明責任を負うのかというガバナンスの課題を提示している。

　そして，本書の最終章として結論を示す。そこでは，未来の海の予測結果を発表し，その予測結果にいかに対処していくべきかを議論している。無論，予測は常に進行中であり，私たちは新たなフェーズでさらに「悪魔的」で「累積的な」問題を複雑に捉え，人や社会が尊重されるべき大事なことを諦めること

なく，安全で豊かな暮らしを送るという単純で明確な答えに結びつけていくために研究を継続することを付け加えておきたい。

読者へ

　本書の著者は，各専門分野で第一線を走る若手研究者たちである。読者の方々には，明確な結論とともにまとめた彼らの意図を理解して，現在進行形の科学的知見を手に入れてもらいたい。海の研究は，見えない世界の研究であり，その未来ともなれば不確実性を伴うのは当然である。しかし，すでに認識されている知見を整理し，新たなデータや視点を提示することで，未来の海を考察する意図が，危機に警鐘を鳴らすだけでなく，危機を正確に伝えるために必要な手順，知見，データ，分析力，動機を伝えることに変わる。それは，専門家として，自分の予測の是非を見届ける立場として，単純化された海の未来やその方向性こそがリスクであると認識しているからである。多角的な未来を示すという本書の目的のために，享受すべき不確実性，二律背反，多様でかけがえのない人と海との関係や価値観を知るという経験を読者の皆さんに共有していただきたい。

　最終章である結論で再会できれば幸いである。

太田義孝

目　次

凡　例

・訳者による注は脚注とした。
・［　　］中の数字は「参考文献・注」の各章と対応させた。
・各章に掲載した執筆者の所属は原書刊行当時のものである。

第1章　変わりゆく海洋システム：総論的考察[1)]

チャールズ・ストック[2)]，ウィリアム・チェン[3)]，
ジョルジ・サルミエント[4)]，エルシー・サンダーランド[5)]

　海洋はしばしば，広大な不変のものとして表現される。地球表面の 70% 以上を覆い，場所によっては深さが 10 km を超えるなど，海洋の「広大さ」は間違いない。「不変性」についても，はるか水平線のかなたまで海が続く景色を浜辺から見渡した，飛行機から眼下一面に広がる海を眺めた，あるいは海岸に打ち付けられては砕ける一定の波の音を聞いた，といった経験があれば誰もが理解できるであろう。しかし，海洋が不変のものであるという認識は，誤りであるか，少なくとも不完全だと言える。海洋は，ある面からは安定して不変に見えても，実は絶え間なく変化し続けている。この変化は，急な嵐や急速な季節の移り変わりといった劇的な事象として現れることがある。また，日単位から数百年単位，小さな入り江から広大な海盆にいたるまで，さまざまな規模と範囲で影響を与える細かな変動として現れることもある。

　自然に起こる気候や気象の変動に対して，水産資源およびその他の海洋生物資源は大きく反応する[1]。これは大規模商業漁業が始まる以前からすでに明らかであった。例えば，カリフォルニア沖の酸素に乏しい堆積層に残る魚のう

1) Charles A. Stock, William W. L. Cheung, Jorge L. Sarmiento and Elsie M. Sunderland, Changing ocean systems: A short synthesis. Ch. 2, pp. 19-34.
2) NOAA Geophysical Fluid Dynamics Laboratory（米・ニュージャージー州プリンストン）
3) Nippon Foundation Nereus Program, Institute for the Oceans and Fisheries, University of British Columbia（カナダ・ブリティッシュコロンビア州バンクーバー）
4) Atmospheric and Oceanic Sciences, Princeton University（米・ニュージャージー州プリンストン）
5) Department of Environmental Health, Harvard T. H. Chan School of Public Health（米・マサチューセッツ州ボストン）

ろこからは，カリフォルニアマイワシとカリフォルニアカタクチイワシのこの
海域での数十年単位での優位性の入れ替わりが，過去1,600年間の気候の変化
に伴う海水温の変動と驚くほど連動していることが示されている[2, 3]。スウ
ェーデン南部のブーヒュースレーン地方では，ニシンが豊富な数十年単位の寒
冷期と，地元漁業の崩壊を伴う数十年単位の温暖期が繰り返されてきた様子が，
漁獲記録と1,000年前までさかのぼる考古学的史料により明らかとなった[4]。
これに類似した変化は，現代の水産物市場に出回る魚種の変動についても見ら
れる[5]。太平洋赤道域の貿易風が異常に弱くなって湧昇流が弱められ，栄養
に乏しい西太平洋の海水が東方向へ拡散されるエルニーニョ現象では，顕著な
事例が発生する。エルニーニョ現象は，太平洋赤道域中部および東部では深刻
な海洋生産性の低下，漁獲量の減少，さらには魚を捕食する海洋生物の餌不足
につながることがある[6]。1972年には，強力なエルニーニョ現象とその後の
乱獲により，世界最大規模の漁場であったアンチョベータ（ペルーカタクチイ
ワシ）漁場が崩壊するにいたった[7, 8]。

　現代の海洋では，普遍的な自然変動や漁獲圧の影響が，人間に起因する他の
変化によって増幅している。例えば，化石燃料の燃焼に伴って増加する大気中
の二酸化炭素（CO_2）を吸収することで，海洋は酸性化している[9]。また，
CO_2およびその他の温室効果ガスの蓄積により地球温暖化が進むことで，海水
温が上昇し，大量の海氷と陸氷が融解した[10, 11]。こうした海洋の変容は，
季節サイクルの変化，生産性のベースラインの変化，海水中の溶存酸素量の減
少などに影響を及ぼしている[12]。海洋環境中の他の人為的な負荷因子により，
温室効果ガスの蓄積に伴うさまざまな影響が増している。沿岸域の急速な開発
は，多くの沿岸生態系において栄養流入量の増大と富栄養化をもたらし，そし
て有害藻類の大発生（ブルーム）の頻度を高めている[13, 14]。人間活動は，大
気中に何千何万種類もの難分解性の有機汚染物質や重金属を放出する。これら
の化合物の多くが食物網の中で生物濃縮される（すなわち，栄養段階が1つ上が
るごとに濃度が大幅に上昇する）ため，水産物の消費者や野生生物にも危険をも
たらす[15, 16]。

　海の未来を予測できるかどうかは，これら無数の要因に対する海洋生物の反
応を理解し，今後の海の変化を予測できるか次第である。本章では，上記の

「海洋酸性化」、「海水温上昇と氷の融解」、「海洋の生産性ベースラインの変化」、「海中溶存酸素濃度の低下」、「海岸線の変化と海洋汚染」という、海洋の変化の概要を示し、日本財団ネレウスプログラムの研究者や協力者による研究成果をピックアップする。第2部[6]のうち本章に続く各章は、以下のようにグループ分けしたさまざまなテーマについて、より詳細な見解を示すものである。「海洋熱波と極端な気象」（第3章「海洋における極端な気象現象」参照）、「海洋の季節の変化」（第2章「海の季節性の変動：過去、現在および未来」参照）、「水銀汚染」（第4章「変わりゆく海洋における水産物のメチル水銀」参照）、「植生が豊かな沿岸生息域の危機」（「複雑な社会生態学的システムにおける漁業生産の原動力」[7] 参照）、「海洋の変化が魚類個体群に与える影響を予測するための取り組み」（「未来の海洋のキャパシティーの予測に対する信頼性の構築」[8]）。最後に、本章では今後起きうる海洋の変化についての理解向上と、これらの変化を予測し適応するための能力向上について、今後の見通しの簡単な評価をして締めくくる。

1.1 化石燃料の燃焼と海洋酸性化

　化石燃料の抽出と燃焼によって、膨大な量の CO_2 が大気中に放出された。この兆候は、ハワイにある米国海洋大気庁（National Oceanic and Atmospheric Administration: NOAA）マウナロア観測所においてデビッド・キーリング（David Keeling）らにより最初に観測された[17]（図 1.1A）。海洋がなければ大気中の CO_2 量は現状よりもはるかに多くなる。産業革命以前の時代からの化石燃料、セメント生産、そして土地利用の変化による CO_2 排出量の合計の約30% は海洋が吸収しており[20]、数千年あれば、さらに多くの CO_2 を吸収することができる[21]。この吸収能力は、海洋の広大さによるところもある一方、炭素をめぐる海水特有の化学的性質にも起因している。大気中から吸収された CO_2 の大半は、大気と反応しない炭酸イオン（CO_3^{2-}）や炭酸水素イオン（HCO_3^-）

---

6) 原書 Ch. 2-7 を指す。
7) 原書 Ch. 3 を指す。本邦訳には収録しなかった。
8) 原書 Ch. 7 を指す。本邦訳には収録しなかった。

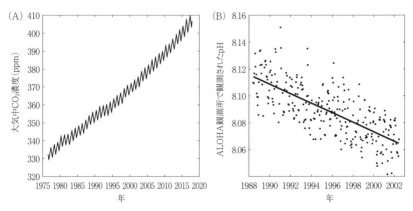

図1.1　（A）ハワイの米国海洋大気庁（NOAA）マウナロア観測所での大気中 CO_2 濃度観測値を時系列で示した。データは Dlugokencky らによる[18]。1976年以降，継続的に地表高でフラスコによりサンプリングした大気から得た CO_2 月平均値。（B）Station ALOHA（ALOHA 洋上観測海域）で得られた海水中の無機炭素化合物濃度，アルカリ度などの観測値から算出した海水 pH[19]。

として急速に分配される。また，海洋の CO_2 吸収は，「生物学的ポンプ」によってさらに加速される。すなわち，海面で起きる光合成によって，CO_2 の一部は有機化合物に変換され，CO_2 として大気中に再吸収される前に海中に沈んでしまう。この現象により，海面に近い浅い水深ほど CO_2 が欠乏する。この海面での生物学的 CO_2 消費がなければ，海洋からの放出によって大気 CO_2 濃度は約140 ppm 上昇する[22]。

　したがって，海洋は，人為的に発生した CO_2 の大半を大気中から取り除くという多大な貢献を人類にもたらしてきた。しかし，この貢献には対価が伴っていた。炭酸が発生し，その後分解されると海水は酸性に傾くのだ（H^+ イオンが電離するため pH が低下する）。その結果として起きる「海洋酸性化」は，バミューダ大西洋時系列研究（Bermuda Atlantic Time-series Study: BATS）をはじめとする長期海洋観測システムにより観測されており（図1.1B），表層水のpH はほとんどの海域で約0.1 低下している。今後の予測では，高 CO_2 排出シナリオの下では海水の pH 低下は最大で0.4 となることが示唆されており[23]，ネレウスプログラムが支援した研究では，ほとんどの海域において，こうした

変化が自然に生じるばらつきに起因する変化を急速に上回ることが示されている[24]。

　海中のCO_2が増えれば，一部の植物プランクトンの光合成を加速する可能性があるものの[25]，海洋生態系の他のさまざまな側面には負の影響を与える可能性が高い[12, 26-28]。例えば，サンゴ礁，あるいは生態学的にも商業的にも不可欠な貝類やカニ類の殻の生物学的形成と維持の阻害が挙げられる[29]。また，海洋酸性化は稚魚の生存率や魚の感覚神経の反応にも影響を及ぼす[30, 31]。これにより，資源利用されている無脊椎動物や魚の成長および個体群動態に影響が生じる可能性がある[32-35]。海洋酸性化を制御する要因，そして海洋酸性化が生理学的および生態学的プロセスに与える影響は，今後も活発に検証される領域である。最近の研究は，海洋酸性化と気候に起因する他の因子（温度や酸素など），そして気候に起因しない因子（水銀をはじめとした化学汚染物質など）との間の相互作用に焦点を当てたものが増えている[36, 37]。

1.2　海水温上昇，氷の融解と変わりゆく海洋循環

　マウナロア観測所で検知された大気中のCO_2蓄積（図1.1A）は，CO_2が温室効果ガスであることから，さらなる重要な意味を持つ。というのも，CO_2は地球から宇宙空間に向けて放射される赤外線を吸収した後に四方八方へ再び放出するため，地球全体が暖められる。こうした温室効果ガスがなければ，地球は現状よりも30℃以上低温になってしまう[38]。当然，大気中の温室効果ガスが増えれば地球は暖まることになる。この可能性を最初に提唱したのはスウェーデン人科学者スヴァンテ・アレニウス（Svante Arrhenius）であり[39]，20世紀に入り，複数の観測が実施され彼の仮説が証明された。

　水は膨大な量の熱を吸収できる。1 kg（約1L）の水の温度を1℃上昇させるためには約4,000 Jのエネルギーが必要だが，これは同じ体積の空気の温度を1℃上昇させる場合の約3,500倍である。したがって，温室効果ガスの蓄積によって地球システム中に蓄えられた余剰熱の90%以上が海洋によって吸収されてきているのは驚くべきことではない[11, 40]。この吸収により，海面温度は過去40年間において，10年当たり0.11℃（0.09-0.13℃）の速度で上昇して

おり[11]，21世紀の早い段階でさらなる上昇が見込まれている[41]。北極圏の
温暖化は夏季の海氷の急劇な減少をもたらし[42]，21世紀半ば以前には，北
極圏にほぼ海氷がない夏が到来する可能性がある[43]。高CO_2排出量シナリ
オの場合，21世紀終わりまでにさらに2-3℃海面温度が上昇することが予測
されており[44]，この場合はほとんどの海域で自然変動範囲を大きく逸脱した
温度になってしまう[24]。

　海水温が上昇すると，海洋生物は高緯度域に向けて移動したり，あるいは季
節性のある生物学的事象[9]の時期を早めるといった方法でしばしば適応して
きた[45]。例えばピンスキー（Pinsky）らは，魚類が好む温度の海域が移動す
ると，魚類の空間的分布が移動するという傾向が確固たるものであることを北
米全体における数十年単位の観測データから示した[46]。また，海水温上昇は，
世界の漁獲に占める暖水性魚種の割合の増加とも関連付けられている[47]。こ
うした変化は今後も継続することが予測され[48]，地域ごとの魚類個体群の構
成を根本的に変えてしまう可能性もある。漁場が国をまたいで移動した事例も
あり，資源管理の取り組みが困難になっている[49]。ネレウスプログラムの研
究は，これらの予測を精査し精度を改善してきた[50, 51]。

　このほか，海水温の上昇は「海洋熱波」と呼ばれる局地的で極端な高水温の
頻発にもつながっている[52]。例えば2016年の記録的な西太平洋の高水温は，
グレートバリアリーフでこれまでに例のない規模のサンゴの白化を引き起こし
た[53, 54]。北西太平洋では，（ピーク時には平常時よりも2.5℃以上高い）異常な
高水温海域が2013年に発生し，これが数年間継続した。これは，広範囲にわ
たる生態系の破綻と関連付けられている[55-57]。米国ニューイングランド州
では，メイン湾の記録的高水温によってロブスターが異常に早い時期から獲れ
るようになり，価格が暴落した結果，ロブスター漁業者は経営危機といえる状
態に陥った[58]。ネレウスプログラムの研究では，気候変動下でのこうした事
象の発生頻度の変化を評価した[59, 60]（第3章「海洋における極端な気象現象」
参照）。

　最後に，大気循環によって，風と海流が熱帯域から極地まで熱の再分配を最

　9）産卵など。

終的にもたらすため，大気と海洋の循環は地球の熱収支と密接に関連している。したがって，温室効果ガスを取り込み熱収支のバランスを乱すことは海洋循環に広範な影響を及ぼす[11]。この例として最も広く知られているのが，北大西洋で予測されている子午面循環の減衰であろう[44]。このような変化が起きれば海洋生態系には地球規模で影響が及ぶほか[61]，北極圏が，温帯や亜寒帯由来の汚染物質のリスクにさらされやすくなるなどの局地的な影響も生じる[62]。これに加え，とりわけ海洋生物資源に影響する変化が2つある。その1つはエルニーニョ現象の激化の可能性であり[63]，もう一方は生産性の豊かな東岸境界湧昇システム（Eastern Boundary Upwelling System: EBUS）が強まる可能性である[64]。後者については，湧昇をもたらす風を生じさせる高気圧が，気候変動に伴って北極または南極に向かって移動することが，予測される変化から示唆されている[65]。

1.3　海洋の生産性ベースラインの変化

　無機的な前駆物質から有機物を作り出す「光合成」は，（人間社会に多大な恩恵を与えている海洋生物資源を含む）ほぼすべての海洋生物の生命活動の基盤となっている。したがって，海洋生態系にとっての基盤的役割を成し，有機物が光合成によって作り出される速度のことを「一次生産力」と呼ぶ。海中の一次生産のほとんどを担うのが，海面付近の日光が豊富に届く層に存在する微小な植物プランクトンである。光合成には，植物プランクトン以外にも CO_2, 光, 栄養という必須要素があり，このうち CO_2 と光は海面付近では通常豊富に存在するものの，一般的に栄養は，より深い海域から再供給される必要がある。

　海面近くの水の層ほど温かく塩分濃度が低い傾向にあるので，より深い所にある海水よりも密度が低くなり，海水が成層化する。これが栄養の再供給における第一の障壁である。物理的過程が海水の成層化を上回って海水を攪拌させなければ，日光をたくさん受ける海面付近の水に栄養が届かない。地球観測衛星から得たデータから推測した一次生産力（口絵図1.2）は，この海水の混ざり合いのスケールに見られる大きなパターンを明らかにしている。赤道域，また，海盆の東端に沿った海域では，海面の海流が風によって分岐することで湧昇流

が生まれ，クロロフィル濃度が上昇する。高緯度海域では，寒冷で荒れる冬の天候によって冷やされた海面の水が，深層の海水とよく撹拌され，春から秋にかけての高い生産力を支えるための栄養を補給する。「海の砂漠」とも呼ばれる亜熱帯循環（図1.2中の青色の海域）では，年間を通して海水が成層化しているほか，海面付近では，風による海流の弱まりによって沈降も引き起こされるため栄養に乏しい。最後に，沿岸の大陸棚海域では，複雑な海底地形の上を活発な潮汐や海流が通ることによって，浅層水と深層水が激しく撹拌されるため，クロロフィル濃度の上昇が顕著であることが多い。

　地球温暖化により海水の成層化が進行しており[11]，気候変動の下で継続すると予測されている[67]。成層化の進行は，氷の融解が進むことに加え，海面からの蒸発量に対して降水量の上回り方が大きくなることにより，海面付近の海水の塩分濃度が低下する高緯度域において顕著になる[68]。成層化の進行によって，海洋の生産力がこれまでにどのように変化したかを見極めることは難しいが[69, 70]，今後多くの低緯度および中緯度海域で若干から中程度（0-20%）生産力が低下すると予測されている[23]。北極圏および南極圏では，栄養よりも光のほうが生産力の制限に関係するため，気候変動によって成層化と氷の融解が進行すると，一次生産力が高まる可能性もある。

　これまでに漁業水産業について実施された予測からは，気候変動下で見込まれる海洋生産力の低下が地球全体の潜在的な水産資源量の減少につながることが示唆されている[71, 72]。しかしながら，微小な植物プランクトンから漁業水産業にいたるまでのエネルギー経路はいずれも複雑である[73, 74]。ネレウスプログラムの研究者らは，食物網の各要素がどのように一次生産の変化を増幅しているのかについて研究を進めてきた。特に，漁獲高が，一次生産によってのみ予測される場合と比べ，食物網の要素によってどの程度変化が拡大するのかに注目してきた[72, 75]。彼らはさらに，海洋生産力のベースラインを変えるような動的な海洋生物資源の反応を予測することができるモデルの開発と分析にも取り組んできた[76-79]。本書第7章[10]「未来の海洋のキャパシティーの予測に対する信頼性の構築」は，今後の見込み漁獲高の変化を小さく抑え

10）原書 Ch. 7 を指す。

るために複数のモデルを用いるグローバルな取り組みについて説明している
[80]。漁業水産業の生産性の変化は，漁獲がクラゲ類をはじめとする価値の低
い種へ移行することによってさらに悪化する可能性があり，ネレウスプログラ
ムの研究者らは，海洋生産力の変化とその他の要因がどのようにしてこうした
移行を生み出すかを把握するためのモデルを開発した[81]。生産力の季節的タ
イミングの変化は，魚種の危機につながることがある[82]。ネレウスプログラ
ムが支援した研究では，環境的変化因子に対する植物プランクトンと魚の感受
性が異なることが明らかになった。これにより魚の産卵時期と餌の資源量の不
一致が進む可能性があり，漁業水産業に悪影響が出る可能性もある[83]（第2
章「海の季節性の変動：過去，現在および未来」参照）。

1.4　海中溶存酸素濃度の低下

　一次生産された有機物は最終的にすべて消費され，呼吸に使用される。この
有機物のほとんどが海面付近の日光照射量が多い層で消費されるものの，相当
量が沈降し，より深い部分で消費されるため，亜表層水中の酸素濃度を低下さ
せる。したがって，有機物の流入が多い水層，また，（酸素が再補給される）海
面から恒常的に隔離された水層では，酸素が自然と欠乏する。こうした貧酸素
海域のうち最大のものは，赤道周辺で風によって発生し海面の生産力を高めて
いる湧昇流のすぐ下の，成層度の高い水層で見つけることができる（口絵図1.3）。
　観測結果からはこのような貧酸素海域は拡大していることが示唆され[85,
86]，高 CO_2 排出量シナリオ下での予測では，この拡大が続くことが示唆され
ている[23]。水温が高いほど酸素溶解度が低下することに加え，さらなる成層
化が進むことで，酸素が再補給される海面と深部の海水がますます隔離されて
しまう傾向とが相まって，このような動向を引き起こす。こうしたスケールの
大きなパターンは，化学肥料の使用や陸上の土地利用の変化による栄養流入量
の増加に伴う沿岸域の海水の酸素欠乏によって悪化する[87]。これらは，メキ
シコ湾などで見られるような「デッドゾーン」の発生につながる可能性があり，
生物の生存に必要な酸素が不十分であることによる種の多様性の低下，死亡率
の上昇，そして漁業水産業の破綻をもたらす[88]。

　魚類やさまざまな無脊椎動物など，（酸素を空気ではなく水から取り込み）エラや皮膚によって水中で呼吸できる水棲生物は，海水中の酸素濃度低下の影響を受ける[12]。運動，成長および生殖といった体の機能に必要なエネルギーの産生に当たり，酸素は好気呼吸を通じて非常に重要な役割を果たしており[89]，酸素濃度の低下はこれらの機能を大幅に阻害しうる[90]。他の生物よりも低酸素条件への耐性が強い生物であっても，特に低酸素条件が長期間継続した場合などには，耐性には限界がある。低酸素の影響としては，個体の成長の鈍化や体の小型化，死亡率の上昇などが挙げられるが，より大規模な影響として，生物が生息し，種間相互作用を及ぼし合うのに適した環境が縮小することも考えられる[91, 92]。こうした影響は，貧酸素海域における魚類および無脊椎動物の多様性と豊富さの低下につながる[93]。海水温が高いほど無脊椎動物は多くの酸素を必要とするため，海水温上昇によって海中溶存酸素濃度低下の悪影響が増大する。したがって，海中溶存酸素濃度低下の影響は，生物の酸素需要が高い熱帯域で特に大きくなると考えられるが，この熱帯域では酸素濃度が最小限となる海域が 21 世紀中に拡大すると予測されている[23, 94]。

1.5　海岸線の変化と海洋汚染

　ここまで，大気中の CO_2 およびその他の温室効果ガスの増加に伴う大規模な直接的および間接的な影響の重要性を強調してきたが，人新世（アントロポセン）に入って起きている海洋の変化は，これらにとどまらない。炭素集約度の高い化石燃料資源は，大気中への大量の CO_2 放出の原因となっているが，同時に何百種類もの有害な大気汚染物質も大気中に放出しており，これらの一部は，大気中を長距離にわたって運ばれ，世界中の海洋に到達し，蓄積されている[95]。また，世界人口，とりわけ沿岸域の人口が急速に増加しているため，海洋の変化を促進する一連の要因が，ローカルそして地球全体という両方の規模で新たに生み出されている（沿岸域の開発，栄養流入，汚染および資源採取）。海洋生物資源にもたらされた直接的で大きな打撃の 1 つが，漁業手法の進化である。かつては，零細漁業など小規模で局所的な漁業が淡水域と近海に限定的な影響を与えていたが，今では大規模な商業漁業が複数の海盆をまたいで影響

を与えるようになっている[96]。漁業水産業の多様な側面と海洋生物資源との関係性は，他の章で扱うものとする（「変わりゆく海洋における漁業水産業と水産物の安全保障」および第4部参照[11]）。

　沿岸域生態系は，沿岸域のインフラ整備の発展にも圧迫されており[97, 98]，多くの沿岸漁場において非常に重要な稚魚の生息域となっている塩性湿地やマングローブ林が脅威にさらされている[99]。これらのリスクは，海水温の上昇や氷床の融解に伴う海面上昇によって増大している[11]。ネレウスプログラムの研究者らは，世界的なマングローブ林生息域の消失をマッピングし，ローカル漁業が受ける影響を定量化することに積極的に取り組んできた（「複雑な社会生態学的システムにおける漁業生産の原動力」参照[12]）。

　河川からの，そして大気降下物による沿岸域の海水への栄養流入もまた，人間活動によって大幅に増加している[100, 101]。人間は，1908年に発明されたハーバー・ボッシュ法により，無害な N_2 として環境中に存在している窒素を大量のアンモニア（NH_3）に変換することができるようになった。アンモニアを酸化させることで，生物が利用できる形（硝酸イオン NO_3^- など）に容易に変換できるため，20世紀半ばに窒素系化学肥料の使用の急速な拡大が進んだ。この40年間で，使用量は，窒素肥料は4倍，リン酸肥料は3倍に増加している[13]。窒素の海洋への流入量増加は，森林破壊と土地利用の変化によって土壌中に固定されていた窒素が流出することでさらに進んでおり，これは特に熱帯域で顕著になっている[102]。この窒素，そして同様にリン酸塩の海洋への流入量の増大は，有害藻類のブルームや沿岸域の海水の深刻な貧酸素状態に関連しており，海洋生物資源は危機的な状況に置かれている[88]。

　さらに，人間活動は，多くの重金属の自然界におけるサイクルを乱してしまった。有鉛ガソリンの使用と段階的な使用禁止に連動して，北大西洋の海中の鉛濃度が変化する様子の詳細がこれまでに記録されている[103]。この鉛汚染は，地球規模の熱塩循環にのって南氷洋においても検出されている[104]。1800年代半ばと比較して，大気中の水銀濃度が人間活動によって3-5倍に増加した結果，すべての海盆において海水中の水銀濃度が上昇している[105,

---

11) 原書 Ch. 17 および Ch. 17-24 を指す。本邦訳には Ch. 20, Ch. 24 を収録した。
12) 原書 Ch. 3 を指す。本邦訳には収録しなかった。

106]（第4章「変わりゆく海洋における水産物のメチル水銀」参照）。工業およびその他の人間による利用のために大量生産されたすべての合成有機化合物が，遠隔海域とそこに生息する野生生物から検出されている[62, 107-109]。長期間残存するプラスチックは1960年代から海洋に流入して蓄積してきており，海洋生物への影響の全容の把握はまだ始まったばかりだ。2010年には4.8兆 -12.7兆トンのプラスチックごみが海に流入したと推定されており，管理のための新たなイニシアチブがなければ，この年間流入量は今後10年間でさらに1桁増えてしまう可能性もある[110]。

1.6　変化する海洋の理解および予測についての見通し

　海洋は一見すると不変のものに思えるかもしれないが，常に変動しており，自然のものからこれまで存在もしなかった人為的なものまで，幅広い要素と相互に作用している。

　変わりゆく海洋，そして変化に対する海洋生物の反応についての理解はかなりの進展を見たものの，まだ多くの未解明点がある。私たち人間が観察しているのは，変わりゆく海洋全体のうちのごく一部にすぎない。海洋の変化に対する生物の反応，また，生物間の反応も複雑である。海洋観測[111, 112]，海洋と地球システムの予測[113, 114]および管理のための動的な戦略[115, 116]の発展は，社会が変化に合わせて追跡し適応していくことが可能なのではないかという楽観的な見方の原因となっているものの，十分な情報に基づいて未来の海に関する選択をし，目標を達成できるような政策を策定するためには，海洋に起こるさまざまな変化，生物の反応，管理戦略，そして社会的成果を統合的に捉える能力が必要となる。

第2章 海の季節性の変動：過去，現在および未来[1]

レベッカ・アッシュ[2]

　生物季節学（フェノロジー）[3]とは，反復される生物学的事象について，また，それらに対する気候や気象の影響について研究する学問領域を指す。主に季節レベルの時間尺度に注目すると，海洋環境における生物季節学的な事象の例としては，プランクトンの大発生[4]，産卵を目的とした個体の季節性の集合，周期的な回遊などが挙げられる。生態学的な種間相互作用の形成にとって生物季節は重要である。なぜなら，これらの相互作用が起きるためには同じ時期に同じ場所で，捕食者，被食者，そして種間競争相手がそろっている必要があるからだ。また，季節性のあるプロセスが農業および漁業水産業の生産力に影響を与えるため，生物季節の影響は人間が依存している多くの海洋生態系サービスにも及ぶことがある。（海の未来に関して）懸念されるのは，季節性行動をいつ取るべきかを生物に知らせる合図（cues）が気候変動によって変えられてしまうのではないかということである。生物ごとに固有の合図に従っているため，これまで同じ時期に同じ場所で起きていた季節性事象のタイミングがずれてしまえば，重要な生態学的相互作用が環境変化によって崩壊するという可能性がある。生物季節学的研究の歴史を1750年までさかのぼることができる陸上生態系[1]と比較すると，海洋生物季節学の研究は少ない。これは，遠隔海域や

---

1) Rebecca G. Asch, Changing seasonality of the sea: past, present, and future. Ch. 4, pp. 39-51.

2) Department of Biology, East Carolina University（米・ノースカロライナ州グリーンビル）

3) 以降では学問としての phenology と生物季節そのものとしての phenology が混在しているため，文意ごとに適宜訳し分けている。

4) 英語表記は Bloom であり本章でも以後「ブルーム」を使う。

深海の海洋生物を毎日あるいは毎週といった頻度でモニタリングすることが難しいからだ。本章では，プランクトンおよび海産魚の生物季節学の現状，そして今後予測される変化を主に見ていく。プランクトンも漁業対象となる魚の生態に関する研究は日々変化しており，現在の科学的知見に目を向ければ，両者（プランクトンと水産対象種）の間の相互作用が，漁獲できる大きさまで育つ若年魚の数に影響を与えると推測されている。

2.1　過去：海洋生態系研究における生物季節学の歩みの概要[5]

　外洋の生態系に重点を置いた季節性の研究をはじめて実施したのは，「プランクトン」という言葉の生みの親である科学者のヴィクトル・ヘンゼン（Victor Hensen）であった[3]。ヘンゼンのグループは，植物プランクトンの季節サイクルを調べるため，1883年から1886年の間にドイツのキールを出発地とする計34回の航海を毎月実施した。その結果，春には珪藻の個体数が，また，秋には渦鞭毛藻類の密度が，それぞれピークを迎える様子が認められたものの，ヘンゼンはこれらの季節性のピークがサンプル採取時のミスに起因すると考えた。これは，海中の季節性も陸上と同じ傾向を示すはずだとヘンゼンが予測していたためである[3]。ヘンゼンのためにこれらのプランクトンのサンプルの多くを採取した海洋学者のフランツ・シュット（Franz Schütt）は，春と秋のプランクトンのブルームに関連した季節性のパターンを認識しており，そのことを書籍『*Analytische Plankton-Studien*（プランクトンの分析的研究)』の中で記した[3,4]。シュットは，異なる種の植物プランクトンの季節的遷移について「絶対にサクラがヒマワリよりも前に咲くのと同じくらい確実に，年に1度の発生ピークの到来はスケレトネマ属（ホネツギケイソウ属）がケラチウム属（ツノオビムシ属）よりも先である」と述べている[4]。

　プランクトン個体数の季節的なパターンを解明しようとする初期の取り組みのもう1つの事例として，サー・ウィリアム・ハードマン（Sir William Herdman）のグループが1907年から1921年の間，アイリッシュ海において週

5）本節の一部は，引用元[2]を改変したものとなっている。

6 日の頻度でマクロプランクトンのサンプルを採取した研究が挙げられる[5]。この研究では 38 種ものプランクトンの季節的遷移を記録しただけでなく，海洋生物の生物季節が年ごとに変化することにはじめて言及した。例えばジョンストン（Johnstone）らは，キートケロス属の珪藻類の発生ピークが 3 月の年もあれば 5 月の年もあったことを指摘している[5]。彼らは，こうしたばらつきが水路学的条件の違いを反映したものなのではないかという仮説を立てたものの，それを確認するために必要な海洋学的観測手法を持ち合わせていなかった。

　1953 年，ハラルド・スヴェルドラップ（Harald Sverdrup）は，毎年，温帯海域で春に見られる植物プランクトンのブルームのタイミングを説明するために臨界深度仮説を提唱した[6]。彼は，ある深さにおける総一次生産量と総呼吸量が等しくなるとき，その深度を「臨界深度」と定義した。時間当たりの呼吸量は水深が増しても水柱[6]全体を通じて一定である一方で，光は水深が増すにつれて届かなくなることから，スヴェルドラップは，時間当たりの光合成量は指数関数的に減少するものと仮定した。その結果，臨界深度は太陽光放射照度と水柱の透明度の関数として示された[6]。スヴェルドラップは，混合層深度が臨界深度を上回る場合は，その深さにおける総一次生産量を総呼吸量が上回ってしまうため，植物プランクトンのブルームは発生できないと主張した[6]。このような条件は，混合層深度が冬の極大値に達すると生じる。冬が終わるにつれて，海面付近では水温が上昇するほか，雪や海氷の融解によって塩分濃度が低下することで成層化が進むため，混合層深度は浅くなる。同時に，春になると太陽光放射照度が強まって臨界深度が増す。この仮説に基づけば，ブルームが始まるタイミングは，混合層深度の変化と季節的な太陽光放射照度の変化パターンの関数として変化することが予測できる。

　人工衛星の時代になると，日単位での全地球的観測データが入手可能になったため，人間が持つ植物プランクトンの生物季節学的な知見は大幅に拡大した。雲量が多いとデータの空白期間が生じて，生物季節学的パターンの検出の妨げとなる場合もあるとは言え[7, 8]，人工衛星データによって大規模な生物地理学的パターンの説明が可能になった。温帯域は春季ブルームを特徴とし（口絵

6）ある地点の海面から海底までのこと。

図2.1), 一部の生態系ではその後, 秋にもブルームが起きている。光合成に必要な光量の制約が大きくなる高緯度域では, ブルームの時期が遅れて夏になる。貧栄養状態の亜熱帯循環では, 秋と冬にクロロフィル量の増加が見られるが, これは秋や冬になると嵐によって十分に海水が撹拌され, 真光層に栄養が届くようになるためである。熱帯域では一般に, 一次生産の季節サイクルが明確でなくなるとされ, このような生物地理学的パターンは, 数多くの研究によって報告されている ([9-13]ほか)。

　混合層深度が浅くなりはじめる以前にブルームの開始が観測される例が出てきたことで, 生物海洋学者たちは, 古典的な臨界深度仮説の範ちゅうを超える新たな仮説を立てるよう促された。ブルームが発生する時期のばらつきを説明できるメカニズムとして提唱されたものの例としては, 冬に混合層深度が増すことで植物プランクトンとそれを捕食する小型動物プランクトンが出あう頻度が低下する[14], 大気海洋間熱交換の変化とともに海水の撹拌が鈍り, 光合成に対する光量の制約の影響が相対的に小さくなる[15], 季節変化に伴って温度が上がると植物プランクトンの増殖速度が増す[16], 渦によって密度勾配が小さくなることで, 成層化の開始が早まり, 真光層以深での植物プランクトンの撹拌も早くから少なくなる[17]といったものが挙げられる。春季ブルームを引き起こすメカニズムについては論争が起きているが, これは用いられている生物季節学的な分析手法および評価指標の違いに一部起因している可能性がある。植物プランクトンの生物季節学的変化を解析するさまざまな分析手法の種類の例として, 変化率, 閾値, 累積和などがある[7]。一方, これらの手法の多くを用いて計算できる生物季節学的評価指標としては, 植物プランクトン個体数の季節性増加がいつ始まったか, また, ブルームのピーク, 中間点, 終了日, 期間などが挙げられる[18]。より早い, またはより遅いブルーム開始日を導き出す評価指標および手法を使えば, これらの日にちが海洋学的な外的強制力の変化と重なっているのかという判断が変わってくる可能性がある[2,7]。さらに言えば, チスウェル (Chiswell) らは, ブルームの生物季節に関する上記仮説のすべてについて, 異なる海域または異なる時期に当てはめるのであれば, いずれの仮説も有効になりうると主張した[19]。

　(海洋学的な研究が進む一方で) 水産科学の世界における季節サイクルへの関

心は，1974 年にデービッド・クッシング（David Cushing）が提唱したマッチ・ミスマッチ仮説（餌生物と捕食者などの出現の時期がずれること），また，これに先行してヨハン・ヒヨルト（Johan Hjort）の業績を踏まえて実施された研究に基づいている[20, 21]。マッチ・ミスマッチ仮説は，年によって漁獲できる大きさまで魚が育つ割合に桁が異なるほど大きなばらつきがあることと，海洋の気候の不安定さがどのように関連しているかを説明するための仮説である[22]。クッシングは，いくつかの魚種において，通常は産卵時期が植物プランクトンの春季ブルームと同時になっていることを観察したのだが，ブルームの季節発生は年によってかなりのばらつきを示していた。このため，プランクトンの発生と魚卵および稚魚の発生の間で季節的なミスマッチが時折起こり，その結果，稚魚の摂食状態が悪くなって魚の致死率が上がることがあった[22]。稚魚の生存率が低下すれば，その年に生まれた稚魚がひとたび漁獲できる大きさまで育っても，漁獲対象個体が少ないという事態につながりうる。マッチ・ミスマッチ仮説が生まれた当時は，水産資源魚種が生息する空間全体というスケールでプランクトン発生に関する情報を入手できることはまれであったため，この仮説の正しさを明確に検証することは困難であった。それでもクッシングは，世界中の漁業に関するケーススタディの事例から，マッチ・ミスマッチ仮説を支持しているとみられるものをいくつか特定できた[23]。その後，この分野でも，海色のリモートセンシングによる観測技術の誕生が変革をもたらした。その技術により，漁業操業のある空間全体における春季ブルームを総観的に観測することができるようになり，マッチ・ミスマッチ仮説をそれまでよりも詳細に評価することが可能になった。今ではマッチ・ミスマッチ仮説を支持する事例が，タイセイヨウダラ[24]，モンツキダラ（コダラ）[25]，ニシン[26]，サケ類（ギンザケおよびカラフトマス）[27, 28]といったさまざまな重要な商業漁業魚種から得られている。ただし，ミスマッチが起こると漁獲できる大きさまで育つ稚魚が少なくなることが多いとは言え，（その逆，つまり）植物プランクトンのブルームと稚魚生産がマッチしたからと言って，漁獲できる大きさまで育つ稚魚が多くなるとは限らないということが現在は広く認識されている。これは，マッチ以外にも数多くの海洋学的および生態学的要素が，魚の生活史（成長）のさまざまな段階に影響しているためである[29]。

2.2 現在：海洋生態系に対する気候変動の影響の「状況証拠」と しての生物季節学

　温度が上昇すれば，春の気象条件が早く出現し，夏は長くなり，秋の始まり
は遅れ，冬の気象条件が見られる期間は縮まるので，さまざまな生態系におけ
る生物季節学の研究は，気候変動という新たな関心と共に再燃している。38
年分の人工衛星データから得られた季節的な温度変化の解析により，このよう
な変化がすでに起きていて，その原因は気候変動であるということも確認され
ている[30]。気候変動がもたらす生態学的影響のうち，長期的な生態学的研究
プログラムによる検出が可能な二大状況証拠であると考えられているのが，
「種の分布変化」と「生物季節学的変化」である[31, 32]。陸上生態系では，気
候変動の生態学的影響のうち「最も広く報告例があり，おそらく最も検出が容
易である」のが生物季節学的な変化だとされているが[33]，すでに述べたよう
に海洋生態系の場合は研究事例が不足している[34]。気候変動の影響について
の初期のグローバルメタ解析2例で調べられた種のうち，海洋を生息域とする
種が4%以下であることからも，これは明らかである[31, 32]。

　このような初期のグローバルメタ解析の結果が発表された頃から，海洋研究
者の世界では，生物季節の変化の研究に熱心に取り組んできた。現在では，海
洋植物プランクトン，海洋動物プランクトンおよび海鳥の地球規模での生物季
節の変化についての研究論文が出ているが，植物プランクトンの生物季節学的
研究が特に進んでいる。こうした地球規模での変化を研究した最初の論文はカ
ハル（Kahru）らによるものであり，北極圏での氷の融解が早まるとクロロフ
ィル濃度のピーク到来が早まることが見出された[35]。ラコー（Racault）らは，
この人工衛星の時代において，植物プランクトンのブルームの継続期間が短く
なる傾向になっていることを示した[11]。これは，低中緯度域におけるブルー
ム継続期間の長期化傾向とブルーム開始の一般的な早期化というパターンを示
したフリードランド（Friedland）らの結果[13]とは相反する。両研究では，研
究対象期間が異なっていたこと，また，ブルーム検出のために異なるアルゴリ
ズムが用いられていたことが，こうした結果の差の原因かもしれない。

　1980 年代初めから大西洋および太平洋のいくつかの海域において，生物地理区の高緯度方向への移動を伴う，植物プランクトンの生物季節の熱帯化が，生物季節学に基づいて報告されていた[36]。これらの傾向はいずれも，20 年未満分の海色時系列データを基にしているので，本当に気候変動を原因とするものがどれで，年単位あるいは 10 年単位の短期的な気候のばらつきを原因とするものがどれなのかについては不明確である。実際，植物プランクトンの生物季節の変化が確実に気候変動によるものであると断定するためには，ほとんどの海洋生物群系（海洋バイオーム）において 30 年を超えるデータが必要であろうとヘンソン（Henson）らは推測している[37]。

　2013 年の研究では，16 の海域における動物プランクトンの生物季節を相互比較した結果，気候変動に対して動物プランクトンが属する栄養段階がどのような反応を示す可能性が高いかに関わるいくつかのパターンが明らかになった[38]。まず，ほとんどの動物プランクトン分類群が，年ごとの生物季節に大きなばらつき（1-3 カ月のばらつき）を示していた。これらのばらつきの大半は，動物プランクトンがさらされた温度の年ごとの違いによって説明できる。しかし，温度上昇による生理作用の活性化だけが理由となっている場合よりも，動物プランクトンの生物季節のばらつきの割合は高くなっていた。これは，動物プランクトンが発生学的あるいは行動学的活動を始動させるための知覚的合図（sensory cues）として温度を用いているという可能性を示唆している。興味深いことに，多くの海域で植物プランクトンと動物プランクトンの生物季節の相関があまり見られなかった[38]。よって，この 2 つの栄養段階は，それぞれ異なる海洋学的あるいは生理学的プロセスによってその生物季節が制御されていることが示唆された。それぞれの栄養段階において，生物季節に影響を与える要因が異なるのであれば，気候変動に対して異なる反応を示し，栄養段階間での季節的なミスマッチが起こる頻度が高まる可能性がある。

　私が知る限りでは，魚の生物季節の地球規模での変化を観察した包括的な研究の例はまだない。しかしながら，いくつかの海域における魚の繁殖および回遊の生物季節学的な研究から，動物プランクトンと同規模の生物季節学的変化を魚も示すことができることが示唆されている（図 2.2）[39-45]。魚の生物季節の制御機構を解明することは，今後の生物季節学的な変化に対して信頼性のあ

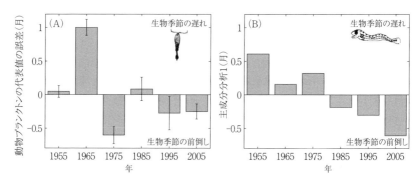

図2.2　カリフォルニア海流南部の生態系における動物プランクトンおよび稚魚という
　　　　2つの栄養段階の生物季節を10年単位で比較すると，ばらつきは同等規模だが
　　　　傾向は異なる。(A) 月ごとのメソ動物プランクトンの量を水体積に換算した値
　　　　を基に得た代表値の異常（±標準誤差）。(B) 43魚種の稚魚の生物季節につい
　　　　て実施した主成分分析から得られた固有ベクトル。いずれの解析についても詳
　　　　細は[44]を参照のこと。

る予測を行うためには不可欠だが，魚の生物季節のばらつきを決める要因のう
ち，最も一般的なのは温度と光周期である[46]。光周期は，繁殖期の開始に向
けた体内変化をしばしば始動させる。ほとんどの魚は変温動物なので，温度は
繁殖に関連する生理学的プロセスを加速し[47]，温暖な年にはしばしば繁殖の
生物季節が早まる。そのため，魚がさらされた温度から得られる有効積算温度
は，さまざまな魚種において繁殖期のタイミングを予測する有効な指標となっ
ている[43, 48-50]。一方，高緯度域のように，魚が餌を十分に確保できるかが
光の量によって制限され，魚の生物季節が主に光周期によって制御されている
場合[51]，現在および未来のいずれにおいても，年ごとの生物季節のばらつき
は小さくなると考えられている。広く魚の生物季節に温度と光周期が与える影
響以外に目を向けると，個別の魚種の生物季節に影響を与える可能性のある要
因の例としては以下が挙げられる。

・**魚の体の大きさと年齢の分布**　タイセイヨウダラ[52, 53]，タイセイヨウサ
バ[54]，ニシン[56]，カラフトシシャモ[55]などといった魚種では，体が大き
いほど，また，年齢が高いほど，1年のうちの早い段階で繁殖する。これは，

大きい個体ほど速く泳げるために，より早く産卵場所にたどり着けるということを反映している可能性がある。しかし，回遊パターンも年齢と体の大きさによって変化し，一部の魚種では大きい個体のほうが産卵場所に遅く到着する[56]。生物季節に対する魚の年齢や体の大きさの影響は，魚群を構成する個体の年齢の多様性が小さい場合に顕著になる[55]。

・**個体群の遺伝構造**　サケ類の回遊時期には遺伝子が大きな影響を与えている[57]。ある河川のそれぞれ異なる支流で産卵する複数の個体群が母川回帰により遡上する場合，個体群間の個体数の差が年ごとの回遊の生物季節のばらつきにしばしば反映されている。

・**回遊時の行動**　魚種によっては暖冬か厳冬かによって，異なる生息域で越冬する。これは回遊の生物季節だけでなく，越冬後のどのタイミングで繁殖できる状態になるかにも影響を与える[40, 58, 59]。

・**水路学**　魚の産卵の生物季節は，プランクトン様の魚卵および稚魚の移動に影響を与える潮汐，河川流量，湧昇およびその他の海洋の特性と関連付けられてきた[44, 46, 57, 60, 61]。遡河性回遊魚の場合，河川流量が川下りを促進する，あるいは遡上の障害となることもあり，生物季節に影響を与える。

・**被食者の数**　多くの魚種では，産卵の数週間から数カ月前から繁殖期に向けた体の変化が開始するので，変化の多い環境中においては，将来，稚魚が得られる餌の量に合わせて正確に産卵時期を調節することは困難だ。しかし，一部の魚種は，繁殖能力に成魚の餌の量が直接反映される「摂取栄養依存型産卵生物」である[62]。産卵期に複数回産卵するカリフォルニアカタクチイワシは，十分な餌の量があれば最高で週１回の頻度で繁殖が可能となる[63]。

・**社会的合図（social cues）**　パンクハーストとポーター（Pankhurst and Porter）は，特に熱帯域において，社会的合図が魚の生物季節に大きな影響を与えているのではないかという仮説を立てた[46]。

　より上位の栄養段階に位置する生物のうち，最も生物季節学的研究が進んでいるのは海鳥である。ケオガン（Keogan）らによるグローバルメタ解析の結果，海鳥の繁殖の生物季節を平均すると特に傾向はなく，海水温との密接な相関もないことが分かった[64]。種や海域によっては，実際にはばらつきがある。例

えば，長距離の渡りをしない海鳥や湧昇海域に生息する海鳥の場合は，生物季
節学的ばらつきが大きいことが特徴となっている[64]。こうした結果からは，
海鳥のほうが魚や動物プランクトンよりも生物季節学的な可塑性（外部からの
影響によって変化する特性）が小さいことが示されている。したがって，海鳥の
気候変動に対する反応はここまで見てきた他の生物とは異なるので，将来的に
栄養段階間のミスマッチが大きくなることが示唆される。

　海洋生物の生物季節を全栄養段階にわたって見ると，平均で 10 年につき 4.4
日早まっている[42]。これは，同様の手法で主に陸上生物種に特化して実施さ
れたグローバルメタ解析の結果よりも早まり方が顕著になっている[31, 65]。
海洋生態系のほうが生物季節の変化の度合いが激しいことの理由は，陸上の系
よりも海洋の系のほうが季節間の温度勾配が小さいことと関連があるという仮
説が立てられている[66]。これは，温度の影響を受ける活動がこれまでと同じ
温度で確実に起きるようにするためには，この温度勾配の差により，海洋生物
のほうが小さな温度変化でも大きな変化[7]を求められるという仮説である。
他の研究からは，海洋生物の生物季節が本当に陸上生物や海洋以外の水棲生物
よりも顕著な変化を示しているのかについて相反する結論に至っている。例え
ばコーエン（Cohen）らは，海洋生物の平均生物季節変化率が陸上生物よりも
大きいものの，この差は統計学的に有意ではないとした[67]。しかし，この研
究で扱った種のうち海洋生物は 3.8% であり，このサンプルの取り方の偏りが
結果に影響した可能性もある。

　さらに，栄養段階をまたぐ生物季節学的変化のパターンが，海洋環境と陸上
環境の間で類似しているのかという疑問もある。サッカレー（Thackeray）らは，
特に生物季節学的変化率が高いのは第 1 栄養段階であり，栄養段階が高い種ほ
ど変化率が低いことを見出した[68, 69]。このパターンがさまざまな生態系を
またいで当てはまるとサッカレーらは主張しているものの，そのデータからは，
水界生態系および海洋生態系には該当しないのではないかということが示唆さ
れている。例えば，研究の対象としたすべての生物群のうち，最も生物季節学
的変化率が低かったのは，海洋生態系においては主要な一次生産者である植物

7）環境への適応のこと。

プランクトンであることを見出しているものの[68]，同時に，海洋においては植物，無脊椎動物および脊椎動物の平均生物季節学的変化率が同程度であることが示唆されている[68]。

2.3　未来：これから何が起きるのか

　海洋生物の分布の変化は，ネレウスプログラムおよびその他のイニシアチブによって幅広く研究されてきている一方で[70, 71]，気候変動によって生物季節が将来どのように変わっていくかを予測した例は少ない。現時点で植物プランクトンの生物季節の将来の変化を最も広く検証した例はヘンソンらの研究である[37]。この研究は，代表的濃度経路8.5（RCP8.5）シナリオの下で，6つの異なる地球システムモデルにおいて，一次生産量の季節振幅と最大一次生産量を示す月がどのように変化するかを調べたものとなっている。なお，RCP8.5は温室効果ガス排出が高水準の場合のシナリオであり，パリ協定に基づくコミットメントと一致する低排出シナリオについては，植物プランクトンの生物季節の変化を検証した研究例はまだない。ヘンソンらは，気候変動の下では21世紀末までに地球の大部分において一次生産の季節性ピークが0.5-1カ月前倒しされると予測している[37]。ただし，貧栄養状態の亜熱帯循環については生物季節の遅延が予測されている。このような対照的なパターンとなっているのは，気候変動下での海水成層化の進行の影響が，海洋バイオーム（異なった海洋空間において，各空間に生息するのに適した生物の集団・まとまり）によって異なることと関連している。成層化の進行は，高緯度域において一次生産に対する光量の制約が緩和される時期が早まることにつながる。亜熱帯循環の場合は，栄養量が一次生産の制約となっているので，成層化が進むと，真光層に栄養を再補給するためには冬季の海水の撹拌が現在よりも多く必要になる。よって，一次生産の季節サイクルに遅延が生じる。

　この先例的研究の限界は，データの検証が月単位となっていることであり，生物季節学的変化を検証するためには粗すぎるかもしれないという点である。この問題は，ヘンソンらによるその後の研究によって解消された。この研究では，北極圏，南氷洋および一部赤道域におけるブルーム発生時期の早期化が予

測された[72]。また，一部の亜寒帯域のブルームの生物季節遅延も予測され，春季ブルームと相対する秋季ブルームの広がりが原因であるとされた。

　より高い栄養段階では，いくつかの海域の限られた魚種について，魚の繁殖の生物季節に対する気候変動の影響の予測がなされている。ノイハイマーとマッケンジー（Neuheimer and MacKenzie）は，有効積算温度を用いて 21 のタイセイヨウダラ個体群の産卵時期をモデリングした[43]。海底の水温が 0.5℃ または 2.0℃ 上昇した場合という 2 つのシナリオを検証した結果，気候変動のシナリオと個体群によるが，産卵時期は 1-129 日早く始まるという予測結果となった。高緯度域のタイセイヨウダラ資源ほど生物季節学的変化が大きくなると予測されているため，緯度の差に従ったタイセイヨウダラの産卵時期の差は，今後小さくなる可能性がある。アッシュがカリフォルニア海流南部の生態系で見られる 43 魚種の稚魚に今後生じる生物季節の変化を予測したところ，海面水温と動物プランクトン量の変化に伴い，60 年間のうちに，これらの魚種の39% が生物季節の早期化を示す結果となった。一方，18% の魚種では，海面水温と湧昇に関連して生物季節の遅延が予測された[44]。アッシュは 30 種類の地球システムモデル一式を用いて，この前者 39% の魚種では産卵の生物季節の早期化が 21 世紀の間は継続するという予測結果を得たものの，生物季節が湧昇の影響を受ける魚種については，用いた気候予測モデルによって異なる予測結果を得た[44]。これは，多くの地球システムモデルに，沿岸湧昇の動態の要素を取り込めるだけの空間分解能が備わっていないことを反映していると考えられる[73]。未来の魚の生物季節に関するこれらの研究のいずれもが，栄養段階間のミスマッチが今後悪化するのかという問いに直接答えることはできていない。しかし，最近発表されたネレウスプログラムの研究論文がこの問いに答えている[74]。この研究では，魚の繁殖の生物季節と植物プランクトンブルームのタイミングの両方に対する気候変動の影響をシミュレーションするモデルにより，後者のほうが温度変化の影響を受けやすく，RCP8.5 気候変動シナリオ下では栄養段階間のミスマッチの頻度が上昇することが分かった。しかし，気候変動に伴い，より高緯度の海域に魚が移動することで，このミスマッチは最小化されるとみられる。ここから示唆されるのは，現時点で気候変動に伴って分布をより高緯度に移動させていない魚種は，特に今後，下位の栄養段

階との生物季節学的ミスマッチの危機にさらされやすいということである[74]。

　結論としては，海洋生態系および漁業に対して，未来の生物季節の変化が，どのように影響を与えるかを理解するためには，検討すべき点がいくつかある。生物季節の移行によってある種の行動学的に関わる可塑性が形成され，その新たな可塑性によって魚が環境変化に適応し，そして豊富な資源量の維持が可能になるようなる場合もあるかもしれない。しかし，生物季節学的な反応を始動させる合図と，成魚または稚魚の成長および生存を促進する条件とがもはやそろわなくなってしまう場合には，生物季節のミスマッチが定期的に発生する可能性がある。このようなミスマッチが稚魚の生存率に影響を与えてしまう場合であっても，若魚の段階での生息密度依存性によって，稚魚の高致死率を補完できることもある[75, 76]。この補完が起きない場合には，漁獲できる大きさまで育つ個体が減る可能性が高まる。また，遺伝的適応につながる淘汰圧がかかり始める時期が，魚の生物季節に関する表現型の可塑性によって遅れる可能性もある[77]。この場合，環境変化のスピードが一定以上の速さになっているのに対して，遺伝的な適応が急速に起きなければ，個体群は変化に耐えて生き残れない可能性がある[77, 78]。したがって，海洋の季節性の変化が魚の個体数の動態にどのような影響を与えるかを予測するためには，環境変化の速度，表現型の可塑性（つまり環境変化によって生物に現れた影響が元に戻らない）および魚の個体群における遺伝的多様性の間のトレードオフについて理解することが必須となるであろう[77]。

第3章 海洋における極端な気象現象[1]

トマス・フレーリヒャー[2]

2018年夏，北半球の多くの地域は，並外れて暑く乾燥していた。欧州と北米に加え，東アジアの一部が，ほぼ同時に異例の熱波に襲われたからである。この熱波は，数週間継続し，各地で観測史上最高気温が記録されたほか，干ばつや山火事を起こし，多くの人々の健康に悪影響を及ぼした[1]。だが2003年の欧州熱波をはじめとする過去の熱波とは対照的に，2018年の大規模熱波は，気候学関係者たちにとっては衝撃的な事象ではなかった。専門家間では，すでに10年以上前から，地球温暖化の影響でこのような極端な気象の発生確率が高まることが知られていたためである[2]。しかしながら，最近になって，海洋生態系に対する広範な影響が記録されるまで，海中での同様の動態は確認されていなかった[3]。特記すべきことは，近年観測された海洋熱波の一部により，海洋生態系と漁業水産業が，海中でのこうした極端な高温に対して非常に脆弱であると分かったことである。海洋熱波は，極端な高温状態が数日間から数カ月間にわたって継続する現象を指す。また，最近の研究では，海洋熱波は，数千キロメートル圏内まで波及することがあるほか，海面から数百メートル下の深海にまで及ぶこともあると報告されている[4, 5]。

海洋熱波は，過去20年間に世界のすべての海（海盆）で観測されている（口絵図3.1）。はじめて記録された海洋熱波は，2003年に地中海で出現したもので

---

1) Thomas L. Frölicher, Extreme climatic events in the ocean. Ch. 5, pp. 53-60. The author acknowledges support from the Swiss National Science Foundation under grant PP00P2_170687.

2) Climate and Environmental Physics, Physics Institute/ Oeschger Centre for Climate Change Research. University of Bern（スイス・ベルン）

あり，この時は，海面水温が最大で平均を3℃上回った[6]。詳細な記録が残る別の例としては，2011年の西オーストラリアにおける海洋熱波が挙げられる。その特徴は，海水温が最大で平均を5℃上回って記録的に高くなり，この状態が2011年初めの10週間以上にわたって継続した[7]。おそらく最も有名な海洋熱波は，北東太平洋で2013年から2016年にかけて観測された「The Blob」（ブロブ）であろう[8]。これは，直径が一時1,600 kmにも達し，南カリフォルニア沖では海水温が最大で平均を6℃上回った[9]。このほか，アラスカ湾，北西大西洋，タスマン海，ペルー近海および黄海でも海洋熱波の観測例がある。珊瑚海を含む西太平洋熱帯域では，これまでに複数の海洋熱波が発生している（1998年，2010年および2014-2017年）。

3.1　海洋熱波をもたらすものは何か

　陸上では，大気中のブロッキング現象によって，気温が非常に高い状態が長引くことがしばしばあり，また，この高温状態は，土壌中の水分不足が原因で増強されることが多い[2]。海洋には，熱波を引き起こしうるプロセスが数多く存在するが，陸上のプロセスと比較すると，そのメカニズムや規模に関する知見は限られており，無論，定量化も進んでいない。地球上の海洋熱波の要因として重要なのは，エルニーニョ現象であり[10]，これが発生している年には，特に太平洋赤道域中部および東部で，海面水温が異常に高くなる。エルニーニョ現象は，強力な大気海洋結合現象に加え，貿易風が通常よりも弱いために東太平洋赤道域の冷たい亜表層水の湧昇が少なくなることによって引き起こされる。これに対し，気象条件の異常な安定，あるいは風の向きや強さの変化といった大気の動きに由来するかく乱が発生し，これらが温かい海水との間の正帰還作用によって増強されることで発生する海洋熱波も存在する。例えば，2013年から2016年のThe Blobを引き起こしたのは，長期間居座る高気圧が要因であった可能性がある。この高気圧は，おそらく，並外れて高温になった北太平洋の海面付近の海水とのフィードバック作用によって強まっていた[11]。そして，高気圧が居座ることで，中緯度域の卓越風である偏西風の流入が妨げられ，海洋から大気へ熱が逃げにくくなった可能性がある。2011年の西オース

トラリアの海洋熱波は，インド太平洋域上空の風の向きと強さの変化によって引き起こされた。この風の変化によって，暖流であるルーウィン海流が強まったうえに，通常よりも南寄りのルートをとったので，オーストラリア沖の海水温が普段より高くなった[7]。陸上の熱波や海洋の乱流混合もまた，海水温を異常に高くすることがある。

3.2　温暖化する海洋

　海水の体積は膨大であり，熱容量も大きいことから，世界の海洋は，気候を制御し，気候変動を緩和する役割を中心的に果たしている。実際に，大気中の温室効果ガス濃度の上昇によって地球システムに蓄積された余剰熱を最も多く吸収してきたのは，海洋である（つまり海によって温暖化は抑制されてきた）。1970 年から 2010 年の余剰熱 274 ZJ（1 ZJ=10^{21} J）のうち，約 93% が海洋に貯蔵された[12]。大気中，または陸上に分配された余剰熱は，わずか約 7% であったにもかかわらず，それが氷の融解を引き起こしている。また，海洋が，余剰熱を吸収した結果として，海洋の表層部だけでなく深層部まで全般にわたって温められていることが分かっている。地域や季節によるばらつきはあるが，世界の沿岸域では，海水温上昇が平均よりも速いペースで進んでいる一方[14]，20 世紀半ば以降，地球の海表付近の水層の温度上昇は，平均で 10 年当たり約 0.1℃ というペースであった[13]。しかし，ここ 20 年から 30 年の間には，海洋のより深い部分でも温暖化が進んでおり，南半球では，深海底層（水深 4,000 m 以深）の海水温が上昇し続けている[12, 15]。

3.3　頻度，規模，期間および強度が増す海洋熱波

　長期的な海水温の上昇傾向に上乗せされるのが，いわゆる「海洋熱波」として知られる短期的かつ極端な高温状態であり，これが発生している期間は，海水温が異常に上昇する[3, 4]。1982 年から 2016 年にかけて，人工衛星によって毎日観測された海面水温データを解析し，全データの 1 パーセンタイル値以上の海面水温となった日を海洋熱波発生日と定義した場合，該当する日数は，

全世界で，2016 年には 1982 年の 2 倍となっていた[10, 16]。つまり，1982 年には海洋熱波が年 2 回発生していたが，2016 年には年 4 回発生するようになったということである。海洋熱波は単に頻度が高まっているだけでなく，その規模や期間および強度も増している。2015 年と 2016 年に記録的に高い海面水温が観測されたことから，その 2 年間で世界の海洋の 4 分の 1 において，1982 年の観測開始以来，最長または最強の海洋熱波が発生したことが明らかになった[4]。地域レベルで見ると，近海域における海洋熱波の発生頻度は，世界全体においてこの 30 年間[3] で 38% 高まったことが分かっている[14]。

　それでは，この 30 年間で海洋熱波の頻度を大幅に高めたものは何だろうか。フレーリヒャーらは，人工衛星によるデータ採取期間に観測された，数十年間における海洋熱波発生日数の増加が，エルニーニョ・南方振動や子午面循環といったもともと見られる変動よって見込まれるばらつきの範囲内であるかを検証するため，地球システムモデルによる 2 通りのシミュレーションを比較した。1 つは，人為的な気候変動が加えられたもの，もう 1 つは，人為的な気候変動がないものである[16]。その結果，観測された海洋熱波発生日数は，自然界でもともと見られる変動のみの場合よりも，著しく増加傾向にあることが分かった。また，人為的な地球温暖化は，現在発生している海洋熱波の実に 87% に影響を及ぼしており[16]，2016 年のアラスカ沖の海洋熱波[17]，同年のグレートバリアリーフでの広範囲にわたる海水温上昇[18]など，近年の事例の一部に関しては，その原因のほとんどが人為的であったことが分かっている。言い換えれば，これらは，産業革命以前の気候モデルによるシミュレーションでは，非常にまれ，もしくは，まったく見られないような現象なのである。

3.4　今後の変化

　温室効果ガス排出の傾向の現状，そして化石燃料ゼロ社会への転換には大きな課題があるということを踏まえると，地球温暖化は，今後数十年間は悪化し続ける可能性が非常に高い[19]。したがって，地球温暖化が収まらない間は，

---

3)　引用元論文から補記。

海洋熱波発生日数の増加も継続するであろうと見込まれている。

　海洋熱波の閾値を「産業革命以前の海面水温データの 99 パーセンタイル値」と定義すると，パリ協定の約束が守られたとして，21 世紀末時点の地球の平均地表気温が，産業革命以前よりも 1.5℃ 上昇した場合，海洋熱波の平均発生日数は，産業革命以前の 16 倍になることが，地球システムモデルによるシミュレーションにより示唆されている（口絵図 3.2A 中「>99%」の青点）[16]。2℃上昇した場合は，海洋熱波の平均発生日数は 23 倍（図 3.2A 中「>99%」の黄点），3.5℃ 上昇した場合は，41 倍（図 3.2A 中「>99%」の赤点）まで増加する。要するに，産業革命以前に，海洋熱波が 100 日に 1 回の頻度であったとすれば，1.5℃ の上昇では 6 日に 1 回，2℃ の上昇では 4 日に 1 回，そして 3.5℃ の上昇では 2 日に 1 回発生するということになる。また，一般的には，海洋熱波発生日数は，地表温度がまれに見るほど著しく上昇した場合に，最も顕著に増加する（図 3.2A）。例えば 2℃ の地球温暖化条件下では，中程度の海洋熱波の発生確率は産業革命以前の海面水温の上昇日数の 23 倍であるが，非常にまれなレベルの激しい海洋熱波の確率は 890 倍となる。しかし，問題は，発生日数の増加だけではない。海洋熱波は，かつてよりも継続期間が長くなり，発生範囲も広くなっている。産業革命以前の海面水温データの 99 パーセンタイル値を閾値とし，海面水温が閾値以上となる期間を海洋熱波の継続期間と定義すると，3.5℃ の地球温暖化条件下では，海洋熱波の継続期間は 112 日間まで延びる（図 3.2B 中「>99%」の赤点）。発生範囲は $94.5 \times 10.5 \ km^2$ まで拡大し，これは中国の国土面積に匹敵する。これに対し，産業革命以前の海洋熱波は平均で 11 日間継続し（図 3.2B 中「>99%」の黒点），発生範囲はスイスの国土面積と同程度の $4.2 \times 10.5 \ km^2$ であった。

　海洋熱波発生日数は，すべての海域で増加する。海域間の差が生じるのは，海域ごとに海面温度の上昇の仕方が異なることによるものである。最も変化が激しくなるのは，北極海と西太平洋熱帯域であると予測され，海洋熱波発生日数が北極海では 50 倍，西太平洋熱帯域に至っては 70 倍まで増加するとみられている。北極海の場合は，海氷の減少により温度上昇が著しくなるため，海洋熱波発生日数も顕著に増加する。また，西太平洋熱帯域の場合は，季節性および年ごとの海面水温の変動がもともと小さいため，海面水温の上昇幅が比較的

に小さくても，海洋熱波発生日数が大幅に増加する可能性がある。一方，南氷洋では，非常に深い水層のとりわけ冷たい海水が湧昇してくるため，海面水温が上昇する速度は遅く，海洋熱波の発生日数はあまり増加しないと予測されている。

　興味深いことは，一般的には，陸地は，海水よりも暖まりやすいにもかかわらず，陸上の熱波よりも海洋熱波のほうが，発生日数の増加が急速に進んでいるという点である。それは，もともと大気中よりも海水中の方が，温度の変動がはるかに小さいことが理由である。これにより，温度上昇が比較的小さいにもかかわらず，海洋熱波の発生確率が非常に高まることが予測されているのである[3]。

　海洋熱波に関する人工衛星観測データと数理モデルによる予測の比較によると，モデルが，過去35年間の海洋熱波の発生日数が示す傾向を適切に再現できていることが分かる[16]。しかし，モデルを用いて海洋熱波の継続期間と発生範囲のシミュレーションをすることは難しい。これは，海洋（および大気）モデルの解像度が，比較的に粗いことに起因している可能性がある。海洋モデルの地理的解像度は，通常100 km程度なので，海洋熱波の継続期間および発生範囲の再現性を向上するために必要な，より狭い範囲で起こるプロセスの解明をするには，解像度が粗すぎるのである。それを可能とする高解像度の全球大気海洋結合モデルで長期間に起こるプロセスを対象としたシミュレーションをするためには，現時点ではまだ存在しない膨大なコンピュータ分析能力が必要となる。

3.5　海洋熱波の影響

　近年出現した海洋熱波は，海洋生物に深刻な影響を与えた（口絵図3.1）。海水温上昇に対して非常に敏感な生態系を形成する暖水性サンゴを例にとると，2014年から2017年にかけて長期的に継続した海洋熱波により，熱帯域および亜熱帯域において大規模な白化現象が起こったのである。これは，過去20年間で3番目の地球規模の白化現象であった。この海洋熱波の高温ストレスによって，世界のサンゴ礁の75%が白化し，死亡率は30%に至った[20]。

　海洋熱波は，サンゴに限らず，他の生態系にも多大な影響を与えている。これまでに報告されている生物学的影響は，種の地理分布の変化，生態系の種構成の変化，有害藻類のブルーム，海棲哺乳類の集団座礁，特定の種の大量死など多岐にわたる。例えば，2011年に西オーストラリアで発生した海洋熱波は，オーストラリア沖の温帯性のケルプの森の崩壊につながったうえ，生態系の種構成も変えてしまい，ケルプの森の再生を妨げる草食熱帯魚が増える結果を招いた[21]。また，海洋熱波が漁業水産業や観光業に大きな影響を与えた事例もいくつかある。例えば，2013年から2015年にかけて北東太平洋で発生した海洋熱波により，沿岸域全体で有害藻類のブルームが発生し[22]，複数のビーチ，重要な漁場および養殖場が閉鎖に追い込まれることになった[23]。

3.6　今後の展望

　海水温の長期間の変動，およびそれに関連する海面上昇は，何十年もの間，重点的に研究されてきた。その一方で，海洋熱波とその自然システム（生物多様性や生息域保全）および社会経済に対する影響については，熱帯域におけるサンゴ礁の生態系を除いて，これまであまり関心が示されてこなかった。本章で扱った事例は，海洋熱波が，幅広い生物や生態系に影響を与え，そのリスクは他の自然システムおよび社会経済にも段階的に波及してくることを示している。したがって，地球温暖化が継続し，海洋熱波発生日数が増加することが見込まれる未来の状況においては，自然システムおよび社会経済にも深刻な影響が及ぶ可能性が高い。固着生活を送り，海水温上昇に適応できない生物は，特に高いリスクにさらされることが予想されている。

　観測と数理モデル的シミュレーションによれば，溶存酸素濃度の低下，酸性化などといった他の要因が，海洋生物および生態系にさらなる負荷を与えていることが明らかである[24]。特に懸念されるのが，「複合的事象（compounding events）」である[25]。これは，複数の要因が同時に発生し，継続するという極端な事象を指し，海洋生態系に非常に深刻な影響を及ぼすとされる（例えば，海水の溶存酸素濃度とpHが非常に低下した状態が海洋熱波と同時に発生するなど）。個別に複合的事象を検証した例はいくつかあるものの，複合的事象の根底にあ

る要因が特定されておらず，また，これらの要因が既存の気候モデルの中でど
の程度再現できるのかが不明であるため，気候変動への適切な適応戦略の策定
が困難になっているのが現状である。こうした複合的事象が，生物個体，また
生態系全体に与える影響についてさらなる理解を深めるためには，今後も分野
横断的な連携が求められるのは間違いない。

第4章 変わりゆく海洋における水産物の メチル水銀汚染[1]

コリン・ザックレイ, エルシー・サンダーランド[2]

4.1 はじめに

　メチル水銀は, 神経毒性および生物蓄積性のある汚染物質であり, 本章で説明する各プロセスが原因ですべての水産物からさまざまな濃度で検出される。メチル水銀ばく露(メチル水銀との接触)に対する感受性が最も高いのは, 中枢神経系の発達過程にある胎児や小児であり, 神経認知機能に障害が生じることが明らかになっている。ヒトの血中メチル水銀濃度は, 水産物の摂取と密接に関係しており, 摂取水産物の種類と量の両方が重要な因子となっている。このため, 世界保健機関(World Health Organization: WHO)をはじめ, さまざまな地域, 国および国際レベルの機関が, 水銀含有量の多いメカジキ, サメ類, 一部のマグロ類(キハダマグロ, ビンナガマグロなど)といった水産物の摂取量に関して, 妊婦や子どもは制限を設けるように推奨している[1]。北極圏のイヌイット, このほかのカナダ先住民をはじめとした世界の沿岸域で暮らす先住民の食生活は, 海棲哺乳類および水産物に依存しており, 代替栄養源もないため, メチル水銀へのばく露量が平均よりもかなり高くなっている[2]。

　水銀は, 鉱業や化石燃料の燃焼によって放出されたもの, また火山や地殻からゆっくりと放出されたものが環境中に放散される[3]。現代における水銀の

---

1) Colin P. Thackray and Elsie M. Sunderland, Seafood methylmercury in a changing ocean. Ch. 6, pp. 61-68.

2) Harvard John A. Paulson School of Engineering and Applied Sciences, Harvard University (米・マサチューセッツ州ケンブリッジ)

主要な排出源は，石炭の燃焼，また，開発途上国の零細および小規模金鉱業である[4]。水銀は，不純物として石炭に含まれており，石炭を燃焼すると大気中に排出される。歴史的に見て，水銀を環境中へ排出する人為的要因の最たるものは，金鉱業（金の生産を目的とした鉱業）であった[3]。液体水銀（辰砂から採取精製されたものなど）は，金鉱石とのアマルガム（水銀が金を取り込んでできた物質）を作るために使用され，このアマルガムを燃やすと，水銀が大気中に排出されて，純金が採掘者の手元に残る。この原始的な精製方法は，19世紀の北米におけるゴールドラッシュ時代に用いられた手法だが，現在もなお，南米やアフリカの一部の零細金鉱山では，この手法が用いられている。水銀は，火山の噴火などの際に地殻から自然放出されることもある。しかし，自然放出に比べれば，人為的に排出する歴史は短い（古代から現代）にもかかわらず，人類が，環境の水銀濃度に及ぼした影響は多大である。水銀は，大気中を長距離にわたって運ばれる物質であり，大気中および海洋生態系中に存在する水銀の大半は，人為的に排出されたものである[4]。

4.2　魚の体内でメチル水銀が蓄積されるまでの各段階

　大気中および海中に存在する水銀の大半は，地殻中に大量に貯蔵されていた水銀が，人間活動（鉱物の採掘や化石燃料の燃焼など）により排出されたものである。そして，排出された水銀は，大気，陸上生態系，河口域生態系および海洋の間を循環する。海中では，無機物である水銀が微生物によりメチル化され，有機化合物（メチル水銀）に変換される。このメチル水銀には，生物蓄積性があり，食物網に入り込んでいく。この一連の過程をもう少し詳細に説明すると以下のようになる。

排出された水銀が海洋にたどり着くまで
　海洋生態系内で見つかる水銀のほとんどは，元をたどれば大気中に排出されたものである。石炭あるいは金鉱業で使われるアマルガムなどの水銀含有物質の燃焼によって大気中に排出された気体水銀は，数カ月から数年間大気中に残るため，排出源からはるか遠く離れた海上の空気中など，地球全体で見つかる。

大気中の水銀は，気体水銀が液体を経ずにイオン化合物等として固体になる，粒子として沈降する，あるいは雨水中に溶解するという経路で海洋にたどり着く。ひとたび海洋にたどり着くと，水銀は，水に溶けた状態で海流や渦，また撹拌プロセスにより海洋全体に運ばれる。粒子に吸着した水銀は，海底の堆積層や深海へと沈殿していく。このような水銀の拡散は，海盆によっては数十年から数百年かけて起きるため，海洋の水銀は，地球全体に広がる長期的な問題となっている。仮に，今日から，人間活動による水銀排出がゼロになったとしても，亜表層水中の水銀濃度に完全に反映されるまでには，長い年月を要する。現在排出されている水銀は，私たちが生きる環境中に，少なくとも今後数十年もの間残ることになる。

水銀のメチル化

　大気中から海洋に流入した無機水銀自体に生物蓄積性はないのだが，メチル化によって，生物蓄積性のあるメチル水銀に変換される。水銀のメチル化は，堆積物，湿地および海水中の特定の生物地球化学的条件下で起こる微生物学的プロセスである。海中でのメチル化は，海面付近から沈降してきたプランクトンの死骸を供給源として，微生物が，有機物を分解することによって起こる[5]。

プランクトンによるメチル水銀摂取

　海中のメチル水銀は，プランクトンに摂取されることにより食物網の底辺に取り込まれる。プランクトンによるメチル水銀摂取の大半が受動拡散であるため，摂取量を決める主な因子は，細胞表面積と海水中でのメチル水銀と他のリガンドの結合であることが，既存データにより示唆されている。体が小さいほど，体の体積に対する表面積の比率が大きくなるため，最も体の小さい植物プランクトンの体内メチル水銀濃度は，最も体の大きい植物プランクトンと比べて約 100 倍になることが示されており，これは，プランクトン群集中の個体の大きさの分布が，食物網での生物蓄積において重要な要素であることを意味する[6]。植物プランクトン体内でのメチル水銀濃度は，周辺の海水中の水銀濃度と比べて 1,000 倍から 100,000 倍高くなっており，一方で，海洋の溶存有機炭素濃度が上昇するにつれ，また，富栄養化条件になるにつれて低下する[6]。

従属栄養生物における生体エネルギーと生物蓄積

　魚をはじめとするその他の捕食者も，周辺の海水から受動的にメチル水銀を摂取してはいるが，海水からの摂取は，体内の全メチル水銀摂取量の5％未満にすぎない。これは，周辺の海水と被食者体内では，メチル水銀濃度に大きな差があるためである[7]。捕食者が被食者を食べると，被食者体内のメチル水銀も同時に摂取することになる。したがって，この食物由来のメチル水銀摂取量は，被食者の体内メチル水銀濃度だけでなく，餌として摂取した被食者の量とも比例する。メチル水銀は，時間とともに魚の体内から排出されていくものの，排出速度は摂取速度よりも遅いため，体内に蓄積される[7]。このため，長く生きている魚ほど，体内にメチル水銀を蓄積してきている時間が長いので，種内で比較すれば，魚の年齢と体内メチル水銀濃度は，一般に比例することになる。メチル水銀は，さまざまな体内組織で蓄積されるが，特に筋肉などのタンパク質が豊富な組織に集中して蓄積されている（ほとんど脂肪組織だけに蓄積される残留性有機汚染物質などとは異なる）。一般に，食物網の上位へ進むにつれて生物濃縮が進み，そのため種の栄養段階は，メチル水銀濃度に関する非常に良い指標となる[8]。簡単に言えば，魚の体内メチル水銀濃度は，その魚が捕食する餌の量と餌に含まれるメチル水銀濃度，主にこの2つの因子によって決まるのである。

4.3　変わりゆく海洋における魚の体内メチル水銀

　今後，海洋環境のさまざまな側面が変化する可能性が高く，その変化が水産物中のメチル水銀濃度に作用する。すでに排出されて環境中を循環している水銀があることに加え，今後も水銀の排出は増加傾向にあるため，海水中の水銀濃度は，これからも上昇し続けるであろう。また，南半球での小規模金鉱業とアジアでの水銀排出量が増加していることにより，水銀濃度は，今後も長年にわたり上昇する可能性が高いと言える[9]。この水銀を生物蓄積される形に変換するメチル化は，複数の生物地球化学的因子に左右される。実際に，現在，これらの因子が，メチル化の反応速度を変えるほど変化しているのである。また，温度が上昇して生態系の生産力が増すと，無機水銀からメチル水銀を生成

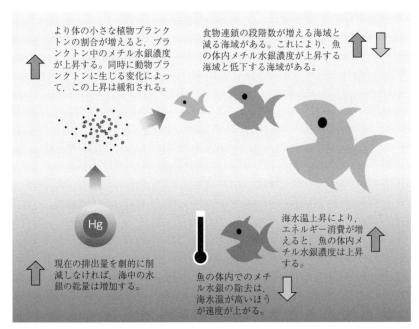

図4.1 魚の体内メチル水銀濃度の今後の変化要因をまとめたイラスト。上向き矢印と下向き矢印は，それぞれ魚の体内メチル水銀濃度を上昇させる要因と低下させる要因を示している。

する速度がはやまることも認識されている。つまり，ある海域で海水温が上昇すれば，そこに生息し続ける魚は，海水温が現在より低い過去と比べて，多くのメチル水銀を体内に蓄積することになる。無論，一般的な回遊をする魚種に比べ，同一の群れの中でも個体のみの場合と，何個体かによるグループで移動している場合で回遊の仕方が異なる（differential migration）魚種は，食物網の構造を変化させることが可能なため，海域によって体内メチル水銀濃度の上昇，あるいは低下をもたらすことが考えられる。魚種によっては，海水温に対応して，餌を探す水深や餌の選択を変えるため，体内メチル水銀濃度変化の出現が遅れるほか，別の変化が起きる可能性もある。図4.1 は，これらの変化をイラストとしてまとめたものであり，本章では以降，その詳細を個別に検討していく。

海水中の水銀およびメチル化に起きる変化

　水銀の地球化学的循環のタイムスケールや人間による水銀排出の歴史を踏まえると,「水銀に関する水俣条約」の遵守をはじめ, 水銀排出量削減に向けた最も厳しい制約の下で, 世界全体が規制に向けた行動を実施しない限り, 海水中の水銀濃度は今後50年間上昇し続けてしまう。

　水銀のメチル化は, 有機物が海中を沈降していく際に起こる有機炭素の再無機化プロセスと関連していると考えられている[5]。この無機化に影響を与える要素として, 成層化が進行すること, 海洋酸性化に伴い石灰化プランクトンの沈降が妨げられること, また, プランクトン群集全体において, 沈降しにくい微小プランクトンの割合が増加することなどが挙げられ, それに伴って海洋環境が変わっていくことが見込まれている[10]。この一連の複雑な環境変化について, また, この環境変化と水銀のメチル化の関連については, まだ十分に解明されていないので, 現状では, 今後水銀のメチル化に関して起きる変化を海洋の未来の予測に十分に反映できていない。しかし, 状況を一変させるような生態系の変化がない限り, 海水中の水銀の増加に比例して, 水産物中のメチル水銀濃度は上昇することになる。したがって, 以下で議論する各変化は, メチル水銀が増加する背景に連動して起きる事象である。

プランクトン群集の分布および構造の変化

　生物生産力の低い海域が拡大し, 極地における海水が成層化することにより, 地球全体の植物プランクトンは, 小型種の占める割合が増えていく可能性がある[11]。（体が小さいほど, 体の体積に対する表面積の比率が大きくなることが主な原因であるが）小型植物プランクトンは, 大型植物プランクトンと同じ条件下では, 体内メチル水銀濃度が, 最大で100倍になることがあるため[6], もし, プランクトンの世界で小型が増えるという生物群集の動態変化が起きれば, メチル水銀濃度は, 非常に高くなることが予想される。ただし, この変化の度合いは, 海洋空間ごとに大きくばらつく可能性が高い。同時に, 海水温とCO_2濃度が上昇することにより, 植物プランクトンの種によっては成長速度がはやまるため, メチル水銀濃度の上昇がいくらか抑制される可能性もある。海水温やCO_2, 栄養素の濃度, さらには海水のpHの変化が植物プランクトンの種お

および群集の構成にもたらす影響については，不確実性が高く，現時点で十分に解明されていない。植物プランクトンの体内におけるメチル水銀濃度の変化は大きくなる可能性があるものの，それは，関連する動物プランクトン群集の動態変化によって緩和される。プランクトンの食物連鎖の頂点では，このようにメチル水銀濃度の上昇が緩和されることを踏まえると，水産物に見られる特に大きい濃度変化は，温度変化など魚が直接受ける影響によって左右される。

生物蓄積および食物網内での生物濃縮

　食物網の構造は，魚の体内メチル水銀を考えるうえで非常に重要である。さらに，食物網の構造は，体内メチル水銀濃度が最も高くなる高栄養段階の捕食者ほど，特に重要性が増す。魚の体内メチル水銀濃度は，栄養段階が高くなるにつれて指数関数的に上昇し，これを「食物連鎖による生物濃縮（biomagnification）」と呼ぶ。栄養段階が1つ上がると，メチル水銀濃度は平均で8倍高まる[8]。これは，食物連鎖が長ければ，頂点捕食者の体内メチル水銀濃度が大幅に高まり，短ければ低下するということを意味する。河川から流入する水に含まれる栄養素などの成分の変化によって，動物プランクトン食物網に変化が生じると，動物プランクトンにおけるメチル水銀の生物蓄積に大きな影響が及ぶことが示されているとおり，食物連鎖の重要性は，ミクロの世界から始まる[12]。

　海洋の生物生産力の変化について予測されているパターンを見ると，変化は一律ではなく，生物生産力が増加する海域と減少する海域があり，生物生産力の高い海域では，食物連鎖が短くなる。生物生産力の変化によって食物連鎖が長くなり，その結果，頂点捕食者の体内メチル水銀濃度が高くなるとされる多くの海域では，将来的に魚の生息数が減少すると予測されている。逆に，魚の生息数が増えると予測されている外洋の海域では，生物生産力が増すため，食物連鎖は短くなるはずである。海中に存在する魚の資源量と漁獲量が比例するものと見なしたうえで，漁業操業は，一般に，生物生産力が高く食物連鎖が短い海域を求めて移動していくことを考えれば，ほかに変化する要素がない限り，水産物のメチル水銀濃度は，低下することになる。

　食物網の構造変化が魚の体内メチル水銀濃度に与える大きな影響は，メイン湾のタイセイヨウダラとアブラツノザメが捕食する餌が，1970年代から2000

年代の間にどのように変化したかに表れている。メイン湾のタイセイヨウダラの主な餌は，被食者の資源量が大きく変化したため，ニシン科魚類から大型無脊椎動物に移行し，それにより体内メチル水銀濃度が10-20%上昇するにいたった。一方，同じ1970年代から2000年代におけるメイン湾のアブラツノザメの主な餌は，頭足類からニシン科魚類へと移行し，これに伴い体内メチル水銀濃度は25-40%低下した[7]。同じ環境中に生息する異なる種の間でこうした大きな差が見られることは，関連する相互作用が複雑に絡み合っていること，そして，水産物のメチル水銀濃度全般における予測の難しさを表している[7]。

温度と魚の食餌

　魚が被食者を捕食する量と環境温度の関係性によれば，生息域の海水温が変化することは，魚の体内メチル水銀濃度に直接影響を及ぼしている。魚がある一定の体の大きさを維持するためには，海水温が上昇した場合に摂食量を増やさなければならない。摂食量が増えれば，メチル水銀摂取量も増えるので，同じ体重を維持するだけでもメチル水銀摂取量が増える。したがって，体内メチル水銀濃度は，海水温が低い場合よりも上昇する[7]。別の言い方をするならば，海水温が上がっても摂食量が変わらないのであれば，魚の体重は減少する一方であり，メチル水銀摂取量は変わらないため，体内メチル水銀濃度は上昇する（生物濃縮）[13]。海水温は，すでに上昇しており，今後も上昇し続けると予測されているため，水産物中のメチル水銀濃度は，上昇していくだろう。これは，また，将来的に地球規模で水銀の排出を抑制する取り組みをおこない，水産物中のメチル水銀濃度を低下させようと試みたとしても，すでに排出されている炭素によって，今後ほぼ間違いなく海水温は上昇するため，その取り組みの効果は打ち消されてしまうことを意味しているのである。

回遊とエネルギー消費

　マグロなどの大型捕食者は，高速で泳ぐ回遊魚であるためエネルギー消費量が多い。この点が，生物蓄積の重要な要素の1つになっている。マグロの体内メチル水銀濃度は，単純に栄養段階から算出される値と比較すると高めである。これは，運動によりエネルギー消費量が増し，その結果，体重が一定であって

も摂食量が増えるということで説明がつく[7]。基本的に，回遊行動が増えれば体内メチル水銀濃度は上昇し，減れば低下する。しかしながら，回遊行動が将来どうなるかは，たとえマグロ類（タイセイヨウクロマグロなど）の特定種だけを見た場合でも不確実性が大きい。そのうえ，マグロの回遊そのものが，海水温，被食者である生物種の豊富さ，稚魚の生存率に影響を与える数多くの因子と関連しており，また，これらの因子自体が，体内メチル水銀濃度に影響を与えることも分かっている。このように，因子が互いに絡み合っているため，マグロの回遊には，予測しがたい変化が起きる可能性がある。回遊に関連する個々の因子が，体内メチル水銀濃度に与える影響の方向性を予測することはできる。しかし，これらの因子は，前述した各因子と同一のものであるため，今後の研究では，回遊の変化が，マグロの体内メチル水銀濃度に与える影響を総合的に検証することが大変重要である。

温度とメチル水銀の体外排出

　魚がメチル水銀を体外に排出する際には，周辺環境の温度による影響を受ける。海水温が高ければ，体外排出速度は高まる。この傾向は，温度差が大きい場合に顕著になる（約7℃の上昇で体外排出速度は2倍になる[14]）。しかし，近い将来に起こる可能性の高い海水温上昇の範囲を踏まえると，水銀を体外に排出する速度の上昇は約30%である。将来的に，体内メチル水銀濃度が上昇する要因をいくらか緩和できる可能性はあるものの，全面的に打ち消せるほどの効果をもたらす可能性は非常に低い。

4.4　結論

　将来的に，水産物のメチル水銀濃度において起こる変化は，互いに競合しあう数多くの因子が絡み合った結果として生じる。地球規模で劇的に水銀排出量を削減しない限り，海水中の水銀濃度が上昇するのに伴って，水産物中のメチル水銀濃度が上昇してしまう。これに加えて，海水温が高まると，メチル水銀の生物蓄積が進み，魚の体内におけるメチル水銀濃度がさらに上昇してしまうのである。この全体的に見られる上昇傾向を複雑にする要素として，種ごとの

生息域，被食者の量，および栄養段階の変化が挙げられる。これらの中には，体内メチル水銀濃度をさらに上昇させる変化がある一方，いくらか緩和しうる変化もある。炭素および水銀，またはその両方を排出している現状が，向こう数十年から数百年にわたって海洋に影響を与えるため，水産物のメチル水銀については，今後しばらくの間，追究を続けるべき問題となるであろう。

第5章 資源利用されている海洋生物グループの気候変動下での現在および将来の生物地理学[1]

ガブリエル・レイゴンデュー[2]

5.1 はじめに

種の空間分布と生物多様性のパターンを定量化することは，生態学の柱の1つとなっている[1]。海洋と人間社会は，閉じられた相互作用の循環を形成しており，海洋は食料をはじめとする恩恵を人間に提供し，人間は漁業水産業といった直接的な影響，あるいは気候の改変といった間接的な影響によって海洋の自然状態に変化を与えている。海洋が提供している生態系サービスは，生息する種の多様性の集合によって，局所レベルまたは地域レベルで構成され，生態系の栄養段階間の動態を定めている。したがって，種の分布と種間相互作用を研究することにより，生態系の機能の特性を明らかにし，人間社会に対して海洋が与えうる恩恵を定量化することができる。

ロモリーノ（Lomolino）らにより，生物地理学という分野は，「過去および現在の生物の空間分布を研究する学問。生物多様性の要素であり，地域，空間的隔離，緯度，水深，標高などの多様な地理的勾配により変動する，遺伝子や生物群集，また生態系全体を対象に，自然界に存在するすべての地理的ばらつきのパターンを理解するもの」と定義されている[2]。この分野は，種の分布と動物相のマクロ生態学的パターンを研究するために陸上生態学において発展

---

1) Gabriel Reygondeau, Current and future biogeography of exploited marine exploited groups under climate change. Ch. 9, pp. 87-101.

2) Changing Ocean Research Unit, Institute for the Oceans and Fisheries, University of British Columbia（カナダ・ブリティッシュコロンビア州バンクーバー）

してきた。

　一方，海洋は広範であり，水塊としての体積も膨大であるのに加え，サンプル採取の技術的制約が陸上よりも大きいため，海洋生物地理学は，長い間，研究されてこなかった。しかしながら，近年，国際連携が進み，オンラインデータベースおよび統計ツールが発展したことにより，この分野が急速に進歩したので，海洋において種の地理的分布範囲を定める因子や海洋マクロ生態学的パターンの特定が可能になった。さらに，種分布モデルをはじめとした統計ツールが，生物多様性の現在および将来のパターンを究明するために有益なものへと発展した。地球規模で気候変動が起きていることを踏まえると，人間活動によって排出された温室効果ガスが主な要因となり，海洋の物理学的および生物学的区分を変えてしまったと考えられる。そのため，生物多様性を保全し，資源利用されている種を管理するための適切な対策を適用するため，現在および将来のパターンを定量化することが，極めて重要なのである。

5.2　海洋の生物区分

5.2.1　海洋生物地理学的区分の歴史的背景

　種の空間分布に基づく生物地理学的アプローチを歴史的に振り返ると，海洋での調査は，陸上の世界と比べ，困難がつきものであった[3]。陸上生態学者は，1870年にはすでに，オーストラリアとアジアの動物相を隔てる「ウォレス線3)」が現在のインドネシアにあることを発見し，位置を正確に特定できていた[1]。しかし，海でサンプルを採取するためには高額な費用がかかるうえ，外洋に生息する種は回遊するものが多い。さらには，海洋の性質が極めて動的であることから，三次元で分布する種のサンプルを採取することは，ほぼ不可能である。これらは，海洋生物地理学者が抱える特に深刻な問題である。しかしながら，挑戦した者がいなかったわけではない。サイエンスライターであり，英国王立天文学会初の女性会員であったメアリー・サマヴィル（Mary Somerville）は，1872年に，はじめて世界の海洋の区分案を提唱した。サマヴ

---

3) アジアとオーストラリアに生息する生物種が別れる分布線。

ィルの案は，当時の限られた物理学と化学の知識に基づく「同様の種が生息する海域（homozoic zone）」により，寒冷海域と温暖海域を区分しようとするものであった（緯度方向の区分）[4]。

　実地調査が進み，海洋生物学および海洋学分野の知識が拡大するのに伴い，海洋生物地理学分野の研究に関する論文が出てきたのは，20世紀半ばになってからのことである。初期の研究は，外洋魚種の分布を決定する主要な因子として海面温度を重要視していたが，研究の関心は，次第に地球全体の海洋循環へと移っていった[5]。そこで，いくつかの海域区分が，カイアシ類（ケンミジンコ）[6]，ニシン科魚類[7]，植物プランクトン[8]，オキアミ[9]，毛顎動物（ヤムシ）[10]などの異なる分類階級もしくは複数の分類階級をまとめた集合[11, 12]に基づいて提唱された。海面における種の分布は，極地から赤道域へという単純な勾配ではなく，ランダムなパターンが示されている。その一方で，海岸からの距離と緯度によって，少数の別グループに分けられることについては，いずれの提唱者も，自身が海域を区分する際に用いた根拠にかかわらず合意している。バッカス（Backus）は，150年近くに及ぶ外洋の動物相の調査をもとに積み上げられた研究結果をまとめて，自然地理学と生物地理学の関連性に基づく分割システムを開発した[13]。そのうえで，彼は，両半球それぞれの寒帯，亜寒帯，温帯（または移行帯），亜熱帯，そして熱帯という9つの区分を採用する現行のシステムは維持すべきであると主張した。また，バッカスは，両半球のいずれにおいても，温帯の赤道寄りの限界は，亜熱帯収束帯であり，亜寒帯の極地寄りの限界は，北極前線または南極収束帯であると提唱した。

5.2.2　種の分布および多様性に基づく現行の海洋の生物学的区分

　地球全体を網羅する海洋生物地理学的なデータベースが誕生するまでは，海洋生物種を空間的に観察できる範囲が不十分であったため，客観的な海洋の生物学的区分を作り出すことができなかった。そのため，生物地理学者らは，長年にわたって，既存の非生物的な海洋区分が，海洋生態系の分布をどの程度表現できているかを検証しようとしてきた。イェンチとガーサイド（Yentsch and Garside）による研究[14]にヒントを得たロングハースト（Longhurst）のアプローチ[1]は，生態系をボトムアップ型で構造化したものであり[15, 16]（図

5.1)，こうした検証の対象として最適であると考えられた。すでに特定されている生物地球化学的区分（biogeochemical province）において，植物プランクトンの種の集合体の構成および多様性を形作っているのは，平均的かつ自然発生的な環境条件下での季節性変動であると考えた場合[17]，植物プランクトンより上位の各栄養段階における生理機能，繁殖および摂食行動，そして，その結果もたらされる空間分布が，一次生産者プールとの栄養学的なつながりと環境圧力（影響）によって定められるはずである（図5.1）。そのため，異なる栄養段階の海洋生物種について調べれば，生物地球化学的区分の境界は，生物群集の変化を検証することによって見いだせるはずである（口絵図5.2）。

　地域または海盆ごとのレベルでは，海洋生物種の空間分布を調べることで，生物地球化学的区分の生態学的妥当性を検証した研究が数例ある。これらの研究は，細菌[18]，プランクトン[19-21]といったいくつかの分類学的区分，あるいは資源利用されている種[16]に注目したものである。著者らは，種の豊富さ，種間の関連性および生物多様性が，空間的には，生物地球化学的区分と比較的合致していると結論付けた。また，生物地球化学的区分が，種の豊富さに直接影響を与える特定の環境条件を表しているとも結論付けている。その理由としては，低い栄養段階では非生物的条件の変動に対する生理的耐性が低いこと[22]，高い栄養段階ではエネルギー収支のための栄養段階間の動態に依存していることが，それぞれ挙げられている。

　種の分布を用いて外洋の生態学的単位を特定しようとする試みは，これまでにも例があったものの，そのほとんどが，特定の種のグループ，または生物群集レベルでの研究に特化したものであった。地球全体に存在する幅広く多様な種を網羅した最新データを用いて，世界の海洋の生物学的区分を定めようとした最初の試みは，コステロ（Costello）らによるものであった[24]。彼らは，固有種プール内での空間的変化は，環境圧力の変化を明確に反映し，ひいては生態学的単位の変化を反映すると仮定し，65,000種以上についての空間データを収集して種の固有性を算出した（図5.1）。そして，地域レベルで考えうる種分化のパターンとともに，環境条件の変化をまとめた明確な生態学的単位を30以上記述し，それらを「海洋生物地理区（oceanic realms）」と名付けた。

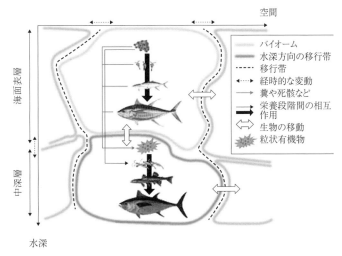

図 5.1 特定された生態学的単位中の生態系を概念化した図。

5.3 資源利用されている海洋生物の多様性の分布

5.3.1 海洋生物多様性のパターンを研究するにあたっての過去および現在の制約

海洋生物多様性のパターンに関する研究の際に扱う空間範囲は，長年にわたり，局所レベルまたは地域レベルに限られていたため，研究者らが，陸上生態学に基づく海洋マクロ生態学的パターンについての仮説を評価することができなかった。（観測に基づく）海洋マクロ生態学の原点は，1980年代にスクリップス海洋研究所が実施した研究までさかのぼる。同研究所の研究者らは，国際連携の広がりやグローバルなデータ共有プロセスを活用して，太平洋の生物地理学的研究を支えるために十分な空間範囲を網羅したサンプルのデータベースを形成した。

近年は，海洋生物地理情報システム（Ocean Biogeographic Information System: OBIS）や地球規模生物多様性情報機構（Global Biodiversity Information Facility: GBIF）といった海洋生物観測の無料オンラインデータベースが開発され（その

結果，国際連携が生まれ），海洋地理学者らが，全地球規模で海洋マクロ生態学的パターンを研究できるようになった。これらのデータベースは，（博物館のコレクションをはじめ，独立した海上での海洋学調査のデータまで）多様なソースから得た，（細菌から頂点捕食者まで）多様な種についての観測データを収集したものである。ただし，これらのデータベースの利用をめぐっては，ウェブ（Webb）ら[25]およびチャウダリー（Chaudhary）ら[26]が，以下の問題点を挙げ，注意を促している。

1．大半のデータは，水深100 m以内[25]かつ大陸棚上で得られたサンプルに基づいている。これは，主に外洋や深海からのサンプル採取が物理的，予算的に困難であることが要因である。
2．北半球と南半球の間でのサンプル採取量の大きな差は，両半球における研究能力の差によるものである。
3．海洋生物種がデータベースに反映される際のばらつきが大きい。理論上，多様性が高いはずのプランクトン，細菌，軟体動物など，栄養段階の低い生物のほうが[27]，魚類や哺乳類といった栄養段階の高い生物よりもデータベースに反映される種数が少なく，分布について完全に網羅されていない種も多い。

5.3.2　海洋生物多様性の地球全体でのパターン

すでに示したとおり，海洋は広範であり，水塊としての体積も膨大であること加え，海洋領域でのサンプル採取の技術的制約が陸上よりも大きいため，すべての海洋生物種の空間分布を完全に定義することはできず，種および生物多様性の空間パターンの研究にバイアスがかかってしまう。こうした制約があるために，これまで海洋マクロ生態学的研究は，研究が進んでいる種，もしくは，サンプル採取例が十分にある限られた海域（北海およびその他の大西洋大陸棚沿岸）のいずれかに特化してきた。

この問題に取り組むための解決策の1つは，種分布モデル，または生態ニッチモデルを適用した手法である。それは，ハッチンソン（Hutchinson）が定義した生態学的地位（ニッチ）の概念を土台にしている[28]。ニッチ理論では，

固有の環境下で，資源をめぐって競争し，生き残るための生理的特徴，そして，その競争の性質が進化とともに形成され，それによって定義される環境間の多次元的な隔たりごとに種が出現するとされている。こうした数値的アプローチを大まかに説明すると，種が生まれると予想される多次元的な環境間の隔たりを定量化することを目的とした，種の観測記録と環境における関係を解明するための探索的，または決定論的な統計学的手法と言える。こうしたアプローチは，大半が変温動物である海洋生物に適用しやすいため，海洋生物の空間分布は，環境条件によって決定されると見なすことができる。

　私たちはまず，（主に漁業によって）資源利用されている大半の海洋生物グループの分布を特定するため，魚類 7,597 種，哺乳類 107 種，頭足類 271 種，棘皮動物 1,079 種，ロブスター 52 種，カニ 649 種，エビ 357 種の出現記録を収集した。これらの種の出現記録は，OBIS（https://obis.org/），ユネスコ政府間海洋学委員会（Intergovernmental Oceanographic Commission of UNESCO: IOC-UNESCO, ioc-unesco.org），GBIF（https://www.gbif.org/），FishBase（https://www.fishbase.se/）および国際自然保護連合（International Union for Conservation of Nature and Natural Resources: IUCN, www.iucnredlist.org）が公開している，誰でもアクセスが可能なデータベースを集めたものである

　アッシュ（Asch）らの手法[29]に従い，種ごとのニッチに最大限近づけるために，複数のモデルを用いたアプローチを採用した。利用した生態ニッチモデルは，biomod2 の R 言語パッケージ中の Bioclim および Boosted Regression Trees[30]，Maxent[31]，Non-Parametric Probabilistic Ecological Niche[32] の 4 種類である。これらの生態ニッチモデルから得られた種ごとの空間分布は，米国海洋大気庁（National Oceanic and Atmospheric Administration: NOAA）の地球物理流体力学研究所（Geophysical Fluid Dynamics Laboratory: GFDL）による地球システムモデルを用いてモデル化された環境条件から外挿され，1970 年から 2000 年，また，2080 年から 2100 年の 2 つの期間における平均が算出された。1970 年から 2000 年における，種の出現およびモデル化された種分布を用いて作成された受信者操作特性曲線（ROC 曲線）に基づいて，確認できた種の出現確率の閾値を計算上特定することで，種の豊富さ（すなわち a 多様性）が算出された。生息環境適正指数が，閾値以上であれば，その種は生息してい

ると見なした。そのうえで，それぞれの期間についてグリッドセルごとに生息
種数の合計を算出することで，種の豊富さを表した（口絵図5.3）。

　海洋マクロ生態学的研究に関するいくつかの事例においては，植物プランク
トン[33, 34]，動物プランクトン[20]，資源利用されている海洋生物種[35]，象
徴的生物種，あるいは，これまでに生息が確認されているすべての海洋生物種
[25, 26]といった既知の分類群について，地球規模での空間分布パターンの特
定を試みた。これらの事例では，生物多様性の緯度勾配や海岸からの距離の影
響など，異なる分類群に共通する海洋生物多様性のパターンをいくつか解明す
ることができた。この中でも顕著に表れる生物多様性の緯度勾配とは，生物種
の数が，熱帯域周辺で最も豊富になり，北極または南極に向かうにつれて貧弱
になるパターンのことを指している。一次生産者から大規模回遊を行うクジラ
やマグロまで，多様な種においてこのパターンが観測され，種間のばらつきも
目立たなかった[36]。しかし，陸上に関する知見に反して，海洋生物多様性の
緯度勾配は，二相性の分布を示しており，種の豊富さがピークになるのは，北
緯または南緯20度から40度であった[26]。これは，外洋よりも近海に生息す
る種において顕著であった（図5.3）。確かに，運動能力や生息域（すなわち，
外洋帯［pelagic］，海底および海底下［benthic］，海底付近の水中［demersal］など）
との関連で，環境変化に対応するための生理的能力は，分類群によって異なる
ので，生物多様性の緯度勾配は，種の分類群によってばらつきがある。また，
海洋における生物多様性の緯度勾配についての2つ目の特異性は，北半球と南
半球で傾向が異なるという点である。この傾向の非対称性は，ロブスター，頭
足類，カニおよび棘皮動物など，海底付近に生息する生物群やベントスの中で
も無脊椎動物において顕著に見られる（口絵図5.3）。

　この非対称な二相性を説明するため，これまでに以下のような仮説が提唱さ
れている。

1.「サンプル採取時のバイアス」仮説　全地球規模のオンラインデータベース
には，南半球よりも北半球のサンプル採取記録が多くあるため，サンプル採取
例数に大きなばらつきがあることが示されている。しかし，研究者らが，数種
の生物について，サンプル採取例数を統計学的に正規化しても二相性が示され

ることを明らかにしたため[26, 27, 38], この仮説は, 現在では認められていない。

2.「大陸棚の範囲」仮説　大陸棚上には, より多くの種類の生息域が存在するため, 種が豊富になるということはよく知られている。赤道域および南半球では, 大陸棚の被覆範囲が少ないことから, 海洋生息域が乏しくなるため, 沿岸域の種多様性が熱帯域北部で最大となり, 二相性が両半球間で非対称性を示している。

3.「海洋生物とその多様性に対する温度の影響」仮説　観測されている海洋生物種の空間分布パターンを形作るにあたり, 温度は重要な役割を果たしている[39, 40]。ほとんどの海洋生物は, 変温動物であり, 生理的および形態学的適応によってそれぞれ固有の温度戦略を示すことが, 空間分布範囲を決める要因となっている[41]。一方, 過去の研究事例からは, 海水温と種の豊富さのパターンの間には顕著な正の相関があることが示されている。平均的および季節的な海水温変動が, 北半球と南半球で異なる緯度勾配を示すため, 海洋生物多様性の緯度勾配にも非対称性が生じている。

5.4　気候変動が海洋生物種の生物地理学に与える影響

5.4.1　気候変動による海洋生物種の分布変化

　産業革命以降, 人類は, 化石燃料の燃焼によって指数関数的に温室効果ガスの排出量を増大させてきた。大気中の温室効果ガスが増加することにより, 対流圏の熱力学的性質, 大気の放射平衡, さらには大気と海洋の間のエネルギー交換が変容してしまったのである[42]。最近の研究により, 過去数十年間で大気中に蓄積され, 増加した熱エネルギーは, 主に海洋によって吸収され[43], 海洋の物理的, 生物学的分画に影響を与える地球温暖化をもたらしたということが明示された[44, 45]。生物圏における環境条件の改変は, 近い将来, 未曾有の速さと規模でさらに進行し, 地球全体の生物地理学的な区分とそこに関わる生物多様性に影響が及ぶことが予測されている[46]。

　海洋生物は, 環境条件への依存度が高い。これは, 海洋生物多様性の90%を占める変温動物において特に顕著である。確かに, 代謝活動（成長, 光合成,

排泄，細胞周期，ホルモン産生など）に加えて，その延長線上にある主要な生物学的パラメータ（栄養，繁殖，胚の発生に要する時間など）が，環境パラメータに制御されることによって，海洋生物の生理的および生物学的相互作用に大きな影響が出ている。したがって，生態系が示すさまざまな環境パラメータの値の幅に変化が生じれば，それがどの程度であれ，種の生活環の動態や生物群集内における個体数の豊富さ，そしてその海域の生物多様性に多大な影響が及ぶ可能性がある[47]。そのため，地球全体で 0.6-4℃ 温度が上がるというシナリオの下で行われた予測では，多くの種において，本来の分布域が変わる可能性があるとの結果が出ている。海洋生物が最適な環境条件を追い求め，個体数を維持するためには，まさに分布域を変えるか[48, 49]，生息する水深を変えるか，あるいはその両方を変えるか[50]という選択肢しかないのである。栄養段階によっては，空間的移動が，メソ動物プランクトン[48]から魚[35]にいたる幅広い種において，すでに観測されており，亜寒帯ではもともと生息していた種が北極または南極寄りに移動し，これまでもっと温帯寄りに生息していた種が亜寒帯の海域に移動してきている。このような種の分布における変化の仕方は，生物分類群ごとに異なるのはもちろんのこと，生物分類群内でも異なる場合がある。つまり，変化の仕方は，どのような種であるか，また，これらの種が，本来の生息域に生じた新たな環境条件に適応するための生理的能力をどの程度備えているかによって変わるのである（口絵図 5.4）。

　海洋生物の種分布の変化は，海洋の生物多様性勾配やホットスポットに直接影響を与える（口絵図 5.4 は，2090 年から 2099 年の種の豊富さに関する予測が，口絵図 5.3 に示した 1970-2000 年と比較してどのように変化したかを示したもの）。結果からは，まず複数の熱帯域においては，ほとんどの種の生息域で，従来の温度変動幅を上回るほど海水温が高くなるため，重大な種の局所絶滅が起こることが示されている。これにより，気候変動が緩和されるシナリオ（RCP2.6）の場合でさえも，これらの海域の海洋生物グループの種多様性は，15% から70% 超も低下するという結果となった。海水温が上昇すると，海洋生物は，高緯度方向へ移動する傾向があるため，温帯から寒帯にかけては，本来そこに生息していなかった種が増え[38]，結果的に，もともと生息していた種を局所的に喪失することの埋め合わせとなる。しかし，人間が，「これまでどおり」

CO_2 を排出し続けるシナリオ（RCP8.5）の場合，今世紀末に起こるであろう大幅な環境変化により，種の豊富さが増大する「避難区域」は，ごくわずかに存在するのみとなる（口絵図5.4）。RCP8.5 のシナリオにおいては，大多数の海域で種の豊富さが低下する可能性が高い。その結果，例えば熱帯域では，固有種の一部が高緯度方向に移動し，適応幅が広い種（すなわち，幅広いニッチを有する種）だけが残るので，今後，海洋生態系の中には，種の構成が，食物網を単純化するように改変されるものが出てくる。これと並行して，温帯および寒帯域では，他の海域から流入する外来種によって，重大な種の再編成が起こり，生物多様性プールや栄養段階間の動態にも変化が生じることが予測される。

5.4.2 海洋生態系サービスに対する影響

　今や全世界的に環境変化が起こり，世界の海洋における大半の種の分布が変わってしまうことが知られている。環境変化の影響を最も大きく受けるのは，熱帯域に存在する狭小な空間分布をとる固有種である。これらは，熱帯または寒帯気候において一般的に生息する種であり，サンゴ礁や海草藻場といった特定の生息域で見られる小さな季節変動に適応している。したがって，これらの種は，特殊な環境へ特化することが原因となり，環境条件が変化することへの耐性の幅が狭い。一方，熱帯，温帯および寒帯の生態系で見られ，大規模な回遊をするマグロやカジキなどの種の場合は，空間分布が広いために幅広い環境条件への耐性がある。広く分布している種ほど，異温性による体温制御など，環境変動に適応するための生理機能が発達しているため，種分布に対する気候変動の影響が最小限となる可能性が高くなる。

　度合いにばらつきはあるものの，大半の海洋生物種の分布が気候変動の影響を受けるという予測の下（口絵図5.4），海洋の生物多様性を保全するために具体的な方策を実行することが不可欠である。効率的に海洋生物多様性を保全するための主なツールとして，海洋保護区（Marine Protected Area: MPA）が挙げられる。近年，世界中で大規模な MPA を設定するための明確な国際的取り組みが実施されている一方で，気候変動の文脈においては，各海域固有の生物多様性が保全できるか否かについての懸念が強まっている[51]。確かに MPA は，多くの場合，特定の海域に固定して設定されており，保全しようとしてい

る固有の動物相が，近い将来には最適な環境条件を追って分布を変えてしまう可能性がある（口絵図5.4）。したがって，「生物の多様性に関する条約」と「ミレニアム生態系評価」によって定められた，未来の海洋生物多様性を効率的に管理するための各目標を達成するために，以下の3つの方策が挙げられている。

(1) 現行の保護区を利用した，気候変動による外来種の侵入防止[52]
(2) 海洋における固有種の分布移動に対応できるような，新たなMPAのネットワークの創設
(3) 気候変動からの「避難区域」となりうる海域での新たなMPAの設置

気候変動からの「避難区域」は，局所絶滅が極端でないことに加え，気候変動に伴う外来種の局所的な侵入が増えている海域と定義できる。これらの海域では，これまでと同程度の数の種が保全されるか，生物多様性のプールが拡大する可能性が最も高い（口絵図5.4）。最後の方策は，保全のためには最適でありそうだが，該当する海域の大多数が公海にあるため，司法権や法律面でMPAの設置に異議が唱えられるか，そもそも法的な行使力が適用されていないかのどちらかである。したがって，公海の管理について，明確な国際協定を結ぶことが必要不可欠な前提となっている[53]。

海洋が人間社会にもたらす最大の恩恵が，食料の提供（すなわち漁業水産業）である。漁獲対象種の大多数の分布が変われば，海中における漁獲の分布も再編されることは，想像に難くない[54]。熱帯域では，海洋生物の絶滅が見込まれているため，海洋生物の資源量と漁獲量が大幅に減少することも予測されている。対照的に，分布が変わった種の新たな生息域となる高緯度海域では，潜在的漁獲量の増加が見込まれている。それを踏まえて人間社会への影響を考えた場合，種の豊富さと潜在的漁獲量が減少すると，人々の収入，生活手段，食料安全保障，そして政治的に影響が出ると予想される。遠洋漁業の操業は，漁獲，水産加工業，そして外国船団に対する入漁料を含め，熱帯諸国の国内総生産および歳入の多くを占める。潜在的漁獲量が減少することにより，こうした漁業水産業および関連産業から得る歳入額が減ってしまう結果となる[55]。これらの国々では，小規模沿岸漁業によって最低限の生活が確保されている一方

で，公式の統計では，このような漁業の住民生活への貢献がかなり過小評価されている可能性がある。局所絶滅する種があると予測される中，こうした国々の沿岸コミュニティで漁獲可能な水産物の量が大幅に減少することで，これらのコミュニティの住民が栄養不足に陥る可能性がある[56]。さらに，熱帯のいくつかの地域では，エコツーリズムが重要な産業になっているが[57]，予測される温暖化および海洋酸性化が原因で多様性が減少し，生息域の状態が悪化することにより，海外からの観光客に対して誇ってきた太平洋熱帯域の魅力が低下する可能性が高い。これに加えて，熱帯域で資源利用されている種は，多数の国および地域の排他的経済水域（Exclusive Economic Zone: EEZ）をまたいで存在している。資源利用されている種について予測されている分布と量の変化が起きれば，現行の国境をまたぐ国際漁業協定や管理体制が揺らぎ，水産資源の共有に関する国際紛争や対立をもたらす可能性も出てくる。したがって，近い将来起きるであろう地域レベルの海洋生物多様性プールの再編に対応するため，国境をまたいで資源利用されている種を管理するための協定を国際的に見直し，更新することが現在求められている。

　本章で示した結果と最近の研究を合わせれば，「これまでどおり」の CO_2 排出を続けるという RCP8.5 のシナリオの下では，世界の海洋で起こる生物多様性の変化は，地球全体において劇的な海洋生物地理学的変化，また，栄養段階のネットワーク再編をもたらすことを示唆している。さらには，広範囲でほとんどの海洋生物の絶滅が危ぶまれるような海域が複数生まれる事態も予測されている。地球全体の温暖化が $2^{\circ}C$ 未満に抑えられなければ，このような変化のプロセスが，非常に近い将来に現実のものとなってしまう。このシナリオでは，ほとんどの海域において，資源利用されている主要な種の分類群の多様性が低下し，局所的な多様性の喪失は 5% から 70% 超にまで及ぶうえ，多様性プールが増す可能性がある海域はわずかしかない（口絵図5.4）。RCP2.6 シナリオの場合，こうした数値は，21 世紀末時点で劇的に抑えることができる。したがって，パリ協定が定める目標を達成するのに十分なレベルまで CO_2 排出量を抑制できれば，種分布が移動するリスクを大幅に抑えることができるほか，劇的な生態学的変化が，熱帯域の海洋生物多様性や漁業水産業，さらにはそれらによって支えられているわれわれの社会経済に対して及ぼす影響を大幅に抑

制することが可能になるのである[58]。

第6章 気候変動と適応進化：変わりゆく世界で個体の パフォーマンスを個体群の持続に結びつける[1]

ジョーイ・バーンハート[2]

6.1 代謝を細胞から生態系まで拡大する

　生態学における中核的な目標は，地球上の生命の豊富さ，分布および多様性をもたらしているものは何かを理解することである。何世紀にもわたって，生物学者が，さまざまな学術的視点からこの謎を解明しようとしてきたが，種の豊富さと分布のパターンは，何が影響することによりもたらされるのかについて，一貫した構造的な説明はいまだになされていない。地球上の全生命が有するプロセスの1つが，代謝である。代謝は，すべての生物が，成長し，体を維持し，生殖をするために，資源を取り込んで変換したうえで，体内で配分するプロセスである。このようなプロセスが起きる速度を代謝速度と呼ぶ。「生態学の代謝理論（Metabolic Theory of Ecology: MTE）」では，エネルギー，物質または情報の流れ，貯蔵および入れ替わりに対して制限を与える因子となるのは，温度と体の大きさであると仮定している[1,2]。代謝プロセスに作用する化学，物理学および生物学においては，低い生命の階層（分子や細胞）で生物としてのパフォーマンスに制約を与え，より高い階層（個体群，コミュニティおよび生態系）で予測可能なパターンを生むという原理があり，この理論の根本的な前提となっている。したがって，すべての生物が有する代謝というプロ

1) Joey R. Bernhardt, Linking individual performance to population persistence in a changing world. Ch. 10, pp. 103-109.
2) Nippon Foundation Nereus Program, Institute for the Oceans and Fisheries, University of British Columbia（カナダ・ブリティッシュコロンビア州バンクーバー）

セスに注目することで，予測科学としての生態学が統一され，生物の多様性や分布，そして進化を理解するための新たな可能性が生まれたのである。

6.2　温度は生物の代謝速度に制約を与える

　生態学の代謝理論が発展し，検証が進んだことによって，生物の温度に対する反応が，驚くほど普遍的であることが判明した[3-5]。多様な種における体内の合成反応を分類学的に見ると，生物の体内代謝速度が温度から受ける影響は，高度に保存されていて予測しやすいということが示されており[4-7]，体の大きさと温度のスケーリングのパターンは，自然界で最も広く見られるパターンの1つとなっている（ここで言う「スケーリング」とは，2つの数量があった場合に，それぞれの数量の当初の大きさに関係なく，一方の数量の相対的変化に比例した相対的数量変化をもう一方の数量も示すような関係性を指す）[8-11]。細菌からサケにいたるまで，温度が上がれば代謝速度も上がる。そして，温度上昇に伴って代謝速度が上がれば，成長速度，胚の発生速度など，その他の重要な生理学的プロセスのペースも速まるのである[12]。このように，細胞における生化学的システムの温度依存性は，生物個体，個体群，生態系というように高次の階層にいくにつれ上がっていく。温度と代謝の関係は，地球規模での一次生産力[13]，海洋生物の稚仔の大きさ[14]，分布域の移動[15]というパターンを予測するために，陸海双方の生態学に応用されてきた。

6.3　個体のパフォーマンスを個体群の動態と結びつける

　生態学の代謝理論における重大な課題は，各個体の代謝速度と個体数の豊富さや分布状況との間にあるつながりを見つけることであった。そのためのアプローチの1つが，個体群の動態から各個体のエネルギー収支までさかのぼるというものである[16]。ある個体群において，個体数を増やすためには，個体が体の維持に必要な量以上のエネルギーを摂取し，余剰エネルギーを新たなバイオマスに変換する（＝体を成長させる），もしくは，新たな個体に変換する（＝繁殖する）必要がある。生態学の代謝理論は，代謝プロセス（光合成や呼吸な

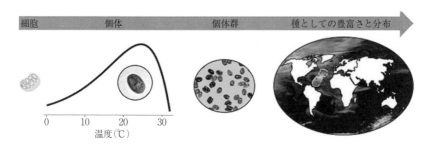

図 6.1 生態学の代謝理論は，温度が細胞内の代謝プロセスの速度を制約し，これが個体，個体群および種間相互作用といったさらに高次の生命の階層にも制約を与え，最終的に種としての豊富さと分布に影響を与えるということを仮定している。

ど）が温度に依存するため，個体数の動態に関するプロセス（死亡や誕生など）は温度に依存し，結果として個体数の増加と個体群の豊富さに予測可能な影響を及ぼすと仮定している（図 6.1）。生態学の代謝理論では，各個体の代謝と個体群の動態の関係を予測しているが，この関係は非常に込みいっている。というのも，生理学的特性，個体群の動態に関するプロセス，また，これらの間の相互作用に対する温度の影響には，複雑性と不確実性があり，一般的な代謝に見られる温度依存性のサインがかき消されてしまう可能性があるからである[17-19]。

　異なる種についてのデータを重ね合わせると，代謝の温度依存性が，個体群の動態の温度依存性にも波及していることが分かる[16]。さらに，実験的証拠からは，環境収容力の温度依存性が，代謝と体の大きさの温度依存性を反映していることが示されている[20]。理論モデルによれば，捕食者・被食者間の相互作用など，種間相互作用の結果に温度が与える影響は，代謝に与える温度の影響と比例していないことが明らかである。これは，種間相互作用が，個体内のフィードバックだけでなく個体間のフィードバックによっても制御されているためである。しかしながら，経験的証拠からは，種間相互作用に対する温度の影響が，生物のパフォーマンスと正比例の関係にないとしても，その影響は依然予測可能であることが示されている。実験によって，生態学の代謝理論が，宿主体内における寄生虫の動態[21]や資源消費者と資源の間の動態についての温度依存性を予測できていることが示された[22]。

6.4　進化論を代謝スケーリング理論に統合する

　生態学の代謝理論によって，温度に対する生物システムの反応は，驚くほど
予測可能であることが示されたが，一方で，これは，温度依存性を前提とした
理論であり，温度に関する特性がどのように進化するかについては何も説明し
ていない。気候変動という文脈において，温度に関する特性が適応進化する可
能性については，未解明であり，重要な課題となっている。気候条件の変化に
種がどのように反応するかを予測するための取り組みはすでに始まっていると
はいえ，これらは往々にして適応進化能力を考慮していないことが多い。しか
しながら，適応進化は，種の行動圏全体における脆弱性のパターンを大幅に変
えてしまうことがある。ごく最近まで，進化というものは，速度が遅く，種の
特性に対して与える制約にもばらつきがあると考えられており，種の豊富さや
分布の変化を媒介するような動的なフィードバックであるとは見られていなか
った。しかし，今では進化のプロセスも生態学的動態の重要な要素であると考
えられているのである[23]。

　進化論は，生物の温度変化に対する適応は，ジェネラリスト的な資質（広い
温度環境に適応可能な生物的特性）とスペシャリスト的な資質（狭い範囲の温度
環境でしか生存できないが，その範囲内での適応と生存力が高い生物的特性）の間
でのトレードオフ，そして，低温環境下と高温環境下のパフォーマンスのトレ
ードオフ（寒暖トレードオフ）によって制約を受けると予測している[24-28]。
しかし，これらの予測についての入念な実証的実験は十分とはいえず，こうし
たトレードオフの証拠も一貫性に欠ける[29]。したがって，温度依存性の進化
を促進，また制限する要素は何かという根本的な問いが未解明となっている。
この問いは，生物地理学と進化学における重大な課題であり，その答えは，地
球上の生命の起源と分布についての理解，そして，気候変動の文脈における個
体群の耐久性に関する予測に影響を与えるに違いない。

　種の基礎的な温度条件のニッチは，気候変動に直面した種の地理的行動圏と
個体群の耐久性を決定する。温度とパフォーマンスの関係を示す温度パフォー
マンス曲線（図6.1）は，このニッチを示すことができるため，生理生態学の

分野では幅広く使われているツールである[30-33]。温度パフォーマンス曲線に見られる進化の軌跡は，遺伝的多様性が低い場合や遺伝相関が強い場合に制限されることがあるにもかかわらず[34, 35]，個体群内，あるいは個体群間の遺伝的構造の差異による温度パフォーマンス曲線のばらつきを定量化した研究例は少ない[36, 37]。その結果，進化の過程で，遺伝共分散によって，温度に反応する基準がどのように決定されるのかを予測することは，気候変動が進む現在，大きな困難を伴っている。一般的には，温度依存性の進化による適応能力に影響を与える要因としては，世代時間，個体群内における遺伝的多様性の程度，他の形質の選択との潜在的トレードオフなどが挙げられる。

　植物プランクトンを用いた進化に関する研究を実験室レベルで行った結果によると，実証的な証拠から，温度パフォーマンス曲線の変化が，約350世代以内に起きる可能性が示された[38, 39]。一方で，本来の生息域と外来種として侵入した生息域における温度条件のニッチの差を種内で比較した研究例では，温度条件のニッチの進化を示す証拠はほとんど示されず，上記の研究例とは対照的な結果となっている[40, 41]。このように対立する結果となった理由の1つとして考えられるのは，実験室内で行われる進化学的研究では，ほとんどの場合，食料資源の供給が十分な条件で行われているのに対し，自然界ではしばしば食料資源（植物プランクトンなど）に限りがあり，その資源を得る能力と温度パフォーマンスとの間にトレードオフが存在する可能性があるという点である。実際，理論上は，資源量に限りがある場合には，温度パフォーマンス曲線のカーブの山が小さくなり，より低温側に移動するはずだと予測されている[42]。非常に高温な環境下では，パフォーマンスに生理学的コストが生じるため[43]，高温への耐性を進化によって獲得する能力は，資源供給量によって制限されている可能性はある。ただし，この仮説は，まだ実証されていない。

6.5　今後の展望

　急速に気候変動が進む時代において，生態学者たちは，人間の福利に関わる生態系機能の変化を予測する能力の向上という喫緊の課題に直面している。これは，地球上の生命の豊富さと分布をもたらす要因は何かという，最も基礎的

な理解への挑戦にほかならない。規模をまたいだエネルギーおよび物質のフロ
ーに基づいて，生態学が大幅に進歩した一方で，生態学の代謝理論をはじめと
する主要な理論は，環境に対する生物学的反応の進化に関して，いまだに既存
の知見を秩序立てて統合できてはいない。生態学の代謝理論は，幅広い実証領
域を有する理論的基盤があるので，未来の生態学的状態を予測するための有力
な枠組みとなりうる。今後の研究では，この理論を検証し続け，予測の精度と
幅を広げるために，予測を検証するためのシステムを徐々に複雑にしていく必
要がある。最後に，温度依存性の進化を制限，または促進する要因は何かにつ
いての知識が必要不可欠であり，それなくしては，異なる生命の階層をまたい
だプロセスの温度および質量に対する依存性について，いかなる知見も完全と
はいえない。この問いに答えることこそが，種の豊富さ，分布および多様性に
おける現在と未来のパターンを生み出し，それらを維持しているものが何かに
ついて，一貫性のある全体像を得るための必要条件となるのである。

第7章　気候変動への適応と空間的な漁業水産業管理[1]

レベッカ・セルデン，マリン・ピンスキー[2]

7.1　種の分布と漁獲可能量の過去，現在および将来の変化

　現代は，海の生き物を観察するには大変興味深く，また科学者にとっては，これまでの常識を変える必要に迫られる時代である。海の中は生物が分散するにあたっての障害が少ないため，条件が整うと，海洋生物は個体群ごとに新たな海域へ急速に移動することが多い。同様に，海洋生物が許容できる環境条件の幅は比較的狭いので，たとえ小さな環境変化であっても，適切だった生息条件が不適切になったり，あるいはその逆の変化を起こすことがある。海洋生物における環境条件の適切性は，人為的な気候変動と生息域の変容が進むことにより[1]，現在急速に変化している。

　環境変化に対する海洋生物の素早い反応についての知見は，過去の記録から得られる。例えば，1925年から1935年には温暖な状態が続き，グリーンランド西部沖では，タイセイヨウダラが，たちまち豊富になった。これに伴い，それまでの漁場から1,000km北に，新たな国際漁場が突如生まれた[2]。その後，海水温が下がると，この海域のタイセイヨウダラは急減し，この漁場もすぐに消滅した。この過去の事例は，気候のばらつきに対する生物の素早い反応を示すものである。近年の種の分布の移動に関しては，人為的な気候変動の特徴を

1）Rebecca Selden, Malin Pinsky, Climate change adaptation and spatial fisheries management. Ch. 20, pp. 207-214.
2）Ecology, Evolution, and Natural Resources, Rutgers University（米・ニュージャージー州ニューブランズウィック）

色濃く示すものであり，主に高緯度方向への移動が確認されている[3]。海洋
生物の分布域の最前線（つまり，最も北極または南極寄りの部分）は，10 年につ
き平均で 72±14 km ずつ前進しており，これは，陸上で同様に見られる移動
速度の観測値を 1 桁上回っている[3]。反対側の限界（つまり，最も赤道寄り）
では，赤道から遠ざかり，より高緯度を目指す確率を比較すると，海洋生物は，
陸上生物の 2 倍となっている[4]。

　しかしながら，温暖化による魚の地理的分布の変化は，種によって，北上，
南下，速い，遅い，さらには一切変化がないなどまったく異なる様相を示す。
こうした種ごとのばらつきは，局所的な温度変化の速さと方向の差によってあ
る程度は説明できる[5]。ある空間における温度のばらつきは，勾配として説
明できるため，地図上では任意の温度について等温線を引くことができる。時
間とともに温度が上下すれば，等温線は地図上を移動する。等温線が移動する
速さと方向を「気候変化速度」と呼ぶ。気候変化速度は，複雑で異なる方向と
速さのベクトルが織りなす空間的モザイクとなることもあり，種の分布に影響
を与える要因となる。陸上では，生物の移動が気候変化の速度に追いついてい
ない例が明らかになっている一方で，海洋生物の場合は，一般にそのような事
態は起きていない[5]。

　海洋生物のこの反応が意味するのは，多くの種において，これまで生息がほ
とんど確認されたことのない海域で見つかるようになり，逆に多く生息してい
た海域からいなくなるという変化が起きているということである。例えば，ブ
ラックシーバスの主な生息域は，1960 年代後半にはバージニア州沖であったが，
2010 年代にはこれよりも 250 km 北上したニュージャージー州沖へと移った。
2013 年から 2015 年にかけて，北米西海岸沖では，類を見ないほど巨大な海洋
熱波（いわゆる「ブロブ [the Blob]」）[3) が発生したため，通常はカリフォルニ
ア中南部沖で見られる種であるカリフォルニアヤリイカが，アラスカで繁殖す
るなど[6]，多くの種が一気に北上したのである。気候の予測によると，今後
ブロブのような海洋熱波の頻度が，劇的に高まることが示唆されている[7]。
現在，こうした変化を追跡するため，種の分布に動きがあるとすぐに記録を残

3）第 3 章参照。

すことができる RedMap（http://www.redmap.org.au/）や OceanAdapt（http://oceanadapt.rutgers.edu）といったオンラインリソースが，利用可能になっている。

　温室効果ガス排出量のさまざまなシナリオ（上昇，安定，減少）における将来的な気候変動の予測は，今後起きうる種の分布の移動を理解するための一助となる。数理モデルによる研究からは，海産魚の生息域の最前線（最も北極または南極寄りの部分）における高緯度方向の移動は，10年間で50 kmに及ぶことが示唆されており[8]，今では13,000種近くの海洋生物の分布予測[9]やより精度の高い空間スケールでの移動パターンの検証[10]といったさまざまな研究事例がある。その中で一般的によく扱われるテーマは，多くの種が高緯度方向に移動するのに伴って，熱帯域では種の豊富さが損なわれ，温帯では新たな種の組み合わせが見られるようになるという現象である。北米西海岸沖のように緯度による温度勾配が小さい海域では，種の分布が1,000 km以上移動する可能性もある[10]。

　ところが，種の分布が移動するメカニズムは多様である。生息域の北極または南極寄りの限界では，成体の運動，あるいは海流による幼生の分散によって，生息域を拡大することが可能となる。例えば，オキスズキは，年ごとの温度の違いに素早く反応するのだが，これは，おそらく米国東海岸沿いの回遊距離をどのくらいにするかという行動的判断によるものである[11]。種の分布域の最も赤道寄りの限界では，種の定着に関しては，分散よりもまずは生存できるかどうかであり，寿命が長い種であれば，成長や繁殖に適さない条件が何年も続いた後でも生き残ることができる。種によっては，バイオマス[4)]の分布（バイオマス重心値によって測られることが多い）が，生息域の限界の変化とは関係なく，生息域の場所や広さなどの空間（または領域）的な差によって影響を受ける場合もある。

　漁業水産業の観点からは，種の分布と漁獲機会のつながりが重要になる。というのも，生態学的な調査やモデルは，ある程度広い海域，または長い期間（例えば，緯度経度0.25°四方のグリッド内について1年間など）において，ある魚種の個体が見られる確率の平均，もしくは平均バイオマス密度を定量化するが，

---

4) 特定の空間内の生物の量。

漁業者は，平均的な状態の下で魚を獲るわけではないからである。漁が成功するかどうかは，魚の量が最も豊富な地点（ピンポイントにメートル単位ということもある）とタイミング（分単位または時間単位）を狙えるかにかかっている。群れで行動し，集まる習性のある魚種であれば，海域全体では数が落ち込んでいたとしても局所的には豊富であり，十分に漁獲できることもある[12]。したがって，魚の量の変化について漁業の現場で受ける感触と種の豊富さの大規模変化を示す実際の観測値との間にずれが生じることがある。ただし，以降で詳細を述べるとおり，種の分布の変化によって，すでに漁獲や漁業者の行動に劇的な影響が及んでいる事例が数多く見られる。

7.2　水産業が受ける影響

　気候変動によって種の分布と生産力の両面に変化が現われるにつれ，水産資源に依存している漁業コミュニティは，生業を維持するためにその変化に適応し，対応しなければならない。バイオマスと種の分布が同時に変化すると，資源入手可能性は，漁港によって増減する可能性がある[13]。ある漁場で魚種の豊富さが変化した場合，漁業者は，これまで漁獲対象としてきた魚種の移動を追って漁場を変えるのか，それとも，これまで漁をしてきた漁場に新たに入ってきた魚種を狙うのかという選択を迫られる。漁業者は，漁をする際の条件のばらつきに適応することには長けているものの，漁獲対象とする魚種の入手可能性が今後元に戻らないのであれば，地域に根付いた水産業の長期的な存続にも関わってくる。さらに，漁業者の選択は，管理面（規制，規則など），経済面（コスト，魚価など），漁業水産業の社会的動態（流動性，他の職業の選択肢など）の影響を受ける。

　米国北東部の漁業を対象とした私たちの研究からは，漁業者が温暖化（またはその生態系への影響に対して）に対応するとき，移動する魚の行動，または生息範囲に合わせて漁業の形態を変化させることは，原則どころか，むしろ例外的であることが示された。そして多くの場合，漁業者は魚を獲る場所を変えるよりも，漁獲の構成（漁獲対象とする魚種の種類や量配分）を変えるという判断を下す傾向が判明した[14]。また，短期的にも長期的にも漁業者の判断の是非

を大きく左右するのが，漁業管理規制（の変化）である。一部の魚種について
は，海域ごとに定められた漁具の規制があるため，短期間のうちに魚を追って
新たな海域に進出することが不可能である[15]。その結果，高緯度方向への種
の分布移動と水揚げの再分配との間に時差が生じる。一方で，漁獲対象魚種を
変えて長期的な存続を図ろうとしても，これまでの水揚げ実績に基づいて魚種
ごとの漁獲割当量を配分する管理体制によって制約を受けてしまうことがある。
例えば，ニュージャージー州を拠点としたトロール漁船によるナツヒラメ
（fluke）とスカップ（scup）の漁獲量は，年々増えているにもかかわらず，ニ
ュージャージーより北の州に配分された漁獲割当量は，1980年代当時のかな
り少ない漁獲高の記録（比率）に基づいている[14]。この研究事例からは，現
在，多様な魚種の組み合わせを漁獲対象としている漁船，水産業および地域
（アメリカであれば州）のほうが，将来の変化に対する耐性を持っているのかも
しれない。一般に，ポートフォリオ理論[5) に従えば，変動条件に対する種の
反応は，互いに補完し合うため，漁獲構成種が多様であれば漁獲量は安定しや
すい[16]。実際，アラスカ州では，漁獲魚種の多様性が高い地域水産業のほう
が，市場と管理規制[6) のいずれの変化の影響も和らげることができた[17]。

　気候変動とともに条件のばらつきが大きくなるにつれて，漁業水産業の回復
力に関して重要性を増すのは，漁獲の多様化であると言える[18]。しかし，漁
業許可が，魚種ごとに細分化されている現状では，魚種ごとの入手可能量に応
じて漁獲を多様化させておくことは難しい。漁場に新たに出現した魚種につい
ての管理方法が定められていなければ，新たな魚種を狙うことで漁業者の適応
が促進される可能性もある。一方で，新たな魚種の無規制漁業を実施した場合，
それは，資源としての長期的な持続可能性を考えるとリスクになりうる。米国
中部大西洋岸の漁業管理者らは，新たに始まったブルーラインタイルフィッシ
ュ[7) 漁の漁獲量が，3年間で20倍になった後に，この魚種の漁業拡大を抑制
するための緊急管理対策を制定した。現在，この魚種は，ゴールデンタイルフ

---

5) 投資の多様性によってリスク回避を促す金融理論を，生態系保全に適用し生物多様性の
　重要性を説いた理論的見解。

6) 政治的な影響も含め。

7) *Caulolatilus microps*（ナミダアマダイ属）

ィッシュ[8] の漁業管理計画に正式に含まれている[19]。今後，これと同様の想定外の事態を回避するためには，将来における種の生息域に関する予測，変化に適応できる管理の枠組み，（現時点では）漁獲対象となっていない魚種の監視や取引量割当制度，そして，近隣の管理機関同士の連携強化などが役立つと考えられる。

7.3　空間的な漁業水産業管理の課題

　種の分布が移動すると，海中における生物の生息数に関する科学的な問題から，割当量，あるいは公正さの認識に関する政策的な問題にいたるまで，漁業管理上の多くの課題が生まれる。分布の変化は，資源個体群の空間的な移動経路および範囲の変化，複数個体群の単一個体群への統合，または単一個体群の複数個体群への分割などによって，水産資源生物の個体群の構造を変える可能性がある[20]。また，資源量評価の多くは，バイオマスの指標として統計学的調査を用いているが，種の分布が移動することによって，資源個体群が部分的に調査対象の海域外に移動してしまい，調査に用いる指標と個体群のバイオマスとの間に従来のような相関関係がなくなってしまうこともありうる。

　さらに，多くの漁場で閉鎖海域や空間管理的手法を用いていることを踏まえると，種の分布が移動すれば，こうした管理がなされている海域外に種が移動してしまい，管理の効力が弱まることも考えられる。例として，北海南部の「プレイスボックス[9]」は，プレイス（ヨーロッパツノガレイ）の若魚が漁獲されないよう守るために定められたのだが，海水温が上昇するにつれて，若魚がより深い場所へ移動してプレイスボックスの外に出てしまい，再び漁獲のリスクにさらされることとなった[21]。

　加えて，漁場では，さまざまな歴史的背景に基づき，漁業を目的としたアクセス可能範囲を空間的に配分する方法を広く採用しているが，種の分布が変わればこうした仕組みにも困難が生じてくる。例えば，米国東海岸沖のナツガレイ漁業の場合，漁期ごとに認められている合計漁獲量を州ごとに配分しており，

8）*Lopholatilus chameleonticeps*
9）カレイ禁漁区。

州ごとの割当比率は，年ごとの変動がない固定値となっている。ところが，ナツガレイの分布が，これまでよりも北上しているので，割当量が少ない州のほうがナツガレイの資源量が豊富になっているという事態が生じており，利害関係者間の対立やあつれきが生じている。2018 年には，ニューヨーク州が，漁獲割当量と種の分布の食い違いが漁業者の不公平を生んでいることを論拠の一部として，同州への漁獲割当量を拡大するよう求める法的請願を申し立てた (https://www.dec.ny.gov/docs/fish_marine_pdf/sumfldpetforrulemaking.pdf)。今後，このような対立が，かなり広まっていく可能性がある。概念上は，欧州連合 (European Union: EU) の共通漁業政策も，同様のアプローチによって各国に漁獲機会を配分するものである。

　極端な場合には，種の分布の移動によって，利害関係者となる漁業者の構成が変わってしまうこともある[22]。新たに漁業権（漁獲対象魚種へのアクセス）を得た漁業者と元来の利害関係者である漁業者による漁獲を調整するための合意が，新たな漁業参入者に魚を獲られる前に獲ってしまおうとする破綻した競争につながることがある。北東大西洋のタイセイヨウサバが，2007 年にアイスランドの排他的経済水域に移動した際には，アイスランド，EU およびその他の利害関係者の間で競争が生まれた結果，タイセイヨウサバの乱獲につながり，その後，貿易紛争に発展した。アイスランドと EU の間では，10 年経っても協調的な管理方策についての合意に至っていない。種の分布が，少なくとも 70 カ国の領海に新たに移動している中，世界の水産業の未来において，同様の対立を生む可能性が懸念されている[22]。

7.4　種の分布の移動と気候変動に備えた管理のためのツール

　現状の漁業管理のアプローチは，いくつかの例外を除いて長期的な気候変動を考慮していない[23]。むしろ漁業管理は，固定された平均値を基準にして，確率論に忠実に作られている。しかし，偶然性ではなく方向性のある変化が起きた場合，固定された基準値による資源予想（資源量の科学的試算）に偏向が生じることがある[24]。漁獲管理の規則に気候変動の情報を組み込めば，漁獲量と魚種の資源量の予測（試算）において，どちらの結果も改善されるだろう

が，最大の成果を得るためには，単純に，現状の条件下での管理方法を早急に
改善することが重要である[25]。

　種の分布の移動という文脈で考えた場合に，現行の管理方法を採用し，管理
規制を行うそれぞれの行政単位間で，今後どのように漁獲割当量を配分するか
ということが，最大の課題の1つである。その選択肢として，州，または管理
機関の間で割当量を共有することを認めること，過去の水揚げ記録と現在の種
の分布を組み合わせることで配分を調整すること，あるいは，現状の漁獲割当
量をどの程度使い切っているかに基づいて配分を調整することが挙げられてお
り，現在，米国の大西洋沿岸州海洋漁業委員会では，これらの仕組みの導入が
検討されている[26]。生態系ベースの漁業管理に向けて，抜本的な移行が求め
られるのと同時に，漁獲割当量を種ベースから海域ベースに移行することによ
って，管理が効率化され，また，漁業者が，魚種の豊富さに基づいて漁獲の構
成を調整することが可能となる[27]。北西大西洋では，地域レベルにおいて生
態学的生産単位に基づく割り当てが検討されており[28]，こうした複数魚種を
まとめて検討する「漁業のポートフォリオ」は，隣接する沿岸国間で漁獲可能
量（Total Allowable Catch: TAC）についての合意を形成するための基盤として
も活用できる可能性がある[29]。

　このような海域をベースとした管理アプローチにおいて，キャッチシェア
（漁獲割当制度）のような個々の利害関係者の権利に基づく管理制度は，有用な
モデルになり，さらには，その制度自体が，気候変動に備えた実行可能なツー
ルとして役立つ可能性がある。「複数種間個別キャッチシェア」は，漁業者同
士が，魚種間であらかじめ定められた比（1:1または特定の種間換算比）に基づ
いて，漁獲割当量を交換し合うことを認めるものである[30]。このように魚種
間で交換し合う場合，指定されたTACを漁獲量が超過してしまう可能性もあ
るが[31]，魚種間で交換できる量を規制することによって，このリスクは軽減
できる。アイスランドでは，魚種間の漁獲割当量の交換が広く実施されている
が，権利者は，付与されている年間漁獲割当量の5%を超える量を交換しては
ならず，2%を超える量を特定の1つの魚種と交換することも認められていな
い[30]。また，ウェブベースのツールで漁獲情報をリアルタイムに更新するこ
とにより，さらなる保護の強化と管理費用の削減を実現している。なお，複数

魚種における漁獲割当量の交換を認めている現行のプログラムはいずれも対象
ではないが，交換に関する追加規制として，魚種ごとの乱獲に対する脆弱性を
新たな情報として加えることで，過剰な漁獲のリスクをさらに下げることがで
きる可能性がある。

　一般論として，時間的にも空間的にも精度の高いデータを入手できるように
なったことで，環境変化に対応できる動的な海洋管理が実施できる可能性が高
まっている。海洋の空間的利用について明らかにするため，動的海洋管理には，
物理学的，生物学的および社会・経済学的条件に関するリアルタイムに近いデ
ータが使われる[32]。混獲の削減に向けて適用する場合，効率の向上は明白で
ある。局所的に禁漁にしたり，あるいは，漁業操業場所を混獲率が高い海域の
外へ移動することを求める規制があれば，伝統的に固定化された海域ベースの
禁漁よりも混獲が減らせるであろう[33]。ただし，気候変動の観点における管
理の場合は，精度が劣る部分もあり，動的海洋管理がどの程度有益かという検
証はまだされていない。

　適応型共同管理は，特に水産資源が限定されている地域において，気候変動
への備えがある漁業水産業を実現する一助となるボトムアップ型の手法である。
政府機関は，法令順守を確実にするための実施基準を定め，また，政府や漁業
団体，非政府組織の間のパートナーシップに基づく協同組合が，データ収集と
新たなアイデアを試行することに関する責任を負う[34]。すでに世界中の多く
の国で実施されているように，こうした取り組みの資金については，利益の一
部を持続可能性（サステナビリティ）や変化への適応のために投じている協同
組合が拠出できる可能性がある。このような柔軟性があれば，適応型共同管理
は，気候変動に適応するための自立したメカニズムとして有効な手法かもしれ
ない。

　今後予測される海水温の上昇によって，世界の海洋が，前例のない海洋条件
にますます傾いていく状況において，こうした変化に対処するための管理枠組
みを構築することは，非常に困難に見えるかもしれない。しかし，これまで述
べてきたとおり，現在使われている管理枠組みの多くが，この課題に適してい
る可能性があることも事実である。確かに，気候変動に対して最も効力のある
管理戦略を探す過程で，繰り返しとなる作業が生じることは考えられる。しか

しながら，行動を起こさなければ，貴重な海洋生物資源の持続可能性は，ほぼ
間違いなく長期的なリスクにさらされることになるだろう。

第8章　気候変動，汚染物質および伝統食：北極圏の食料安全保障を守るための地域社会との協働[1]

ティフ＝アニー・ケニー[2]

8.1　水産物，食料安全保障，公衆衛生

　地球規模の環境変化に関連した海洋の状態の変化は，海洋の一次生産力，種の分布，種の豊富さに影響を与え，漁獲量にも波及すると予測されている[1]。食料の多くを水産物に依存している人々の場合，こうした変化によって，経済[2]，食料安全保障[3,4]，公衆衛生[3][5]の面で多大な影響を受ける可能性がある。水産物は，タンパク質，微量栄養素，循環器系の健康と認知機能の発達について数々のメリットが報告されている多価不飽和脂肪酸[6,7]を豊富に含んでおり，世界中の人々の食料と栄養の安全保障にとって不可欠である[8,9]。

　気候変動によって漁獲量が減少すると，世界人口の10%以上が栄養不良の危機にさらされるという予測が出ている[5]。水産物への依存度が高い国々の大半が，同時に，貧しく食料が不足している国々であることを踏まえると，これは，健康格差に関する深刻な懸念を生む予測結果である[10]。さらに，海洋の変化による健康への悪影響は，一部の人々に突出して現れる可能性もある。このような対象となる沿岸域の先住民は，水産物消費量が国の平均を大幅に上回っており[11]，同時に社会経済的地位や健康の格差に直面している[12]。水産物の減少は，（一部の人々にとっては栄養摂取量が減少する可能性があるうえ，

1) Tiff-Annie Kenny, Climate change, contaminants, and country food: collaborating with communities to promote food security in the Arctic. Ch. 24, pp. 249-263.
2) Department of Biology, University of Ottawa（カナダ・オンタリオ州オタワ）
3) 人々の身体的精神的健康と生活の安定を含む。

入手可能かつ安価で栄養豊富な代替品が存在しないことから）公衆衛生上の懸念となるが，一方で水産物摂取量の多い食生活は，（強力な神経毒性を持つ）水銀をはじめとする環境汚染物質へのばく露を増大させることから，沿岸域や小島嶼域の人やイヌイットのばく露量は，最も多くなっている[13]。ここで重要なのは，民族としてのアイデンティティにつながる社会慣習によって，地元産食料を収穫，捕獲し，分配，消費することが，先住民の共同体としての生き方を維持し，永続化させる（知識，共同利用や互恵関係に関する原則，コミュニティ内のつながりを次世代へ継承することなど）ために必要だということである[14]。したがって，（気候変動や海洋食物網の汚染を含む）海洋の変化と水産物漁獲の変化における影響は，身体的健康の転帰にとどまらず，人間の健康や福利の文化的，心理社会的，精神的，そしてスピリチュアルな側面にまで波及する可能性がある。

　地球規模の海洋変化を緩和するためには，全世界規模で共同して行動する必要があるが，人間の健康に対する負の影響を緩和するには，これらの変化が局地的に及ぼす悪影響についても予測を立てたうえで積極的に策を講じることが有効である。北極圏の先住民コミュニティは，地球規模での海洋変化の前線に立たされている。北極圏は，地球上で最も気候のばらつきの影響を受けやすい地域の1つであり[15]，地球上のどこよりも急速に地球温暖化が起きている[16]。また，気候変動は，北極圏の生物多様性に対する深刻な脅威であり[17]，海氷の減少，海洋酸性化，そしてこれらに関連した生態学的変化がもたらされることにより，今後数十年間のうちに，北極圏の海洋生態系には非常に大規模な変化が起きるとみられている[18, 19]。イヌイットは，生活と地域社会のさまざまな側面で，捕獲した（陸上および淡水域の生物に加えて）海洋生物（以下，これらを総合的に「伝統食［traditional/country food］」と呼ぶ）に依存している[20, 21]。海の伝統食（海洋哺乳類，魚類等）は，特に多価不飽和脂肪酸[22]と微量栄養素[23, 24]が豊富である。海の伝統食を多く摂る現代のイヌイットの食生活は，血中脂質の値が良く[25, 26]，虚血性心疾患のリスクが抑えられる[27]など，健康面で良い影響をもたらしていることが分かっている。ところが，北極圏の海洋バイオーム中の環境汚染物質は[28]，海の伝統食に期待できる健康へのメリットを打ち消し[29]，食品の安全性に懸念が及ぶ可能性がある[30]。

それでも，海の伝統食の栄養プロファイルが優れていること[31-33]，北極圏コミュニティに安価で健康に良い代替食品がないこと[34]，イヌイットの文化，アイデンティティおよび社会関係において欠かせない海の伝統食の重要性[35, 36]などの理由から，北極圏では，今でも人々の健康と福利が，海洋生態系や生物種の状況と切り離せないものとなっている[37, 38]。

　本章では，北極圏の海洋生態系，海の伝統食の漁獲および採集，そしてカナダのイヌイットにとっての食料安全保障と関連する社会経済的および環境的変化の要因，その現状と将来の展望についての分野横断的な総論を示す。なお，今回の研究の範囲外ではあるが，イヌイットの食料と栄養の安全保障のためには，カリブー（*Rangifer tarandus*）をはじめとする陸上生物が重要であることも考慮している[39]。陸産と水産（淡水産，海産の両方を含む）の食料生産システムには相互関係があり[40]（例えばカリブーなど陸上の重要種の個体数が劇的に減少すれば[41]，海棲生物種の需要が拡大する起因となりうる），その相互関係を認識することによって，食料安全保障，また漁業や野生生物の管理のためには，総合的で体系的な（食料システムおよび生態系の）アプローチが必要であることが明らかになる[42]。

8.2　変容する北極圏のコミュニティ

　カナダのイヌイット人口における年齢の中央値は，22歳と（カナダ全体の人口の年齢の中央値が40歳であることと比較した場合に）非常に若く[43]，また急速な都会化が進んでいる[44]。カナダの60,000人近いイヌイットの大半が，先祖代々から受け継がれた土地であるイヌイット・ヌナンガットの沿岸域の集落に居住しており，この地域の海岸線の長さは，カナダ全体の海岸線の50%を占めている[45-47]。地域や集落ごとに独自の地理的，文化的，社会政治的な背景を有するため，それぞれの伝統，経済，社会政治的構成も異なっている。イヌイット・ヌナンガットの集落は，総じて小規模で（3分の2の集落が人口1,000人未満），遠隔地に存在し（通年で道路にアクセスできない），なおかつ生活のさまざまな面が，北極圏の生態系や海氷の状況と密接に関係して形作られている（移動や狩猟など）。イヌイット文化の特徴は，色濃く残る伝統食の分配と

互恵関係にあり[48, 49]，ほとんどのイヌイット世帯が，他の世帯と伝統食を分配し合っているとの報告がある[50]。

　この数十年間，カナダのイヌイットは，居住区での定住生活，物的インフラ（交通インフラや電気通信インフラなど）の急速な普及，貨幣賃金経済の発達など，生活スタイルの大幅な変化に耐えてきた。その過程において，伝統食の漁獲・狩猟・採集量の大幅な減少が記録され[51]，これと並行して特に若い世代を中心に伝統食消費量が減少した[52]。こうした現象の原因を明らかにするには，複雑な側面を見ていく必要がある。伝統食消費量が減少したことについて，社会的，経済的，生態学的な要因が考えられる一方で，主要な原因の一部としては，漁，狩猟，採集に要するコストが上がり，従来の自給自足経済が変容していることが挙げられている[51]。現在のイヌイット社会における経済は，労働対価として賃金を得る活動と自給自足活動が複雑に関わり合っていることが特徴であり，各家庭では，時間と両活動から得られる資源のバランスを保ちながら生活している[53, 54]。漁，狩猟，採集を支えるために（すなわち，漁や狩猟に必要な道具，燃料，消耗品の購入のために）貨幣経済の要素が求められることが多いが，皮肉にも貨幣賃金経済での雇用は，同時に，漁や狩猟に費やす時間を制約してしまうことがある[55]。

　こうした変化の中にあっても，成人イヌイットの大多数（70%）は，漁，狩猟，採集活動に参加しており，家庭内で消費する肉や魚の半分以上が伝統食であると報告されている[50, 56]。イヌイットは，地元の動植物相のうち約 200 種を漁，狩猟，採集活動によって得て消費し，多様性のある食生活を維持している。この約 200 種には，数十種の（海棲および陸棲）哺乳類，大まかに 50 種程度の魚介類，100 種を超える植物や鳥類が含まれており，とりわけ北極圏全体で，漁や狩猟により最も多く消費されているのは，カリブー，ワモンアザラシ（*Pusa hispida*），シロイルカ（*Delphinapterus leucas*），ホッキョクイワナ（*Salvelinus alpinus*）である[20, 33, 57, 58]。漁，狩猟，採集の対象となる種，消費する部位，調理や保存の手法には，大きな地域差が見られる。これは，気候，生態学的条件，野生生物個体群の生息地とイヌイット居住域の間の距離，さらにその他の社会的要因によるものである[59, 60]。

　経済の性質が混合型であることを踏まえても，イヌイット・ヌナンガットで

は，社会経済的格差が顕著で根強いことが言える。カナダのイヌイットのうち，
高卒者は半数に満たない（45%，先住民以外では高卒以上の割合は 86% である）。
また，イヌイット・ヌナンガットのイヌイットと非先住民人口の年収格差は，
70,000 ドル近く（平均年収は前者が 23,500 ドル，後者が 92,000 ドル）もある[56]。
社会経済的格差や政治的疎外があることは，カナダの非先住民とイヌイットの
間の健康面での格差に明確に現れている[61, 62]。カナダの北極圏にあるイヌ
イット居住地域における主要慢性疾患を死因とした年齢調整死亡率は，カナダ
全体と比較すると顕著に高くなっている（2004 年から 2008 年は，前者が 10 万人
当たり 235.5 人，後者が 10 万人当たり 167.1 人）[63]。

　イヌイットの健康を概念化する際は，健康上の問題についての医学統計デー
タに重点を置いているが，定量的な視点だけでは，彼らが「健康」という概念
をどのように捉えているかを理解することはできない[64]。彼らの健康につい
て理解し，対応するためには，文化，言語，自己決定，居住環境，食料安全保
障など（また，その他数多くの要素），イヌイットの健康に対する社会的決定要
因を含めた総論的なアプローチが不可欠である。さらに，人間と人間以外の生
き物たちとの関係性をはじめ，イヌイットの健康，福利，文化的アイデンティ
ティは，彼らの食料システムの観念体系の中に深く根付いている[21, 65]。イ
ヌイットの文化，知識，行動規範，原則，価値観，信仰，考え方である「イヌ
イット・カウイマヤトゥッカンギト（Inuit Qaujimajatuqangit）」は，彼らの社
会組織や文化生態学を定義するとともに，何世代にもわたって蓄積されてきた
北極圏における環境，生態系，人間と動物の関係性に関する幅広い知識をまと
めたものであり，これが北極圏の環境や漁，狩猟，採集に関する研究，さらに
は政策に含まれることが増えてきている[66, 67]。

8.2.1　食料システムと食料安全保障

　食料システムにおいて，イヌイットの健康上，または社会的な不公正が，イ
ヌイット・ヌナンガット全体での食料安全保障の極端な格差として示されてい
る。2007 年から 2008 年の間に，カナダのイヌイット世帯の 60% 超が食料不
安を経験しており[66]，この割合はカナダの全世帯の約 8 倍に及んでいる[67]。
イヌイットの食料不安は，食生活のパターンが乱されていること，食事の質が

低下していること，慢性疾患や感染症のリスクが高まっていることと関係がある[68, 69]。カナダ政府による食料支援プログラムがあるものの，カナダ北部のイヌイット居住地域では（特に生鮮食品をはじめとする栄養豊富で日持ちのしない食料など）市場の食料価格が極端に高い[34]。例えば，北極圏における生鮮食品の価格は，カナダの他の地域と比較して 52%（リンゴ）から 303%（セロリ）も高い[34]。Revised Northern Food Basket[4)] を見ると，北極圏のコミュニティに住む 4 人家族の食費は，首都オタワ市内に住む場合と比較すると，平均で 2 倍を超えると試算されている（前者は週 410 カナダドル，後者は週 192 カナダドル）[34]。この事実を踏まえ，イヌイットたちは，これまで数十年間にわたり，政策決定者や政府に対して，家族の需要を満たすのに十分な食料を購入することが経済的に困難であることを訴えてきた[70]。

　イヌイットの食料システムに含まれている北極圏の生物種の多くについては，栄養学的にも文化的にも，その代替品は，市場に流通する一般的な商品には存在しない。つまり，イヌイットの伝統食は，世界の伝統食の多くと同様に，代替品を簡単に金銭で購入することができないのである。したがって，伝統食を断念せざるをえなくなった場合，イヌイットの生活習慣や人体の健康に関する深刻な懸念がもたらされる。1987 年のイヌイット男性は，最大で食事の半分近く（総エネルギー摂取量の 43.5%）を伝統食から得ていた[32]。20 世紀前半には，イヌイットが，市場に流通する多くの食料（小麦粉などいくつかの例外的な必需品を除き）を入手することは不可能であったにもかかわらず，今やその市場に流通する食料が，イヌイット男性の食事の約 4 分の 3 を占めている[33]。伝統食の摂取状況は，社会的，経済的，環境的，生態学的な条件の差が生じることによって，世代や年齢ごとに大きく異なる。年齢の高い成人層は，若年成人層と比較して（2 倍以上も）明らかに多くの伝統食を摂取し，総食品摂取量に占める伝統食の割合も高い[33]。今では，ほとんどのイヌイットの成人（約 75%）が，伝統食と市場に流通する食料の両方からなる食生活を好む一方で[71-73]，市場に流通する食料への依存が高まるにつれて食事の質が低下し[68,

---

4) 生鮮食品などが空輸頼みで極端に高価になる地域において，カナダ政府の補助で消費者価格が抑えられている食品，補助対象外の食品計 67 品目一式のこと。合計価格が，概ね 4 人家族の 1 週間当たりの食費の目安となるとされている。

74], 肥満状態や不健康な体重の人が増加していることとの関連を見せている
[52, 65]。

　現在と将来における伝統食の需要と漁獲，捕獲，採集量，また，漁，狩猟，
採集の持続可能性とコミュニティの福利（食料の分配など），公衆衛生（栄養，
食料安全保障，環境汚染物質へのばく露）については，人口構成，食生活のパタ
ーン，コミュニティや家庭の経済状況の移り変わりが影響を与えている。将来
の食習慣を予測することは，非常に困難である。しかしながら，消費者の嗜好
が人口動態の面でも構造的にも大きく変化している社会において，水産物の将
来の需要を予測するツールとして，コホートモデルを使ったアプローチが挙げ
られる[75]。また，食事のモデル作りによるアプローチは，先住民コミュニ
ティとのつながりを構築する手段をもたらす。さらにこのアプローチは，食料に
関するコミュニティごとの現状（食料の入手可能性，価格，汚染の度合い，食事
の嗜好など）に栄養所要量や食の安全性の懸念を組み込み，彼らの文化と照ら
し合わせたうえで，適切な公衆衛生上の提言として伝えることも可能にする
[76]。

8.3　気候変動と伝統食

8.3.1　変わりゆく北極圏の海洋環境と生態系

　北極圏の海氷（の面積および厚さ）は，この数十年で急速に縮小し（10年当
たり10％減少）[77]，その間，北極圏の海水温は急速に上昇した[78]。海氷が消
失すると，北極圏の温度上昇幅が増大し，海面水温がさらに上昇するうえ，地
面や海面の氷雪被覆面積の縮小が進行する[79]。複数の気候変動予測モデルに
よると，2030年代までに北極圏のほとんどから海氷が消失する可能性が示唆
されている[18]。海棲哺乳類を含むほとんどの北極圏の生物種は，分布が狭く，
特定の環境に非常に特化しており，海氷の状況変化の影響を非常に受けやすい
[80]。また，海氷の消失は，北極圏での海洋酸性化にも影響を及ぼしており，
大気中のCO_2濃度の上昇に伴い海洋酸性化が進むという観点では，北極圏の
海域は，特に大きな影響が及ぶ場所である[19]。海氷の減少と海洋酸性化によ
る気候条件や生物物理学的条件の変化は（亜寒帯の海洋および生態系の変化とも

相まって），プランクトン群落から大型海棲哺乳類まで，北極圏の海洋生物相
の生産力，生息範囲（亜寒帯の種の生息域が北極方向へ移動），分布，回遊に起
きている変化の要因となっている。

8.3.2　イヌイットの自給自足のための漁獲

　イヌイットは，地元の食料システムの生物的側面（野生生物個体群の豊富さ，
分布，移動など）と非生物的側面（海氷の状況など）の両面において，気候変動
に関連する変化をすでに実感している。これらの変化は，漁，狩猟，採集に加
え，食料安全保障や食事の質にも影響を与える可能性がある[37, 81]。その変
化のほとんどは，天候の変化（これまでよりもばらつきが多く予測不能な天候，
強まる風，卓越風の風向きの変化，降雨量の増加，降雪量の減少，極端に低温とな
る日数の減少，夏に極端に高温となる日数の増加など），氷や水文システムの変化
（結氷しない期間の長期化，氷の厚さの減少，雪解けの早期化，淡水の水位低下，海
岸浸食の進行，湖沼や渓流の水位低下など），生物個体群の変化（野生生物の健康
状態悪化，肉などの質の悪化，種の豊富さの低下，移動や回遊のパターンの変化，
従来その土地では見られなかった野生動植物種の出現など）と関連がある[82, 83]。
　イヌイットの漁業，狩猟，採集従事者からの報告によると，すでに海氷の状
況の変化による安全性の脅威やリスクが発生しており，伝統食を入手すること
への影響が出ているという[84]。前述したように，重要なことは，こうした変
化が社会的，経済的，政治的な要因と相互に作用するという点である。例えば，
海氷の状況が変化し，漁や狩猟をする区域へアクセスしづらくなった場合，漁
や狩猟の従事者が，これまでより長い距離を移動しなければならない状況が考
えられるが，（カナダ北部での貨幣賃金経済の発達や雇用により）これまでより長
い時間を漁や狩猟に割くことができない，必要な資源が足りないなどといった
理由で変化に適応できない可能性がある[85]。また，北極圏での種の豊富さが
低下すれば，新たな漁獲，狩猟割当量が導入され，既存の割当量に関してこれ
まで以上に制限が厳しくなることも考えられる。漁獲，狩猟割当量によって，
伝統食の入手可能性が制約され，食事の質に影響が出る可能性に加え[39]，漁
や狩猟の従事者が漁や狩猟をする区域へのアクセス（または規制）や動物の豊
富さに合わせて柔軟な対応をとることにまで制限が及ぶことが考えられる[86]。

漁獲，狩猟，採集活動が崩壊すれば，世代間の知識のやり取りも阻害されることが予測され，イヌイットの各コミュニティが，今後，気候変動に対応していく過程に直接的な影響をもたらす（すなわち「動的な脆弱性」[87]）。さらに，このように新たに生じている環境保全（資源管理を含む）に関連した問題は，北極圏の野生生物管理に関する社会政治的な課題を長期化させる可能性もある。北極圏の野生生物管理については，共同管理体制が著しく発展したとはいえ（現在，カナダの北極圏では，先住民と政府がさまざまなレベルで共同責任を持ち，管理している），歴史的に見れば，闘争と文化的抵抗の現場であったことにかわりない[85]。

　一方で，気候変動に関連した種の分布の移動と海洋生態系の生産性の増大は，新興的な北極圏漁業の発展を意味するかもしれない（タイセイヨウダラやカラスガレイなど）[88]。こうした生態学的変化は，カナダ北部で策定された初の準州漁業戦略をはじめとする漁業政策の著しい発展と並行して起こっている[89]。実際に北極圏では，商業漁業が急速に拡大しており，10年足らず（2006年から2014年）の間に，ヌナブト準州の水揚げ金額は，2倍超まで伸びた（3,800万カナダドルから8,600万カナダドルに成長）[89]。カナダの北極圏における商業漁業のシステムと自給自足的な漁業のシステムの間の相互作用，また，関連する野生生物共同管理と経済（漁業）開発のための政策やシステムは，これまであまり注目されてこなかった。イヌイットのコミュニティがどのように変化に対応するか，また，政策と管理がどのように相互作用するかを理解するためには，海洋生物資源の需要や利用変化の要因となっているさまざまな動態についてのさらなる知識が必要となる。

　気候変動が，北極圏の海洋環境や生態系に多大な影響を及ぼしていることは間違いないが，観測されている変化の大きさと多様性を考慮すると，漁獲，食料安全保障，健康に対する気候変動の蓄積的な影響を予測することは困難である。加えて，気候変動の影響の感じ方は，地域社会や家庭内でも差がある。例えば，気候変動条件の変化がローカルレベルで人々に影響を与える経路は，男女間の役割の違いによって異なるため，影響の及び方は性別によっても異なる[91]。さらに，食料安全保障や人間の健康に対する北極圏の海洋生態系の変化における潜在的影響は，ローカルレベルの適応戦略（ある種が減った場合に，漁

や狩猟の従事者がどのように他の種で補てんするかなど[92]）を介して現れてくるが，これらの戦略は，多くの場合，地域や家庭ごとに異なる。

8.4　汚染物質と伝統食

　環境汚染物質（水銀や残留性有機汚染物質［POPs］など）は，大気中や水中を長距離にわたって運ばれ，海中の食物網によって生物蓄積や生物濃縮を経るため，一般に産業活動からは遠く離れている北極圏の生物相からも高濃度で検出されることが，この数十年間の研究で示されてきた[30, 93]。高栄養段階の海洋生物（ワモンアザラシ，シロイルカなど）の多くが，数多くのイヌイットのコミュニティにおいて不可欠な食料となっていることから，伝統食を摂取することによる環境汚染物質へのばく露は，人体に健康リスクをもたらす[30, 93]。

　こうした有毒化合物の産生や放出を制限したり，全面的に禁止するための国際条約（「残留性有機汚染物質に関するストックホルム条約」，「水銀に関する水俣条約」など）が採択されている。その結果，残留性有機汚染物質については，カナダ北極圏の生物相において大幅に減少して過去の遺物となり，今後もさらに減少するとみられている[94]。しかし，水銀については，北極圏の生物相において一貫した減少傾向が記録された例がなく[95]，汚染防止策の改善がない限り，今後数十年の間に北極圏の生物相における水銀濃度は顕著に上昇すると見込まれている[96]。また，これまで存在しなかった化合物や局地的人為汚染の新たな要因（海運の拡大など）が浮上し，北極海の未来に対する懸念材料となっている。さらに，気候変動と関連した複雑な影響が，生理化学的プロセスや食物網の構造に及び，これらが汚染物質のサイクルや人体へのばく露状況にも影響を与える可能性もある。例えば，気候変動によって海氷が減少すると，一部の残留性有機汚染物質などの化合物が揮発する可能性が指摘されていたが，すでに北極圏の一部地域では，これらの大気中濃度が上昇している[97]。

　汚染，気候，食物網の状態が変化を続ける中，将来の北極圏における人体のばく露と健康に与える影響を予測することは非常に困難ではあるが，化学物質の排出や汚染物質の動態，運ばれ方，さまざまな食物網における生物蓄積についての機械的動的モデルは，北極圏[98]やフェロー諸島[99]で自給自足の暮ら

しをする人々のばく露状況を検証するために有効なツールとなりうる。しかし，ばく露モデルは，伝統食の摂取量や摂取パターンの変化に非常に左右されやすく[100]，一部の化合物（水銀を含む）に見られる人体ばく露量の低下は，北極圏生物相における汚染物質濃度の変化よりも，伝統食摂取量の減少傾向に由来しているのではないかとも考えられている。

8.4.1 汚染物質が人間の健康に与えるリスク

人間の汚染物質ばく露状況の空間的，時間的なばらつきを理解するための鍵となるのが，バイオモニタリングである[101]。イヌイット人口の大半で，カナダ保健省のガイドラインが定める重金属，水銀，残留性有機汚染物質についての基準値を下回っているものの，体内負荷量は，カナダの一般住民のばく露量を上回っていることが多い[102]。例えば，ヌナブトのイヌイット女性（18-45歳）の平均血中水銀濃度は，ガイドライン基準値の8 ppbより低いとはいえ，カナダ女性の全国平均値の約8倍にのぼった[103]。また，ヌナビク（カナダ北極圏東部）のイヌイットのうち（環境汚染物質による人体の健康リスクが高まる）出産可能年齢の女性を含むかなりの割合の人々の間で，ガイドライン基準値を上回る血中水銀濃度が示された[104]。母体が摂取した水産物中の水銀など，神経毒性を持つ物質への低濃度ばく露を胎児期に受けると，神経発生の際に有害な影響が生じるリスクが高まることは広く認識されている[105]。

伝統食は，工業型農畜産業や食品工業を対象とした安全性のモニタリング，政策，法律の範ちゅうに含まれないため，伝統食中に汚染物質が存在することは，リスク管理において特殊な事例となっている[106]。特定の種，または動物の部位（ワモンアザラシの肝臓など）について，地方レベルでの勧告を出すことは可能ではあるが，その一方で伝統食を摂取するかどうかについての最終判断は消費者に委ねられる。汚染物質に対する受け止め方や反応は地域社会によって異なる。したがって，先住民がどのような食料を選択し，漁，狩猟，採集するかを判断する際には，科学に基づく食の安全性の位置付けよりも，むしろ先住民が抱く汚染物質の議論に対する文化的抵抗，また，汚染物質の危険についての彼らの認識が大きな影響を与えると考えられる[107, 108]。伝統食の漁，狩猟，採集，さらには分配がもたらす多くの健康面のメリットや社会的な恩恵

と環境汚染物質の脅威，この両方を思慮深く比較して考えることが重要である
[109]。

8.5　食料安全保障の改善に向けたコミュニティとの協働

　変わりゆく社会経済的，環境的（生物物理学的，生態学，毒性学的），気候的
な要因が重なり合っているため，本章でここまで見てきたような北極圏の海洋
の環境や生態系における変化が，カナダのイヌイットの食料安全保障や公衆衛
生とどのように相互に作用し，影響をもたらすのかを予測することは，非常に
困難である。さらに，気候変動や環境汚染物質は，現代の北極海の生態系や社
会経済が直面する多様な負荷要因（石油やガス産業，資源採掘業，観光業，海運
業，漁業など）の一部であり，北極圏が変化し続ける状況にあっては，海洋の
変化が食料安全保障と健康に及ぼす影響を予測し適応するために，イヌイット
社会と協働して有益な情報を得ていく必要がある。

　多くの適応策は，人体の健康の観点から，モニタリング，モデリング，シナ
リオ想定を通じ，予防策や早期警報システムを開発することに重点をおいてい
る[110]。海洋生態系や漁業の資源モデル[88, 111, 112]をはじめ，汚染物質の動
態，蓄積，人体ばく露の機械的モデル[98]，人間の食生活や水産物需要の公衆
衛生学的モデルや経済モデルにいたるまで[75, 76]，さまざまなシナリオやモ
デルがある。これらは，世界の海洋の変化が公衆衛生に与える影響や予測でき
る未来の状況を検証，可視化するためのツールとして有効である。しかし，こ
れらのシナリオやモデルは，資源利用と時間経過について，先進国が展開する
認識論や存在論的な視点（例えば，直線的な時系列で時間を捉え，自然と社会を1
つのサイクルとして捉える時間的理念を含まない）を具現化したものであるため
[110]，多くの場合，先住民社会の未来，食料安全保障，人間と動物の関係性
などについての文化的概念とは相いれない可能性もある。

　適応策の計画にあたっては，疾患の有病率を低下させることに特化した古典
的な医学モデルの範ちゅうを超えて，地域社会の健康を注視していくべきであ
る。これまで，海洋学，海洋生態学，自給自足的な漁獲，狩猟，採集，また地
域社会経済，公衆衛生に関する研究間で共通のデータプラットフォームが欠如

していることや観念の分断，制度構造の問題により，変わりゆく海洋と人体の
健康についての総合的な理解を求める取り組みが阻害されてきた。一方，地域
レベルでの政策や支援プログラムの策定に変換することができ，文化的にも関
連性がある情報を導き出すには，地元の人々の伝統的知識を公平な方法で取得
し，政策に取り込むべきである。これには，文化と言語，自己決定，地域内の
環境と生態系の健康状態（その他数多くの事柄）の重要性など，先住民の健康
に関わる社会的要素を認識した総合的なアプローチが求められる。例えば「食
料システム」は，変化が続く北極海，自給自足的な漁獲，狩猟，採集，そして
人体の健康の間の多面的な関係を分析するための総合的な枠組みである[113]。
そして，総合的な理解を生み出すためには，すべての関係者が公正に関われる
ような参加型で地域社会を基盤とする研究プロセスによって，共同で取り組む
ことが重要である。この観点から，先住民社会における海洋の未来に関する研
究の概念，手法，ガバナンスの土台となるものは，先住民の文化，価値，歴史
への絶対的な尊敬であり，伝統社会によって育まれてきた互恵性や関係性を認
識したうえで構築しなければならない。具体的に言えば，食料安全保障に焦点
を当てた海洋社会の研究は，参加する地域社会の多様性を受け入れ，その知識，
手法，礼儀作法や慣習，世界観，存在論，政治システムを尊重しなければなら
ない。そのうえで，研究者は，研究対象である人々と協働し，地域社会に相互
的な恩恵がもたらされ，関わるすべての人々の社会的公正が維持されるよう努
めるべきである。

第9章 世界の海洋ガバナンスのための沿岸域先住民データ[1]

アンドレス・シスネロス＝モンテマヨール[2]，太田義孝[3]

9.1 世界の海洋における先住民

海洋の社会生態学的システムに対する気候変動と経済の変化の影響が強まり，規模も拡大するにつれ，国際的あるいは組織横断的な取り組みの中で，ガバナンスの問題に対応するための研究やコミュニケーションが多く行われるようになってきた[1-3]。地球規模の問題には地球規模の対応をしなければならないため，それらが必要な進展であるのは間違いない。しかしながら，ガバナンスが，これまでと異なる「根本的な変化を促す」レベルに移行するためには，海洋システムとのつながりが特に強い沿岸域コミュニティや歴史的・政治的に周辺化されてきた人々の視点やニーズを認識し，ガバナンスに取り込んでいくことが重要である。とりわけ，世界全体の沿岸域に3,000万人近くも暮らしている先住民をあらゆる政策的な決定から除外しないことが，地理的なスケールに関わらず（国際的なプラットフォームでも地域的な海洋保全活動であっても）喫緊の義務である[4]。沿岸域の先住民には，特定のコミュニティ（先進国，開発途上国の両方に存在），少数民族グループ，人口の多数派が入植者やその子孫ではない小島嶼国の人々が含まれる。残念ながら，これらの人々は，いまだに持続

---

1) Andrés M. Cisneros-Montemayor and Yoshitaka Ota, Coastal indigenous peoples in global ocean governance. Ch. 30, pp. 317-324.

2) Nippon Foundation Nereus Program, Institute for the Oceans and Fisheries, University of British Columbia（カナダ・ブリティッシュコロンビア州バンクーバー）

3) Nippon Foundation Nereus Program, School of Marine and Environmental Affairs, University of Washington（米・ワシントン州シアトル）

可能性に関する政策の議論の場に参加できていないことが多い。しかし，国連の「持続可能な開発のための2030アジェンダ」の前提として「誰一人取り残さない」とあるとおり，国際社会は，海洋ガバナンスに関わる活動においても（持続可能な開発目標［Sustainable Development Goals: SDGs］14－海の豊かさを守ろうの達成など），早急に配慮と支援を必要としている人々の権利と安全と生活を守り，協働して海の管理を進めることを忘れてはならない[3]。

　先住民とそのコミュニティ，そして彼らを取り巻く海の状況に関する問題への対応は，特に「持続可能な社会」の達成にとって重要性が高い。なぜなら，先住民の社会と自然のシステムの関係は，独自性が非常に強く，商業的，伝統的なつながりや生活手段とのつながりがあり，さらには一般的な「科学」や「経済」など，これまで世界の海洋ガバナンスを牽引し，一部では社会的な負担と格差を生んだ知見の範ちゅうを超えているからである。先住民が一般的に有している伝統的な生態学的知識は[5]，地域的に受け継がれてきた海洋管理システムを歴史的に下支えする役割を果たしてきており，現在，国際的な生態系保全の管理体制でも，これらの知識の有用性が注目されている。一部では，これらの知見により，植民地時代以前のやり方（特に経済的効率のみに焦点を当てた管理システム）とは異なった管理・利用システムによる持続可能（かつ自己定義され公正）な資源利用を成功させることができる可能性があると理解されている。この中には，「西洋的な」政策と類似した戦略もあり，事例としては，漁，狩猟，採集の一時的な規制（オセアニアから北極圏までの多くの先住民グループにおいて，輪採[4]の例が見られる[6,7]），漁法の制限（個人の観察によるが，メキシコのセリ族は，干潮時に露出する二枚貝の貝礁からの貝の採集は，女性が道具を使わずに手で行うことのみを認めている），資源に関する権利の貸与（太平洋島嶼部の先住民の多くが，区域の種類と家族グループを組み合わせた管理システムを持つ[8]）などが挙げられる。この他，先住民コミュニティが管理のために実施した近年の事例としては，生息域の再生（セネガルのサルームデルタのコミュニティによるマングローブ林再生など），地元の海洋生物資源管理責任についての改めての宣言（カナダ・ブリティッシュコロンビア州のハイダ族自治区とヘイ

4）複数の漁場や狩猟区域を交代で使用すること。

ルツク族自治区によるニシン資源についての宣言[9])などが挙げられる。こうした事例は，ローカルコミュニティによる持続可能性のための取り組みに光を当てて支援する，国連開発計画（United Nations Development Programme: UNDP）赤道イニシアチブの赤道賞（Equator Prize）を受賞しており[10]，「主流の」保全活動と沿岸域の先住民コミュニティの取り組みには潜在的に重なる部分が多いとの認識を示している。

このような管理重視型の伝統にとどまらず，先住民にとって，漁業と海洋生態系保全は，文化のさらなる根幹を形成しており，資源管理以外の知識や伝統を伝達するために用いられることがある。この文脈においては，魚を獲るという行為そのものが獲れた魚と同等の重要性を持つことがある。例として，マダガスカルの漁民であるヴェゾは，地元を出て他の土地で仕事を得ることが認められてはいるが，その時点でヴェゾとは見なされなくなるという文化アイデンティティについての議論もある。故郷に戻って漁を再開すれば再びヴェゾとして認められる彼らにとって，漁業は生業の根幹であるとともに，自らのアイデンティティそのものであるということが言える[11]。

先住民グループが固有の存在として永続するためには，こうした海洋生態系との文化的なつながりや慣行が非常に重要なため，今後予測される気候変動の影響とそれに伴う経済的，社会的変化に関する問題は，社会的な深刻さを内包している。さらに，これは，現在多くの先住民グループが置かれている社会政治的状況（周辺化され海洋開発を促す政策決定において，十分な決定権を行使できていない現状）によって一層深刻化している。地域スケールで見ると，北米太平洋沿岸で魚の分布が移動すると，魚種によっては，局所的に豊富になる可能性もあるが，全体としては，北米太平洋沿岸の先住民コミュニティへの水産物供給に悪影響がでると推測されている[12]。また，仮に他の地域では，変化を総合的に見た場合にプラスの影響があったとしても，文化的意義の高い特定の種が減少すれば，自給自足あるいは商業を目的とした漁獲の内訳に影響するだけでなく，先住民コミュニティの慣行の根幹が打撃を受けることになる[12]。

同様に懸念されるのが，北極圏の海氷の厚さと面積が徐々に減少しつつあることである。この問題は，新たな航路の設定に関する可能性と新たな漁場の管理という文脈で，経済的な効果を上げる「新たな機会（new opportunity）」と

して一部の国際的な海洋会議等で議論されているが[13, 14]，こうした新たな
経済的，生態学的検討（それに加え，さらなる人間活動による圧力がもたらしうる
破滅的な結果[14]）を脇に置いたとしても，海氷は，先住民の生き方において
不可欠な要素であり[15]，彼らの生き方を築きあげてきた陸と海の景色が文字
通り融けて消失すれば，それ自体が，取り返しのつかない非持続可能性として
認識されるべきであろう。

　気候変動に関する文献の中で検討，対応されているとおり，沿岸域の先住民
が直面している課題の多くが，気候変動に脆弱であり，政治的，経済的な理由
から適応力が低い他のコミュニティでも見られるという点が重要である[16]。
これにより，「脆弱性」とは，予測される影響へのさらされ方と感受性（受け
るであろう被害の深刻さ）の組み合わせ，また，「適応力」とは，起こりうる悪
影響を自らの行動によって緩和することと定義できる。大規模商業漁業と比べ
て海洋生態系とのつながりが強く，伝統的な漁法を用いる漁業という曖昧な定
義がなされている世界の「小規模漁業（零細漁業）」についても，似たような
問題がより広範に記録されている[17]。とはいえ，すでに述べたように，自身
のアイデンティティの根本として漁業に見いだす文化的重要性は，魚を獲ると
いう行為そのものが獲れた魚と同等の重要性を持つことがある沿岸域の先住民
にとって，非常に大きいのである。

　先住民社会の知識や視点と国または国際レベルの海洋政策のイニシアチブと
をつなぐための第一歩は，こうした先住民コミュニティの慣行に備わる地球規
模の影響力に注目することである。沿岸域の先住民による水産物消費について
のメタ解析が，83 カ国の約 1,900 のコミュニティを対象にはじめて行われ，そ
れは，3,000 万人近くもの人々と海の関係性の一部を代弁するものとなった[18]。
世帯当たりの水産物消費についての既存データと同じ民族内のコミュニティや
地理的に近隣に存在するコミュニティ間の類似性に基づく段階的数値移行アプ
ローチを用いた試算によると，沿岸域に住む先住民の漁獲のうち自家消費分は，
全世界で年間計 210 万トン程度（150-280 万トン）にも上ることが分かった[18]。
これは，報告されている世界の年間漁獲量の約 2% に相当するが[19]，その大
半が各国の統計には含まれていない[20]。実務面の難しさ，違法漁業などによ
り，先住民によるもの以外のさまざまな形態の漁獲が世界中で無報告となって

いるが[21]，先住民の場合は，正当な理由に基づき，漁獲の報告や資源利用について の情報の共有を行っていないことがある[22]。これに当てはまるのは，例えば，セルフガバナンスの行使を主張するため（情報を開示することで自分たちの権利を脅かされるリスクを回避するという理由を含む）である場合，あるいは，文化的または自給自足的な漁業には報告が求められていない場合である。それでもやはり，世界全体で見た場合の先住民による水産物消費（ここでもまた，文化的，商業的な漁獲も含むであろう資源利用の小さな区分の１つを指す）の規模の大きさと幅広さを考慮すると，（国連のSDGsが示すとおり）特に「「誰一人取り残さない」という社会的公正性の約束を守るという観点において，先住民に関する問題を海洋政策のグローバルな議論の中心に据える必要があると言える[3]。

　先住民漁業および沿岸域先住民コミュニティの水産消費と食料安全保障の重要性を考えた場合，伝統的，地域的な知識，視点，背景を認識し，取り込むことが非常に有益であると示唆する国際合意，国際文書，現在進行中の政策協議が数多く存在する。その中には，「先住民族の権利に関する国際連合宣言」，生物多様性条約締約国会議の「愛知目標」，国連の「SDGs」，現在進行中の国家の管轄外に存在する区域（と生物多様性）についての交渉が含まれている。重要なことは，合意の内容に多極化する利害関係の調整が含まれておらず，成功する見込みが最も高い合意の成果を検討する場合であっても，国際社会は，文化的な特性や（先住民の権利と政治力を）周辺化し続ける政治的な枠組みを考えるにあたり，先住民の問題を想定する必要があるということである。例えば，違法漁業，乱獲，過剰な漁獲能力が見受けられる漁業に対処するため，世界貿易機関（World Trade Organization: WTO）が漁業補助金を制限するように交渉することは，地球全体（および各国のレベル）の漁業の持続可能性という意味では非常に有益な合意につながる可能性があるのだが[23]，先住民漁業者が許可証や免許をもたずに操業していることは，決して珍しくない。これは，彼らが「正式な」漁業の基準について情報を入手できていないか，そもそもその枠組みから排除されていることが要因である[24]。こうした問題が，正式な合意の枠組みの中でも想定され，取り組むべき重要事項として挙げられる。

9.2　グローバルデータの適切な利用

　ハイレベルな海洋政策や国際議論の場で，先住民の人々が直面する問題の規模や緊急性を十分に認識させるためには，世界全体の最新の統計が必要である。しかしながら，社会生態学的課題や適応戦略を認識し対応していくために最も重要なのは，過去（および現在進行中）の記録と傾向である。おそらくこの文脈で最も関連性のあるトピックは，時代とともに変わってきた世界中の先住民コミュニティにおける水産物消費の傾向であろう。そこから，文化的慣行，社会的結びつき，公衆衛生に重大な影響を与える可能性がある変化のパターンを解明することができる。沿岸域の先住民コミュニティにおける水産物消費量が減少している中，社会規範の変化（若年層ほど加工食品の消費割合が高くなっていることなど）[25]と野生動植物から得られる食料資源量や生態系の変化[12, 26, 27]の両方が要因となって減少しているものについて，定性的分析，定量的分析を実施した事例は複数存在する。これらの変化によって，慣行や言語の消失をはじめとした社会的影響があることに加え，魚（その他の野生動植物から得られる食料）と比べて栄養価の低い食事が原因となり，健康に影響（糖尿病や心臓疾患のリスクの増大など[28-30]）が出てしまう。同時に，地球規模の海洋汚染によって，小児の死亡率が上昇したり，認知機能障害が出るといった非常に深刻な健康問題を起こす可能性がある汚染物質（水銀やポリ塩化ビフェニル[PCB] など）の水産物中での濃度が上昇した[31]。国際的な規範として，これらの影響を緩和するための戦略が水俣条約やストックホルム条約により担保されており，妊娠中の特定の段階において，一部水産物の摂取の制限が設けられたほか，海洋汚染を減らすこと自体が国連の SDGs の中に明確に含まれている（目標14 ターゲット項目 1)[3]。しかし，これらの問題は，先住民の問題を考えるうえで不可欠な，固有で非常に複雑な動態を強調するものであり，さまざまなレベルのガバナンスにおいて対応すべきことである。

　ある水産物消費の傾向に関するレビューとして，北米アラスカ地域を対象にした 50 を超える先住民コミュニティについての過去のデータ（おおよそ 1970 年から 2010 年のもの）が発表された。これは，データが寒帯と亜寒帯に偏って

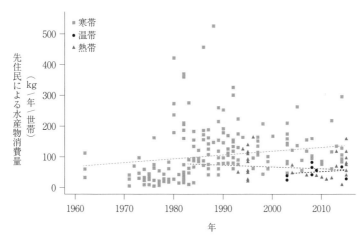

図 9.1 気候帯ごとに報告されている世帯当たり年間水産物消費量を示した
もの。データは[33]による。

いる側面があるものの[32]，過去数十年間の傾向についての分析を可能にして
いる。データが存在する期間に水産物消費についての有意な傾向はなかったが
（図 9.1），対応する各国の平均と比較すると，これらの先住民コミュニティの
水産物消費量ははるかに多い状態が続いていた[33]。これ以前の年代にも消費
傾向の変化が報告されているうえ，先述のような気候変動や社会的変化が続い
ているにもかかわらず，この結果からは，先住民社会では海洋生物資源の消費
が同レベルで持続し，その社会的な重要性が根強いことが示されている。定性
的および定量的なデータの質が改善されれば，先住民と海洋システムの間の動
的なつながりがより反映されるであろう。しかし，たとえデータの改善がなく
とも，これらのつながりが代替できないものであるという認識を適切な社会政
策と環境政策に取り込むことが重要なのである。

9.3 海洋政策への先住民の声の反映

この先，海洋政策を策定する際に先住民と海の間に育まれ，持続されてきた
権利と価値を全面的に受け入れるためには，地域ごとに異なる固有の戦略が必

要になる一方で，各国が施行すべき一般的な政策共通に基づく行動も求められ
る。まず，先住民の権利は法的に認められ，関連する国々，国際社会により支
持されなければならない。ここで言う権利としては，資源へのアクセスや文化
的慣行の継続などが挙げられる（この観点からすると，「先住民族の権利に関する
国際連合宣言」[34]や「1989年の先住民及び種族民条約」[35]などの国際合意におい
ては重要な進展が見られたが，各国の国内法，各地域の先住民社会との具体的な合
意についてはあまり進展していない[36]）。次に，伝統的知識とそれらを習得す
るための社会システムや慣行は，管理体制の構築に非常に有益であり，時には，
科学的な枠組みに貢献するということが認められなければならない。確かに，
こうした知識が管理基準に直接的に役立っている事例が数多く存在している
[22, 37]。しかし，さらに重要なことは，伝統的知識は，単なる個別のデータ
数値よりも重要な意味を持ち，科学的手法と同じような長所や短所があるもの
の科学的手法への批判的な議論を喚起する知識体系を備えており[22]，複雑な
適応的管理の一形態として有効な知識であると国際社会が認識することである
[38]。

第10章 グローバルな水産業界が取り組む企業の社会的責任：その可能性と限界[1)

ウィルフ・スワーツ[2)

10.1 はじめに

　現在，世界の漁業は，地球上で商業種となる魚が生息するほぼすべての海域で操業を行っている。つまり，技術的に発展した現在の漁業にとって，一部の深海を除き，新たな漁場となりうる海域は遠洋も含めほぼ存在しない[1]。一方で，グローバルレベルの海洋ガバナンスや政策に関する議論では，乱獲が環境に及ぼす影響に加え，地域レベルの食料安全保障，労働，また，資源が乏しい地域において漁獲の減少が現金収入に及ぼす社会経済的影響[2-5]に関する議論が進んでいる。さらには，研究者や環境団体が，このような不確実で変動の大きい食料生産システムに依存している漁民特有の立場の弱さについて声をあげるようになってきた[6]。水産資源の過剰搾取をめぐる環境保全への懸念と漁民の生活に関わる社会的な懸念が増すにつれ，その動きに呼応するかのように，多様な民間のイニシアチブが，国，地域，国際レベルにおける既存の規制の枠組みとは異なる形で，持続可能な漁業を目指す取り組みを進めている[7, 8]。

　民間企業が，積極的に市場に介入することによって，漁業と水産流通の形態，

---

1) Wilf Swartz, The emergence of corporate social responsibility in the global seafood industry: potentials and limitations. Ch. 32, pp. 335-343.

2) Nippon Foundation Nereus Program, Institute for the Oceans and Fisheries, University of British Columbia, Vancouver, BC, Canada. Marine Affairs Program, Dalhousie University, Canada（カナダ・ハリファックス）

戦略意思決定や体制に直接影響を与えることができれば，公共政策では手の届かない課題や十分な配慮を払えない実践的な問題を速いスピードで（しかも税金を使うことなく）埋めることができるかもしれない。しかし，現状では，民間企業の持続可能な漁業に関わる活動の大半が，第三者機関による自主認証基準（いわゆるエコラベルなど）を使用するにとどまり，多くの場合は企業の行動規範を変える独自的な戦略や指針を方向づけるに十分ではないと批判されている。

　持続可能性のための戦略として，すなわち，企業の社会的責任（Corporate Social Responsibility: CSR）として，水産業界が現在実施している活動は，本来は，漁業から流通まで水産活動全体に持続可能性を組み込むことを目的とすべきである。そして，水産業がいかに CSR を果たすべきかという問題は，単に資源管理の面だけではなく，水産業という人間社会古来の生業を営む能力を社会のために向上させるうえで検討すべき重要な課題である。本章では，水産業による CSR 活動を取り上げ，エコラベルに集中することにより，企業がその民間ガバナンスへの役割と有効性を狭めてしまっている現状を議論する。

10.2　水産業界における民間ガバナンスの台頭

　水産物は，国際的に最も多く取引されている食料である。2016 年には世界の水産物生産量の 35% が輸出に向けられた[9]。国際水産物取引の拡大により，非常に複雑なグローバルサプライチェーンのネットワーク形成が促進されてきた。その多くにおいて，漁獲された魚を加工するためだけに輸入し，水産加工品にして，再び輸出するという第三国の加工業者が関わっている（[10]など参照）。このようなビジネス環境を踏まえ，企業が，生産流通を改善・変更する目的を利益活動の向上のみに定めているのであれば，民間の制度を用いて，水産に関わる環境と社会的負荷を減らすための政策やガバナンスの空白を埋めることができるのではないかという見方がある[11, 12]。また，無制限に拡張し続けるグローバルな産業活動を監督するには，国および国際レベルのいずれかのガバナンスの枠組みだけでは不十分であるという認識も高まっている[13]。

　水産資源の枯渇に対する懸念が増すにつれて，持続可能な（つまり適切に管

理されて環境への影響が小さい）水産物のための市場での保全インセンティブに
注目が集まった[15]。1990年代に始まった最も初期の水産エコラベルの1つが，
「イルカに優しい」ツナ缶に対するものであった。これは，一部のマグロ漁業
者によるイルカの混獲を禁止する活動への参加と支援を消費者に知らせること
を目指した例である[16]。当時，水産エコラベルプログラムを成功させるには，
消費者の関心を生むことが最も重要であるとされ，地域，生物種，ターゲット
とする購買者の嗜好や文化的傾向に合わせてプログラムを変更することに重点
が置かれていた。その結果，エコラベルは，購買者が選んだ水産物に関する環
境への影響と管理の状態に焦点をあてることを戦略として優先させ，今日，そ
の活動の目的は，消費者に情報提供するための主要なアプローチという位置付
けになっている。

　民間が中心となって行う自主認証基準の主な特徴（漁業ガバナンス全体におけ
る）は，政府や国際規制機関（公海内外をまたいで存在する魚資源を管理する，地
域漁業管理機関（Regional Fisheries Management Organization: RFMO）など）が
定める最低条件よりも踏み込んだ基準を整備することである。これにより，市
場（消費者）は，この基準を満たしているか否かを判断材料にして，持続可能
な漁業活動に従事している漁業者を識別することができる。これらの基準を満
たしている漁業者によって漁獲された水産物は，プログラムの認証マークを貼
付され，他製品よりも生態学的に持続可能であることが消費者に知らされる。
エコラベルは，理論上，市場への優先的参入やプレミアム価格によって漁業者
に対する経済的なインセンティブを生み，その余剰利益を求める他の漁業者が，
認証を得た競合他社に後れを取らないように投資し，認証を受けるように促す
ことでその持続性を導き出す[15, 17, 18]。したがって，このようなプログラム
の成功のためには，消費者が，持続可能な慣行（混獲の減少など）に伴う追加
コストを補うための上乗せ価格を支払っても構わないと考えることが求められ
る。しかし，現実には，こうしたプレミアム価格の余剰利益について立証でき
る証拠は乏しく，証拠が存在する事例は，非常に特殊な市場に限られている
（[19, 20]など）。

　近年，民間認証プログラムとして最も普及している海洋管理協議会（Marine
Stewardship Council: MSC）が，認証対象となる漁業を飛躍的に伸ばし，エコラ

ベルビジネスとして成功したことで，さまざまな市場（飲食店か小売店かなどによって異なる消費者の種類と所在地の両方による）や多様な商用魚種に対応した類似的なプログラムが登場した。これらの異なったプログラムは，水産業の持続可能性に必要である多様な機能を特徴として打ち出す反面，国際的な水産ガバナンスの政策ギャップを埋めるには重複する機能や特徴が多くある。その結果として，民間エコラベルの乱立は，生産，小売り，消費者，さらには公的なガバナンスにいたるまで，サプライチェーン全体のステークホルダーに混乱を与えているという意見もある[21]。漁業者，特に小規模漁業者にとって，認証を受けるための調査コストや市場利益の可能性，また認証を維持するために必要な行動規範の遵守義務を検討し，さまざまなプログラムの中から各自に適切なものを選択し加盟することは，今や漁業の経済的利益のために重要な判断である。また，購買者側にとっても，これらの乱立するプログラムを利用するには，多くの情報を比較し，専門的な知識を伴った作業が必要となる。卸売業者や小売業者であれば，自らの市場ニッチに適合したプログラムの中から，信頼性が高く，自社のリスク管理の目的（労働慣習など）を守れるものを見出さなければならない。消費者であれば，これらのプログラムの詳細を見ながら，持続可能性に関して個人的に求める要件を満たすものを探さなければならない[1]。一方で，政府に関して言えば，これらの複雑性（特に重複やコスト負担）によって，こうした民間のイニシアチブが，公的な規制の枠組みをサポートするものなのか，あるいは弱体化させるものなのかを判断するための答えがまだ出ていない[22]。大規模多国籍企業の市場シェアが大きくなり，それが各国の水産経済に影響力を持つ状況下で，これら企業の力と企業を適切に規制し説明責任を持たせるための各国政府の能力との間に不均衡が生じているからである[14]。

10.3　自主認証基準と企業の社会的責任

　民間ガバナンスのモデルが盛り上がりを見せるもう 1 つの領域は，ビジネス慣行や持続可能性に関する戦略，つまり CSR である。CSR には，企業自身が経済的な負担を負ってそのコストを支出しつつ，企業がどのように行動すべき

かという一般社会からの期待に応える取り組みが求められる。企業は，株主とステークホルダー双方からの信頼を維持し，営業していくためのいわば社会的ライセンスとして，CSRが必要なコミットメントであると見ている[23]。単純に言えば，企業が社会的責任のある行動をとることに対する社会の要求は高まっており，そうした行動をとらなければネガティブな反応（消費者が自社製品を避けるようになるなど）につながるという論法が，CSRのビジネス上の根拠となっている。このようなビジネルモデルの維持を目的とした行動インセンティブは，資源を採取するために地元コミュニティからの支持が必要となる商業活動，つまり資源を基盤とする産業において広く見られる。したがって，水産業界のCSRに対するコミットメントにおいては，資源の持続可能性にとどまらず，企業活動がもたらす地域への影響も考慮する必要がある。こうした地域コミュニティは，経済的な基盤として，また，より重要な理由として食料安全保障のために水産資源に大きく依存している場合が多い。

　グローバルな水産業界のCSR方針を分析すると，この自主認証制度を遵守する傾向は顕著になっている。世界の水産会社上位150社（収益規模による，[24]参照）のうち3分の2が，何らかのCSR方針に言及しており，その大多数がMSC認証（または養殖分野においてMSC認証に相当する水産養殖管理協議会[Aquaculture Stewardship Council: ASC]認証）をベンチマークとしていた（表10.1および10.2）。この傾向は，特に大企業（年間収益が3.5億米ドルを超える企業）において顕著であった。この他の水産関連の基準としては，「Friends of the Sea」，モントレーベイ水族館によるガイドラインである「Seafood Watch」，また，水産関連の基準ではないが「国連グローバル・コンパクト」や環境管理のためのISO14001なども広く使われている。

　前節で示したように，MSCをはじめとするその他のプログラムは，漁業水産業に特化したものであり，特に環境面での持続可能性を中核に据えている。そのため，サプライチェーン全体を通した社会的基準，倫理規範や環境基準を監視する仕組みが欠如している。MSCは，サプライチェーン全体が参加していることの証明を求めているものの，その主な目的は，認証を受けている特定の水産物の透明性と加工流通過程の追跡経路（Chain of Custody: CoC）を明確化することであり，その企業のビジネス慣行を認証することではない。エコラ

表 10.1　主要な水産物の自主認証制度とその主な特徴

	設立年	組　織	概　要	ウェブサイト
一般的な自主認証制度				
国連グローバル・コンパクト	2000	国連	人権，労働，環境および汚職防止の各領域についての 10 原則に重点を置き，企業の持続可能性に関する世界最大のイニシアチブ。	www.unglobal compact.org
ISO14001	2004	国際標準化機構（独立した非政府組織）	効果的な環境管理システムの設計および実行のために用いられる中級的な基準一式。環境に関するパフォーマンスの要件についての記載はない。	www.iso.org/ iso/iso14000
漁業に関する自主認証制度				
海洋管理協議会	1997	海洋管理協議会（非営利組織）	持続可能な魚資源，環境への影響の最小化および効果的な管理に重点を置く，科学的根拠に基づいた認証プログラム。	www.msc.org
Friends of the Sea	2008	Friends of the Sea（非営利組織）	魚資源の状況（乱獲されている個体群から得た水産物の禁止），生息域への影響，混獲に対する考慮およびコンプライアンスを評価する認証。	www.friend ofthesea.org
Seafood Watch		モントレーベイ水族館	三段階の推奨度の格付け（「Best Choice［最善の選択］」，「Good Alternative［良い代替品］」および「Avoid［避けるべき］」）に基づき，持続可能な水産物についてのアドバイスを提供。基準に基づき，資源の状況，脆弱性，廃棄，生息域および生態系への影響，効果的な管理を評価。	www.seafood watch.org
養殖業に関する自主認証制度				
水産養殖管理協議会	2010	水産養殖管理協議会（非営利組織）	養殖生産システムの計画，開発および運営を網羅した要件一式を含む，責任ある養殖のための基準。	www. asc-aqua.org
Global Aquaculture Alliance Best Aquaculture Practices	2004	Global Aquaculture Alliance Best Aquaculture Practices（非営利の業界団体）	環境への影響，社会的責任，食の安全，動物福祉およびトレーサビリティーの評価に基づく養殖施設の認証システム。	www. gaaliance.org
Global Good Agriculture Practice Module for Aquaculture	2004	Global Good Agriculture Practice Module for Aquaculture（養殖場の保証プログラム）	法遵守，食の安全，労働者の健康と安全，動物福祉，環境配慮および生態学的配慮に基づいて養殖生産を評価するための農業関連の基準の中の下位グループ。	www. globalgap.org
Global Standard and Certification Programme for the Responsible Supply of Fishmeal and Fish Oil	2009	水産原料に関する組織（非営利の業界団体）	魚粉および魚油の生原料の持続可能な調達と，安全な生産のための責任ある慣行の認証。	www.iffo.net

表 10.2 水産会社による企業の社会的責任に関するコミットメントの中での自主認証制度およびその他外部ガイドラインの利用

収益 (億米ドル)	企業数 (社)	CSR	一般的な 自主認証制度		漁業に関する 自主認証制度			養殖業に関する 自主認証制度			
			UNGP	ISO 14001	MSC	FoS	SW	ASC	GAA BAP	Global GAP	IFFO
10 億以上	30	22	6	7	11	5	1	3	8	1	3
5–9.99	37	29	1	6	18	3	0	2	7	3	1
3.50–4.99	28	20	2	5	17	3	0	3	4	3	1
2.50–3.49	25	15	2	3	5	2	0	2	3	5	1
1.00–2.49	30	25	1	7	8	3	1	3	4	8	4
計	150	111	12	28	59	16	2	13	26	20	10

IntraFish 150 レポート中の 2013 年の収益による。自主認証制度の概要は表 10.1 のとおり。Global GAP: Global Good Agriculture Practice Aquaculture Standard, IFFO: Global Standard and Certification Programme for the Responsible Supply of Fishmeal and Fish Oil, ASC: 水産養殖管理協議会, FoS: Friends of the Sea, GAA BAP: Global Aquaculture Alliance Best Aquaculture Practices, MSC: 海洋管理協議会, SW: Seafood Watch, UNGP: 国連グローバル・コンパクト。

ベルのプログラムの目的は, 企業が水産生産の環境や社会的負荷への配慮を行っているかどうかについて, 消費者に直接情報を提示することである。しかし, この目的に則して, エコラベルのプログラムを CSR として利用するには, これらのプログラムの評価基準は, 漁業の種類ごとに区別するように設計され, 特定の漁法や魚種全体に適用されるものであって, 個別企業に適用されるべきではない。

　養殖会社の自主認証制度の対象は, 漁業の場合と比較して, 遵守する条件やプログラムの基準のいずれについてもはるかに幅広くデザインされている。例えば ASC 認証では, 魚の養殖場の労働基準とともに, コミュニティ同士の関係ややり取りについても明確に扱う基準が含まれている (2012 年版 ASC の原則 7「良き隣人であり良心を持った沿岸域の市民であること」)[3]。また, 例えば, グローバル・サーモン・イニシアティブ (globalsalmoninitiative.org) の会員らは,

---

3) ASC 認証以外の養殖業向けの基準としては,「Global Aquaculture Alliance Best Aquaculture Practices」,「Global Good Agriculture Practice Module for Aquaculture」,「Federation of European Aquaculture Producers Code of Conduct」,「Global Standard and Certification Programme for the Responsible Supply of Fishmeal and Fish Oil (IFFO RS)」などがある。

2020 年までに自分たちの養殖サケ生産すべてが ASC 認証を受けられることを目指して取り組んでいる。漁業会社と養殖会社の間の CSR に対するコミットメントのレベルの差は，多くの場合，両者の業務形態の違いに起因していると考えられる。養殖業は，漁業と異なり，操業規模がはるかに小さく，地元コミュニティから近い場所で実施される傾向にある。さらに，養殖業は比較的新しい産業であるため，養殖会社のほうが，漁業の場合よりも，市場の拡大や購買者へのアピールが必要になることから，社会的ライセンスに対する需要は大きい。

10.4　考察

　水産業界の CSR は，未来の水産をより持続可能にするための総合的かつ戦略的なアプローチの欠如に悩まされている。多くの企業において，CSR は，自社が商品とする水産資源の持続可能性の話に単純化され，類似した取り組みが重複する中で，取り組みをまとめる連携や相互利用を考慮したプログラムとして機能していない。率直に言えば，CSR の枠組み内で行われているプログラムは，環境システムと社会システムのつながり，すなわち，生態学的持続可能性と人権，企業の経済的利益と食料安全保障およびコミュニティへの影響の間のつながりを考慮するまでには至っていない。専門的な観点からは，これらのプログラムは，自主認証制度に依存していることによって，よくある批判にさらされることになる。例えば，不適切，虚偽的な測定をしているのではないか，外部への丸投げによる責任の回避なのではないか[25]，単純に既存の基準を遵守すればコストもリスクも少なくなるというインセンティブによって会社独自の業務形態や活動範囲に沿った新たなイノベーションへの願望が抑圧されてしまうのではないか[26]といった批判である。最も広く用いられている CSR の自主認証制度，すなわち MSC 基準が，企業の自主規制のための仕組みではなく，持続可能性に基づいて商品の差別化を図るマーケット戦略の一部として利用されている現状を変えない限り，これらの批判は，今後特に強まる可能性がある。

　さらに，研究者の中には，CSR を通じた業界の自主規制による効果の有無

に疑問を唱えている者も多い。彼らは，この CSR は，企業が自らの責任を選り好みしてしまうことにつながると主張している[27]。つまり，企業は，社会が最も必要としている領域ではなく，収益性が高いと見なされる領域に自らの CSR の取り組みを集中させてしまうという批判である[28]。CSR は，しばしば，具体的なベンチマークやターゲットのリストに単純化され，「リストに印を付けた」項目のみが達成したかどうかを評価される。自主基準の遵守や支持に基づく CSR プログラムは，買主と供給者の間の取引関係（つまり市場ベースのメカニズム）を過度に重視する可能性があり，これは，大手の国際的な買主を優遇するといった費用と便益の不均衡な配分につながる。漁業では，特に供給者の数が多い一方で買主の数が比較的少ないため，コンプライアンスに関する費用負担が，供給者側に過度に課される可能性がある[36]。漁業者は，買主による明確な保証がない中で，実質的にはコンプライアンスに関する全リスクを背負わされている。また，自主認証制度に過度に依存することは，サプライチェーンが抱える外部へのリスクの丸投げにも関与している可能性があり，こうした場合，コンプライアンス上の失敗の責任を第三者認証機関が負わされることになる。別の言い方をするならば，大手の国際的な買主は，自主認証制度を自らの説明責任を減らすための緩衝装置として使っている可能性があるということだ。

　この章で取り上げた CSR は，民間の持続可能性に関するイニシアチブである。理論上は，民間のイニシアチブが，公的なガバナンスの短所を補えることについては疑いの余地はないとされている。MSC など国際漁業を認証対象としている自主認証制度は，絶滅の恐れがある海洋生物の捕獲や利用を制限する配慮や，漁業対象種の資源管理だけでなくその種が食物連鎖を通じて及ぼす栄養段階間の相互作用など，生態系ベースの管理という概念をその評価の中に入れ込んでいる。そして，漁業者は，こうした要件に対応し[29]，基準を保証，実行するための漁業活動の改善や「持続可能な漁業」を促す慣行拡大に貢献してきた[30]。しかし，本章では，これらのイニシアチブが，国と国際社会の双方における国家主導型の管理体制の代わりを担うことはできないと論じている。なぜなら，民間の持続可能性に関するイニシアチブの長期的な効果は，究極的にはこれらのイニシアチブの下で発展するビジネス環境や企業の行動が，どの

程度公共政策に統合され強化されるかによって決まるからである。つまり，いかなる持続可能性イニシアチブも，政策の後押しがなくては，その効果の維持も規模の拡大も担保することはできないのである[31]。

　公海漁業は，業界主導型の CSR の取り組みによって，既存の管理の枠組みが補完および強化される領域である。国際海事機関（International Maritime Organization: IMO）や RFMO といった現行の国際ガバナンス体制は，明確な権限がないために自らの管理方策を執行するための能力が限定されていると考えられている。例えば，IMO による船舶登録，あるいは船舶自動識別装置（Automatic Identification System: AIS）による船舶追跡といったプログラムは，世界の漁船の多くを網羅することができていない。これらのプログラムに自主的に従おうという水産業界からのコミットメント（すなわち，所有する漁船の船団に全面的に AIS を搭載すること）があれば，船舶の活動を監視し，公海における違法・無報告・無規制（Illegal, Unreported and Unregulated: IUU）漁業を撲滅するための RFMO の能力を大きく向上させることができる。同様に，国際連合食糧農業機関（Food and Agriculture Organization: FAO）の違法漁業防止寄港国措置協定の採択を受けて，業界は，自らの活動の透明性を確保するために積極的な役割を果たすべきである。この意味では，CSR は「やることリスト」としてではなく，その時々のガバナンスが求めるものを反映して継続的に進化するものとして捉えるべきである。

10.5　結論

　世界の海洋が直面する課題の重大さ，多様性，その性質を踏まえ，既存のガバナンスのギャップを考慮すると，消費者の意識や嗜好を通じた市場主導型のイニシアチブと CSR を通じた業界の自主規制に依存する民間のイニシアチブだけでは，漁業の持続可能性を確保するためには不十分である。海洋生態系への気候変動の影響[32]，零細漁業や沿岸域コミュニティの漁業資源への公正なアクセスなど，地球規模や地域レベルでの食料安全保障および公衆衛生[33]，また，水産物サプライチェーン全体での基本的人権の保護[34]に関する問題を解決するためには，私たちのグローバルな水産流通システムにおける体系的，

構造的な転換が必要である。

　ルンド＝トムセンとリンドグリーン（Lund-Thomsen and Lindgreen）[35]は，CSR における「コンプライアンスの枠組み」から，サプライチェーン全体で企業と地元パートナーとの長期的な協力や人材育成への投資を重視した「協力的な枠組み」へ移行する必要性を説いている。こうした協力的なアプローチは，グローバルなバリューチェーンにおける力関係を変えることはできないかもしれないが，買主が公益に対する義務を明確にし，地元供給者との間に正式なパートナーシップを結ぶことができれば，公平な利益の配分と買主の説明責任に関して進歩が見られるはずである。幅広い環境や社会経済的条件の下で操業している水産業界においては，このような転換こそが長期的な産業の持続につながるのである。

第11章　人類最後の共有財産：海の未来の（再）構築[1]

キャサリン・セト，ブルック・キャンベル[2]

11.1　はじめに

　地球全体の海洋に関する近年の研究では，社会自然システムとしての海洋の機能が，多様かつ大規模で，非常に不穏な変化をしていることを強調している。引用頻度の高い研究事例を見ると，世界の魚資源量はおおむね減少しており，評価対象の商用魚種の90%において，漁獲量が最大持続生産量に到達している，もしくは乱獲状態に陥っていることが示唆されている[1]。他の研究では，汚染，生息域の喪失，その他の人為的負荷に加え，この体系的で長期的な生産過剰状態が継続していることによって，海洋生物多様性は全般的に低下していることが指摘されている[2, 3]。さらに，他の複数の研究からは，気候変動をはじめとする地球規模の環境変化因子によって，海水温上昇，海面上昇，海洋酸性化，強い風雨を伴う台風などの低気圧の増強，生態系の単純化および劣化，また，前例のない生物物理学的性質の破綻が世界の主要な海域のほとんどで起きることが示唆されている[4-7]。人間，そして人間とつながりのある社会自然システムへの影響に関するさらなる予測をする際に，海洋システムについてのこうした憂慮すべき研究結果に注目が集まっている。最近の文献では，海洋システムの劣化を，食料安全保障や食料主権の問題[8-11]，生業の喪失[12,

---

1) Katherine Seto and Brooke Campbell, The last commons: (re) constructing an ocean future. Ch. 35, pp. 365-376.
2) Australia National Centre for Ocean Resources and Security (ANCORS), University of Wollongong (豪・ニューサウスウェールズ州ウロンゴン)

13]，紛争[14, 15]，人権侵害[16, 17]といった多様な社会的結果と結び付けている。

　これらの研究は，いずれも，私たちが今後体験することになる「未来の海」を理解するために不可欠な根拠を示している。しかしながら，自然と人間社会の関係性の未来とは，究極的には人間のシステムと行動を構築し直すことである[18, 19]。これらの関係性を築き，両者をつなぐ基本的な考え方の 1 つが，所有権の概念である。マンスフィールド（Mansfield）の表現を借りれば「所有権は，さまざまな形態の自然を制御する主な手段となった」[20]。「所有権」自体が，有形物を持つことではなく，社会的関係として理解されており，多くの場合，「慣習，不文法，法律に基づき，社会または国家によって執行される主張であり（中略），人と人の間の政治的関係である」と定義される[21]。したがって，空間（海など）も資源（魚など）も，それ自体が本質的に「所有物」という訳ではなく，権利を付与することによって自然と人間社会の関係性の中で「所有物」として明確化され，「所有権」の対象となるのである。

　この数十年の間で，私たちの海洋空間や海洋資源についての考え方には著しい変化が見られた。新たなガバナンスの組織や方法によって新たな所有権の体制が動きだし，個人，コミュニティ，政治経済システムに一定以上の影響をもたらした。初期の頃は，海洋の所有権に関するさまざまな取り決め（自由利用，地域共有，個人所有，国家所有など）が支配的であったが，現在は，海洋の所有権の構成についても，これまで対象とされていなかった種類の「自然資本」の囲い込み，私有化（privatization），商品化，市場化などに見られるように，陸上で確立されている新自由主義的な政治経済関係との類似性が増していることが分かっている[22-25]。農業政治経済学，政治生態学，批判的自然地理学，環境ガバナンス理論の研究文献には，こうした新自由主義的構造が，資源格差の拡大や富の集中をもたらし，貧困状態にあり社会に取り残された個人やグループから所有権を収奪している多くの事例が示されている[26]。

　本章では，海洋空間や海洋資源の囲い込みがどのようにして発生したのか，また，それを拡大させることにつながった議論とはどのようなものだったのかを検証していく。そして，これらの囲い込みを生み出した関係者が当初思い描いていた目標や期待と実際の結果を比較したうえで，特に開発途上国や社会に

取り残された人々にどのような影響が及んだかを明らかにしていく。さらに、囲い込みの性質とその社会的影響の双方において、私有化が果たしてきた役割に注目しながら、現代の海洋の囲い込みの2つの傾向を簡単に検証する。最後に、人間と海の関係を管理していくうえで、1つには新自由主義的アプローチの支持が継続された場合、2つには公正性やエンパワーメントに関する目標を中心に据え、意図的に海における自然と人間社会の関係性を再構成した場合、という想定される2通りの「未来の海」を比較し、結論を示す。

11.2 「史上最大の単一所有者による囲い込み」：
変わりゆく海洋管理体制

　海洋空間における所有権を明確化しようとする取り組みは、「領有域の創出と損失に関する課題」として何千年にもわたって行われてきた[27-29]。これらの取り組みは、当初は局所的で小規模だったものの、16世紀から17世紀初期に、ヨーロッパの複数の権力者が海の領有権を広く主張するようになると、法的な議論がなされるようになった。今日では、この議論が、現代の海洋における所有権の土台になっているとされている[27, 28, 30]。歴史的背景として注目すべき点は、この議論が、国家による慣行が対立する時代に生まれたことである。当時、ヨーロッパの一部の国（イギリス、スペイン、ポルトガルなど）が、資源占有と海洋空間支配の拡大によって国益を増大させようとしていた一方で、他の国々（オランダなど）は、航行の自由と資本主義貿易を促進するために、自由に利用できることを求めていた[27, 30]。当時の思想家たちが、このように相違する理念への支持を獲得しようとする中で、2つの相反する見方が議論の特徴となった。1つ目は、フーゴー・グロティウス（Hugo Grotius）が提唱した「自由海論（*mare liberum*[3]）」であり、海洋を独占してはならないと強く主張している。その第1の理由は、海の持つ壮大な豊かさであり、第2の理由は「すべての所有権は占領により生じたものであるために」海を占領することができないからには独占もできないというものである[31]。一方、ジョン・セ

---

3) イタリック体は原文から。著者はこれらの単語が恣意的な意味を持つことを示唆している。以下も、イタリック体は同様の意。

ルデン（John Selden）による「閉鎖海論（*mare clausum*）」は，国家による海の
囲い込みと支配は合法であるだけでなく，古くからの慣行であると主張した
[32]。当時のヨーロッパを中心とした議論で，グロティウスの考え方が主流に
なった理由は，グロティウスの理論構成が優れていたこと，また，セルデンの
いずれの主張（海の囲い込みが合法であり，慣行であるという）も当時の状況か
らは明らかに限界が見えるものであったことにある。社会的関係としての所有
権は，権利者による所有権の主張（「これは私のものである」）と，権利を持たな
い者による所有権の許容（「これがあなたのものであるかのごとく行動することに
同意する」）によって成り立つ[20, 33, 34]。フリードハイム（Friedheim）らは，
17 世紀の海洋の囲い込みについての国家の主張は，まさに次の 2 点によって
失敗したのではないかと述べている。1 点目は，国家が囲い込みを主張した海
域での活動を実際に管理する能力が当時は限られていたという点であり，2 点
目は，こうした主張の受け入れを他の国家が拒否したという点である[30, 34]。
当時の海洋についての認識は，領有されないものであり，境界がなく，無限に
広がっていて，豊かであるというものであったため，囲い込みという概念が必
要とされておらず，適していなかったのである[34, 35]。

　この自由海論的な考え方が長い間主流であったが，20 世紀半ば，この考え
方に伴う条件や議論が転換するきっかけとなる変化が起こった。まず，船舶技
術や監視能力の急速な発達により，海洋空間を独占，支配する能力について，
国家の認識が根本から変わったのである[34, 36]。この変化と同時に，海洋の
囲い込みに対する全般的な受容性も大きく転換した[30, 37]。そして，国家に
よる領海の「支配能力（*ability*）」が認識されたことに加え，環境と経済につい
てのグローバルな議論の結果，囲い込みの「必要性（*necessity*）」が提案される
ようになった。法理論学者の間では，それまで何百年にもわたり，海は「無主
物（*res nullius*）」（誰も所有権を持たず自由に利用できる資源など）なのか，それ
とも「万人の共有物（*res communis*）」（共通遺産などの共同所有物）なのかとい
う議論が続いていた[34]。これは，所有権に関する取り決めが何もない「オー
プンアクセス資源」なのか，それとも共有権に関する取り決めの下で共同管理
される資源なのかという違いを巡る議論であったと理解されている[18, 38]。
20 世紀には，この議論は，「オープンアクセス資源」としての海洋資源に関す

る議論にほぼ完全に移行した。海洋資源は，ギャレット・ハーディン（Garrett Hardin）の「コモンズ（共有地）の悲劇」が言うところの過剰搾取に弱く[39]，さらには，独占的利用が可能であると各国が認識するようになるにつれて経済的可能性を失う危機にもさらされていた[36]。海洋とその恵みを「オープンアクセス資源」という枠組みで見れば，過剰搾取と資源枯渇を招くことが不可避であったため，アクセスの制限，あるいは潜在的な経済投資と持続可能性を確保するための所有権の導入が必要となったのである[18, 20, 25, 40]。

　こうした新たな議論の前提が，所有権の必要性であり，これは現在も根強く残っている。この必要性は，国際政策や国内政策の転換によって徐々に具体化され，「海洋法に関する国際連合条約」（国連海洋法条約 [United Nations Convention on the Law of the Sea: UNCLOS]）の成立につながった。UNCLOS は，沿岸国に対し，200 海里に及ぶ大陸棚および排他的経済水域（Exclusive Economic Zone: EEZ）の資源に関する主権を認めた。これは「史上最大の単一所有者による囲い込み」と呼ばれている[27]。これまで一度も主権が存在していなかった場所で，各国の主権を認めるというこの転換は，想定通り，想定外，その両方の結果をもたらした。これらについては，次節で検証していく。

11.3　持続可能な効率性か不公平な所有権の収奪か： 新自由主義的囲い込みの足跡をたどって

　「誰のものでもない海」から「国家所有物としての海」へと所有権管理体制が転換したことは，世界の海の権利に実質的な変化をもたらした。UNCLOS が成立しただけで，世界の海面の 36%，海底の 3 分の 1 以上，そして水産資源の 90% が国家所有物として囲い込まれた[36, 41, 42]。一方で，これらの重大な変化によって，海の管理に関する理論的な体系や規範的な枠組みにも影響がもたらされた。しかし，アルコック（Alcock）は「この変化によって引き起こされた現在進行中の所有権体系の進化を完全に理解できている者は少数である」と述べている[36]。海洋の恵みを個別の国家の所有物へと移行させたことにより，人類史上はじめて，国家が自国の EEZ 内において，陸上での地代に相当する対価を徴収することが可能になり，EEZ 内の空間や資源を利用また

は入手したい者に対して料金を課す権利も与えられた[27]。当時主流であった水産経済や所有権に関する理論では，この権利と責任の付与により，持続可能性に関連した投資が増え，資源がもたらす利益が最大化されると唱えていた[43, 44]。ところが，さまざまな研究者がすでに示しているとおり，国家による海の支配は，資源管理強化や市民の福利向上をもたらすどころか，新自由主義的な利益最大化のためのインセンティブを生んでいる。実際に，国家による海の支配は，「完全な権利」，すなわち全面的に私権に移行するための前提条件にすぎないと主張した者は多くいた[45]。フリードハイム（Friedheim）は「第3次国連海洋法会議での専門家による議論のごく初期段階から，特定の利害関係者のために最大限の空間や資源を囲い込み，排他的な利用，入手の権利を与えることが狙いである（中略）議論に参加していた者の一部の望みは，そのさらに一歩先にある，国家の力によって所有権，利用または入手の権利を私有化することであった」と述べている[41, 46]。その後出てきたのは，工業化，資本化，補助金交付に関する複数の大型プロジェクトであり，これらは地域社会の資源とその利用者を守るどころか，伝統的な組織や慣習を度々危機にさらし，結果的には資源の搾取量を増やしたうえ，それまで隔絶されていた空間にも新たな産業界のプレーヤーを送り込んでしまった[36]。

　陸上のシステム（農業，畜産業，林業など）では何百年にもわたって見られる囲い込みや私有化に伴う社会的コストの多くが，最近では海洋システムにも現れてきた。これらについての研究では，私有財産権は，その保有者に対する投資や安全保障を増大しうるものの，権利を付与されていない者に対する暴力や追い立てのプロセスが伴うことが説明されている[20]。英語には「a high tide raises all boats[4)]」という慣用句があるが，実際にはそうではなく，私有財産権の創出によって格差が拡大し，富の集約を招くことが，数々の研究から示されている[47, 48]。海洋システムにおいては，私有財産権を導入すると，伝統漁法従事者や小規模漁業者[23, 49]，女性[50]，開発途上国，小島嶼開発途上国，先住民[51]が社会からさらに取り残されるということが，複数の事例によって明らかになっている。以下に示す海洋漁業と「blue growth（ブルー成長）」

4）上げ潮は船をみな持ち上げる。景気が上向けばみながその恩恵を受ける。

業界の2つの事例は，現在の海洋の囲い込みの広汎性とその社会的影響に対する意識の高まりを明示している。ここでは，現状の海洋の所有権の配分，資源の利用，ガバナンスの意思決定の背後にある権力やアクセスの力学の再構成において増す私有化の役割に注目していく。いずれの事例でも，権力が弱く資源への依存が大きい人々にもたらされる社会経済的結果には類似性があることが強調されており，世界の海洋資源を公正に利用するという未来の全体像には懸念が多いことが示されている。

11.3.1　譲渡性個別割当の台頭と公共財の私有化（privatization）

20世紀半ばには，EEZが制定され，権利に基づく漁業についての議論が生じたことで，多くの国が，それまで公共財であった資源を利用または入手する権利を商品化，制限，管理する市場ベースのメカニズムを構築して維持し，自国領海内での漁業権の私有化に着手しようとした[25, 52]。漁業権を確保するための私有化メカニズムとしてよく用いられたのが，譲渡性個別割当（Individual Transferable Quota: ITQ）制度である。ITQとは，規制者（すなわち政府）がある期間について漁獲可能量（Total Allowable Catch: TAC）を設定し，民間経営体に対してこの一部を割り当てるというタイプのキャッチシェア制度である。漁獲が割り当てられた者は，設定された条件によって割当量を購入，売却，貸与することができる。ITQ制度およびこれをアレンジしたものは，1970年代から1990年代に，カナダ，米国，アイスランドといった北半球の先進国やニュージーランドで広く奨励され実行された[52]。ITQ制度が，資源管理を促進する機能を果たすためには2つの前提が段階的に満たされるべきであると想定されている。まず，漁業権を割り当てられた個人やグループが，合理的で経済性を重視する経営体であること。次に，その経営体が，営利的な漁業を永続して実施するために，自らの独占的所有権の保持に努める傾向があることである。これら2つの前提に立って，国際的な市場競争が，余剰生産能力を抑制することで，過剰漁業を緩和するとされる。結果的に，効率性の低い漁業者は市場から排除されることになるが，彼らが自主的に漁場から撤退する前に，保有している漁業権をより効率性の高い漁業者に売却する機会を得るという仕組みと，その独占的所有権を守るために経営体は管理保全を進めるという理論であ

る。

　世界の漁業における持続可能性に対するITQ政策の最終的な効果については，意見が割れている。多くの経済学者は，こうした政策が実際に資本の過大評価を抑えて操業効率を高め，長期的な計画作りを促進したと強く主張している[36, 45, 53, 54]。一方，ITQ制度のような所有権に関する構想が，資源保全の動機付けを生み出すという説得力のある証拠が見つからないとする者もおり[55]，そもそもITQ制度が，資源の保護を重視しているという証拠もないとする者もいる[56]。次第に明確になってきているのは，資源利用権の統廃合によって増大したITQ制度が，社会的悪影響を及ぼしている記録が多く存在する点である。

　ITQ制度は，その本質として経済的価値を優先するため，社会的，文化的価値については，経済効率を達成するための「トレードオフ」として周辺化される。この経済的な機能モデルでは，多くの小規模漁業の従事者とその利益の社会文化的倫理観に対する配慮が欠如している[55]。そのため，ITQ制度が資源分配の面でもたらした負の影響は，操業時に価値のバランスを優先することがあるために「非効率」で「非合理的」な先住民漁業や小規模漁業に従事する資源利用者に最も深刻に降りかかったのである。こうした人々は，多くの場合，生計を立てる手段として漁業に大きく依存しており，またITQ制度の枠組み内で操業する裕福で潤沢な資本を持つ経営体と漁業利益をめぐって競争したとしても太刀打ちできない[25, 52, 55]。

　カナダ，米国，ニュージーランドにおけるITQ漁業の歴史を端的に再考察すると，国家の支援を受けた割当量の所有権の整理と垂直統合（同一の会社組織によって生産や流通販売工程を統合し，市場の独占支配を促すシステム）によって，民間企業が，ITQ漁業の大半を所有する事態が広く発生した様子が示されている[25, 47, 49, 51, 57]。その後，この力は，国家の領海内で漁業権を割り当てるための新たな条件を思いどおりに定めるために行使された。民間企業が，力の弱い小規模漁業従事者に対し，統合された漁獲配分を法外な価格で再び貸与した事例や，漁業権が海外企業に売却されたために地元関係者が完全に締め出された事例なども見られた[47, 48]。こうした企業による統合や締め出しと，それらが先住民や小規模漁業者のコミュニティに与えた負の影響があまりにも

急激なものであったため，一部の国では，漁業権の移転や統合についての上限の設定，ITQ の一時停止といった形で ITQ 市場に介入した[25, 47, 57]。現在もこうした ITQ 漁業の多くが何らかの形で存続してはいるが，その社会文化的コストは多大なものである。例えば，カナダのブリティッシュコロンビア州では，漁業権の大半を所有する企業が，獲った魚をより安価に加工するために海外に出してしまったため，沿岸域の歴史あるサケ缶詰業界は完全に崩壊してしまった [55, p. 4]。権力の統合が小規模な伝統的漁業に及ぼす影響の先には，ITQ 制度の実施に伴う伝統的な文化価値や慣習の破綻，ひいては，その違法化が露見する[49, 51]。例を挙げると，米国アラスカ州では，ITQ 漁業に参加し続けるための高額な費用が原因で，乗組員同士の絆や血縁に基づく操業と資本の継承に関する伝統的な関係に亀裂が生じた。また，外部からの経済的バックアップがある者とない者の間の階級格差も拡大した[49]。ブリティッシュコロンビア州のオヒョウ漁業とサケ漁業では，乗組員の給与や福利厚生は二の次にされ，船の所有者に富が集中する事象が見られた[52]。現在，ニュージーランドでは，先住民であるマオリの漁業者の多くが，漁獲割当量の相当な割合を所有しているにもかかわらず，構造的に漁業，水産加工業，水産物の販売業から排除されているのである[51]。

　ITQ 制度は，漁業権の私有化，市場化を事業とする。排他性が擁護されることにより，必然的に他者が負担を負うことによって一部の者の権利が優先される点を考えると，国家が，この行為を「公共の福利のために」奨励することは矛盾している。マンスフィールド（Mansfield）は「（私有化の）すべての形態が，かつて公共の資源として，漁場に依存していた人々の選択肢を必然的に狭める一方で，要件を満たす者には富を与え，彼らはそれを用いてさらなる富を得ることができる」と記している [25, p. 323]。経済効率を「合理性」と漁業の本質的な価値における最大の基準と見なして重視するどころか，経済効率を漁業の唯一の価値と見なす状況が続いていることを考慮すれば，細心の注意を払って設計された ITQ 制度であっても，その機能を享受する対象としては利益主導型の関係者や企業が好まれるため，漁業に内在する経済効率以外の価値（食料安全保障や地域社会への公益）が十分に反映されるかどうかは不透明なままである。

11.3.2　海洋保護区：海洋を救うために囲い込むことの社会的コスト

　1992 年に「生物多様性条約」が採択されたことによって，生物多様性の保護および保全の名の下に，国家が主導して公共資源を囲い込むという新時代の到来が告げられた。世界中の陸上での保護区や国立公園の指定に続いて起こった私有化，収奪，占有，権力の占拠のパターンについては相当な注目が集まったが [57-60 など]，海洋空間における同様の傾向についての文献は最近になってようやく出始めた程度である [61-63 など]。海洋と陸上での保全主義の囲い込みが及ぼす社会文化的な影響の類似点に関するこの注目の高まりは，各国が，グローバルな生物多様性保全政策のコミットメントを果たすことに再び関心を高めているタイミングで起きている。

　2010 年に生物多様性に関する「愛知目標」が承認されたことに伴い，世界中の沿岸域，海洋域の 10% を保護目的でひとまとめに「確保しておく」ことに 200 カ国近くが合意した[64]。一部の研究者は，こうした目標が，国家が公共資源を囲い込み，「閉鎖された」空間内で地元の人々への相談なく，立ち入り禁止の海洋保護区（Marine Protected Area: MPA）を制定するための論拠と正当化の理由をもたらしてしまったと主張している[65, 66]。海洋保全のための空間の「指定」は，その意図とは関係なく本質的には「資本の本源的蓄積」の一形態であり，公共資源を私有資源に変換し，海洋空間の利用と海洋の恩恵の自由な利用または入手に関する権利を従来の資源管理者から収奪する。またそのほか，力の均衡と資本蓄積が，地域社会や社会から取り残されている集団（女性，漁業者など）から，より権力を持つ者へと移されてしまうということが，ホンジュラス，ケニア，マダガスカル，マレーシア，タンザニア，インド洋での事例で示されている[61-63, 66]。ベンジャミンとブライスソン（Benjamin and Bryceson）が記したとおり，こうした力のある関係者の大多数は「貸借料目当ての政府関係者，国をまたいで活動する保全団体，旅行業者，国家」などである[61]。昨今，注目されている海洋保全目的の囲い込みと資本蓄積の傾向，また陸上での「環境保全名目での収奪（green grabbing）」の間の類似性から，「海洋の収奪（blue grabbing または ocean grabbing）」という言葉が生まれた[67]。

　小規模沿岸漁業を営むコミュニティは，とりわけ海洋生物多様性のイニシアチブによる社会的打撃を多く受けながら，それに耐えてきた。そして，中でも

最も影響を受けてきたのは，女性である。マレーシア，タンザニア，マダガスカルといった国では，乱獲と資源劣化に反対する意見が，MPA制度の実施を正当化するために使われてきた[61, 62, 66]。これは，ITQ制度によって領海内の囲い込みを正当化しようとするために，「非合理的」で「誰に対しても開かれた漁業」に反対する意見と同調する形で現れた動きである。これらの国（およびその他の国）では，MPAという名の下に，国家だけでなく，時には沿岸コミュニティ自らが承認した禁漁区域，漁具規制，立ち入り禁止区域といった仕組みによって伝統的小規模漁業を制限したり，全面排除に追い込んでいる。このような収奪に際して，企業が営利目的で管理する「海洋エコツーリズム」によって，代わりの生活手段を提供することを約束する場合もあるが，それらは必ずしも守られるわけではない[61, 63, 66]。MPAは，本質的には旅行会社に，そして間接的には国家そのものによる資本蓄積に手を貸しているのとまったく同じであり，小規模漁業が国家所有の自然資源から利益を得る機能を奪うものである。

保全活動の優先事項が，社会文化的な配慮よりも重視されてきたことを示してきたが，私たちは保全が良くないと言いたいわけではない。また，保全によって社会，経済，環境に対して恩恵をもたらすことができないということを示したいわけでもない[66, 68]。また，沿岸コミュニティの歴史的慣習が，理想的で無害であり，常にすべての人の参加を保証していると言いたいわけでもない。私たち，そして近年増えている研究事例が示しているのは，政策立案者は，海洋保全が人間に非常に本質的な影響を与えるものであることを理解したうえで，海で排他的な囲い込みをすることによって生み出される社会的に不平等で不正義な結果を認識し，回避するために，取り組むべきことがあるはずだということである。

11.4 未来の海を選ぶ

本章では，海洋空間や海洋資源の囲い込みと私有化に関する近年の一連の傾向を紹介した。そして，こうした海洋所有権の体制の移行によってもたらされた実質的，理論的および規範面での影響について議論し，特定の個人やコミュ

ニティが受ける変化の不公正さに注目してきた。この近年見られる経緯についての批判的分析に基づいて「未来の海」を検討することが本章の最後の役割である。

　「これまでどおり」のやり方を続けるというシナリオでは，私たちの未来の海は，陸上に生じた過去の状態によく似たものとなる。植民地支配の歴史に基づき，海洋空間の商品化，私有化，市場化について，現在見られる新自由主義的な原則に沿った姿の海になるであろう。鉱業，農業，林業における陸上の資源に関する最近の傾向を踏まえると，この新自由主義的な海洋の未来では，海洋資源の恵みが，最大限「高効率な」経済的利用を目指す権力，影響力，資本を持つ特権的な者の手にわたることが予測される。その結果，この「新自由主義的な海洋の未来」においては，特権的，排他的な資源アクセス権を持つ者が海洋システムからさらに多くの恩恵を得ることができる一方で，これらの権利を持たない者は多様な恩恵（栄養，雇用など）へのアクセスを大きく失い，結果として資源格差が拡大するという見通しが出ている。この効率性，私有化，独占的権利を重視することによって，海洋空間とその利用についての伝統に基づく主張が弱められ，経済に関係しない価値や慣習が置き去りにされたり，違法行為として禁止されてしまう可能性がある。

　私たちは，これとは対照的な「代替的な海洋の未来」を提案したい。この未来では，研究者，実務関係者，政策立案者，他の海の利用者グループが，目的を持ち，公正性やエンパワーメントに関する目標を中心として，海をめぐる自然と社会の間の関係を形成することを目指している。ここまで述べたように，特定の価値やその関係者を他の価値よりも重視することのない，客観的かつ理想的な所有システムや管理システムは存在しない。新自由主義的な海洋の未来では，私有化と収益の最大化を重要視し，経済と関係のない価値については，トレードオフによって経済効率の犠牲となる。しかし，このアプローチが優勢だからといって，変更できないわけではない。経済効率以外のさまざまな原則が，自然資源に関わる権利と責任を形作っており，その多くが公正性や分配の正当性の原則（資源への依存度合い，開発の状態，文化的重要性に基づく権利の配分など）に基づいている。こうした原則は，沿岸域の小さな町村部だけでなく，グローバルな資源管理体制の中でも生まれており，新自由主義的政策がもたら

す結果を認識して，海からのさまざまな恵みを取り戻そうとする動きがある。これらの自然資源の管理体制は，地域社会による管理がもたらす利益を積極的に回復しようとしており，本質的には，海洋資源を万人の共有物として復活させることを図っているのである。いつ誰が利用すべきかについての判断なくして，限りある海洋資源を利用することはできない。しかしながら，暗黙のうちに資源利用の「最適化」や「効率性」を隠れみのとするのではなく，資源の公正性についての価値観を選び，それを明確に反映した判断を下すことはできるはずである。それによって，単に社会的成果が改善されるだけでなく，人間の福利と未来の海の間にある，切っても切れない絆を尊重した，総合的により良い成果につながるのではないだろうか。

第12章 国際漁業紛争に関する既知および未知の事柄の検証[1]

ジェシカ・スパイカーズ[2]

　海事領域で発生している脅威は，政策立案者の間で，海洋空間における国家安全保障の未来についての懸念を生んでいる。海洋安全保障上の脅威には，違法漁業にはじまり，海上テロや密輸などさまざまな形のものがあり[1]，その一部は，海上の労働安全を危険にさらす状況を生み出して，人間の安全保障に直接的に影響を与える。魚を中心とした資源をめぐる紛争は，こうした安全保障上の脅威の1つである。それは，国家安全保障が危機にさらされることに加え，漁業水産業への影響を通して雇用創出や栄養供給など人間の安全保障のさまざまな側面に危険を及ぼす。水産資源をめぐる紛争があると，漁業者が安全に海に出られなくなったり，紛争海域の漁獲圧が隣接海域に移動して上乗せされ，近隣漁場の持続可能性が脅かされるなどの事態が起きる[2]。また，水産資源の共同利用を保証することは，将来の海洋安全保障にとって必須であり，環境面でも重要である。これは，漁業紛争によって，水産資源の持続可能性に関して乱獲などの新たな課題が生じるためである[3]。紛争の結果，対立する当事者間で，水産資源の持続可能性を全体的に向上させる積極的な合意に至った事例はある（1985年に調印され1999年に改正された，北太平洋のPacific Salmon Treaty［太平洋サケ条約］など[4]）。しかしながら，典型的なのは，紛争が起きている間に北東大西洋のタイセイヨウサバの乱獲が拡大した事例に見られるよ

1) Jessica Spijkers, Exploring the knowns and unknowns of international fishery conflicts. Ch. 37, pp. 387-394.
2) Stockholm Resilience Centre, Stockholm University（スウェーデン・ストックホルム）. ARC for Coral Reef Studies, James Cook University（豪・クイーンズランド州タウンズビル）

うに[3]，紛争によって，第三者による漁獲が野放しになり，漁獲量の増加が見過ごされてしまうことである[5]。

　本章では，国際漁業紛争の発生の歴史と現在の紛争を助長する要因となっている事柄について，すでに知られていることと知られていないことを精査したうえで（第1節），漁業紛争について分かっていない事柄をいかに考察すべきかを述べる（第2節）。そして最後に，漁業紛争を理解することが，その他の海上の脅威を把握するためにも重要であるということについて議論する。結論を言えば，漁業紛争とその他の海上の脅威は，相互に関連し合って，さらに広域での地域不安定性を生む可能性がある（第3節）。

12.1　国際漁業紛争の詳細

12.1.1　国際漁業紛争の歴史的事例

　漁獲割当量や海洋上の国境をめぐる対立は，第2次世界大戦以降の数多くの軍事衝突を引き起こす要因となってきた（1950年代から1970年代にアイスランドとイギリスの間で起きた悪名高いタラ戦争など）[6]。同時に，近年，より多くの漁業紛争が世界各地で起こっている。例えば，中国と近隣諸国の間にある外交上の緊張は，中国漁船による他国領海，または係争海域への侵入によって顕著になっている[7]。特に，地域全体の人々の暮らしを支える豊かな漁場を擁する南シナ海では，（中国，フィリピン，台湾，ベトナム，ブルネイ，マレーシアによる領有権の主張の対立を背景とした）水産資源をめぐる争いが頻繁に起きており，海上で死者が出ることもある[8]。欧州連合（European Union: EU），ノルウェー，フェロー諸島，アイスランドの間で起きたタイセイヨウサバをめぐる対立からも分かるように，漁業紛争は，開発途上国に限った問題ではない。2007年頃から北東大西洋のタイセイヨウサバ個体群が，グリーンランド海，ノルウェー海，アイスランド海とその近隣の海域において，これまでよりも北西部で産卵し始めるようになると，紛争の口火が切られ，（本章の執筆時点では）いまだに全面的な解決に至っていない[3]。

　地域によっては，紛争の回避または緩和のためのガバナンスの仕組みがある（漁獲割当量の配分や長期間のアクセスが設定されている長期管理計画，紛争解決の

ための国際裁判所の存在，入手可能な水産資源の変動について国家間で補償し合える再配分の仕組みなど)。しかし，こうした仕組みが存在していても，気候変動に直面すれば，紛争を阻止するには不十分である可能性がある。そこで，地域漁業管理機関（Regional Fisheries Management Organization: RFMO）同士の協力体制の強化や国境をまたいで取引可能な漁業許可など，紛争を阻止する新たなアプローチが提案されており[9]，将来の海洋安全保障，国家安全保障，人間の安全保障を確保するためには，こうした新たなガバナンス戦略の施行が必要であると考えられている。

12.1.2　紛争を加速させる要因

気候変動や水産資源の枯渇などの環境的要因は，漁業紛争を助長するとされており，状況はいっそう深刻化している。気候変動は，海水温，海流，沿岸湧昇のパターンなどを変化させ，前例のない海洋生物の地理的分布変化を促進している。魚類については，一部では 10 年あたり 70 km という速度で分布域が移動していると予想されており[10]，こうした移動は，今後加速はしても，収まることはないと見込まれている[9]。北東大西洋のタイセイヨウサバの回遊経路と産卵場所が移動したことで，現在も続く国家間の紛争に火がついた例を挙げたように，魚種が移動することにより，すでにガバナンス上の深刻な問題が起こり，結果として国際紛争が生まれているのである[3]。種の移動を発端とするこのような国際紛争は，今後増える可能性が高い[9]。世界の排他的経済水域（Exclusive Economic Zone: EEZ）では，1–5 種の従来生息していない魚種の個体群が，21 世紀末までに気候変動によって国境をまたいで新たに入ってくる可能性が高く，こうした事態が起きる EEZ の数は，地球の温度上昇に伴って増加するとみられている[9]。

また，同時に野生魚の漁獲量が落ち込んでいることもあり[11]，新たな安全保障上の課題がもたらされる可能性もある。漁獲量の減少と沿岸域の環境悪化は，違法な漁獲競争の動機となりうるが[12]，違法・無報告・無規制（Illegal, Unreported and Unregulated: IUU）漁業の問題は，アジアで深刻さを増しており，特に国境をまたいで密漁を行う中国漁船の問題が，隣接する日本，韓国，北朝鮮によって指摘されている[8]。国際漁業紛争の実例が，開発途上国と先進国

の双方で継続的に発生するにつれ[3, 8, 13]，また，漁業紛争を助長していると考えられる各種要因が強まるにつれ，今後，政策立案者は，水産資源をめぐる衝突が増えることを見込んでおくべきである[9]。

12.2　環境安全保障分野の文献から学ぶ

　将来の漁業紛争に対する懸念が高まっているにもかかわらず，国際漁業紛争の発生頻度と本質（より詳細に言えば，紛争のこれまでの発生頻度，当事者，種類）についての知識は限られている。加えて，発生原因についての既存の説明が「単純すぎる」とされ，水産資源と紛争を結びつける根本的な原因やメカニズムについての一致した見方もない[14, 15]。枯渇性資源だけでなく再生可能資源についても，紛争とのつながりを研究する環境安全保障の分野で進歩が見られ，そこから漁業紛争についての理解を深める知識が得られるようになったものの，水産資源と紛争のメカニズムはいまだ不明瞭である。環境安全保障の中でも，研究者の注目を特に多く集めてきたのは，淡水資源（河川流域など）をめぐる国際紛争であり，漁業紛争に関してここから学べるものは多い[16-19]。

　環境安全保障分野の文献を見ると，研究者らが，資源をめぐる紛争を単純な因果関係で説明しようとするやり方から一歩進んで[19]，「原因の経路は複雑で数多くの追加的な要素によって変わる」ということを認識した研究に移行していることから[20, p. 316]，環境変化（気候変動など）と紛争の間の「直接的な」つながりを想定することは，多くの場合は誤りであるということが分かる。例えば，淡水や土壌といった再生可能資源の枯渇と紛争の間の直接的なつながりの存在については，批判の声が大きい[21]。研究者は，環境の悪化は政治，経済，制度の機能不全の副次的作用であるため，直接的つながりを導くことは不可能であると主張している[22-25]。セター（Seter）らが，サハラ以南のアフリカの乾燥気候とステップ気候の地域における，資源利用者グループ間の紛争発生理由を分析したところ，検証した 11 のケーススタディでは，（干ばつによる）資源枯渇といった環境要因の影響はわずかであり，これらが重要な要因となるケースは 1 つもなかった。また，紛争の激しさを説明できる環境要因もなかった[26]。

　それでは，一般的に漁業紛争を助長すると考えられる枯渇などの要因が持つ潜在的リスクとともに，国際漁業紛争の発生頻度と本質について理解を深めるにはどうすればよいのだろうか。まだ検証されていない根本的な空白がいくつかあり，それを埋めるのに役立つ知見が，環境安全保障分野の文献に含まれている[14]。1つ目は，漁業紛争の異なる激しさ（取引または輸入の禁止なのか，船舶の拿捕または暴力行為なのかなど）を区別する厳密な定義を共有できていないため，漁業紛争の識別と特徴づけに基づく比較ができないという点である[14]。本章の著者らは，ヨッフェ（Yoffe）らによる BAR 評価指標（淡水資源に関する環境安全保障分野の文献）[17]に基づいて，紛争強度に関する5段階評価を構築している。この評価では，各強度がそれぞれ異なる観察可能な行為や行動と結び付けられており，これらは漁業紛争の他の評価指標にも拡大することができる（表 12.1 参照）[14]。

　2つ目は，漁業紛争に関する研究には，一般的に非線形的あるいは動的なフィードバック，さまざまな原因，影響，不確定要素などを厳密に認識できる理論上の枠組みが欠けているという点である[14]。この理論上の枠組みの欠如により，因果関係はしばしば線形的に示されている。環境安全保障分野では，従来の直接的な因果関係の仮説から，自然資源，環境変化，紛争へと至るまでの経路に影響を与える無数の不確定要素（社会経済的，生態学的，政治的なものなど）を認識しており，研究内容はより一層詳細な因果律へと進化しているにもかかわらずである[27]。環境安全保障分野の文献で扱われている紛争の「仲介要因」としては，1人当たり国内総生産（1人当たり GDP）と国の体制[28]，脆弱な生活手段，貧困，弱い国家と出稼ぎ労働[29]，開発，国家の体力と機能不全の制度[25]，制度設計[30]などが挙げられる。漁業紛争に関する研究もこれに倣い，他の分野で見られた進歩をもとにさらに進めていくべきである。そして，紛争の根底にある因果律に関する結論を短絡的に導かないようにするため，紛争を助長しうる複数の要素やフィードバックの機構を総合的に評価することで，原因の複雑性を認識して厳密に対応するべきである。これと関連するのが，海洋システムの複雑性と紛争とのつながりを説明する際に，より高次なシステムで使われる用語の使用が少ないことである（例えば，「感受性 [sensitivity]」，「フィードバック [feedbacks]」，「そこを超えると一気に状態が変わり，変化が止ま

表12.1　見られた行動や行為の強硬度

強硬度	概　要
5	死者を伴う軍事行動
	外国船，外国船員または外国の海上警備隊への死者を伴う攻撃
4	軍事行動
	外国船，外国船員または外国の海上警備隊への死者を伴わない攻撃
3	政治・軍事的敵対行為
	警備艇や軍艦の派遣
	船舶や乗組員の拿捕・拘束
	漁具の破壊
	国境警備強化
2	外交・経済的敵対行為
	既存の合意の違反または不履行
	訴訟
	裁判
	国際仲裁の要求
	取引の禁止
	漁業操業の禁止
	水揚の禁止
	罰金の要求
	港湾閉鎖
1	やり取りにおいて不和または敵対心をあらわにする発言
	合意形成の失敗
	威嚇的な要求および非難
	威嚇的制裁
	具体的な行動，態度または政策への非難
	政策変更の要求
	市民による抗議行動
0	軽微な行為

[14]より一部改変。

らなくなるような値または点［tipping points］」，「閾値［thresholds］」など）。これ
も，研究者たちがこれまで漁業紛争に対して過度に単純化した見方をしてきた
ことを反映している[14]。

　3つ目は，漁業紛争に関する研究のほとんどが，単一事例の定性的ケースス
タディによって結論を導いているために，文献によって手法の違いが生じ，漁
業紛争の発生頻度，本質，原因というバックグラウンドを評価するための総合
的な定量的研究が実施されていないという点である[14]。一方，淡水資源につ
いての紛争に関する文献では，紛争についての定量的なメタ解析的研究の事例

があり，（例えば国際水資源紛争データベース［Transboundary Freshwater Dispute Database］の活用などにより）異なる年代に行われた複数のケーススタディをまたぐつながりや動態に焦点を当てている[14]。漁業紛争に関するグローバルデータベースの開発や使用など，同様の革新的手法によるアプローチを実施すれば，既存の研究事例の補完，さらには漁業紛争の発生頻度，本質，因果関係というバックグラウンドの理解を深めるために必要な定量分析に適した大規模で比較可能なデータが得られるはずである。

12.3　海上の脅威と地域不安定性

　漁業紛争，違法漁業，武器や麻薬の密輸，海上での強制労働をはじめとする海上の脅威が互いにつながっているという認識は高まっており，これらの脅威と海洋安全保障の間のつながりについての理解を深めようとする試みが実施されている。こうした脅威と海洋安全保障の関係に関する文献が急速に充実したことで[31]，研究者は，広義の海洋安全保障の文脈における漁業紛争の役割について，より多くを学べるようになった。例えば，ポメロイ（Pomeroy）らの研究では，特定の海上の脅威，要因，条件をつなぎ合わせて「魚をめぐる戦争のサイクル（fish wars cycle）」と名付け，その状態を説明しようとした[13]。このような研究では，東南アジアなどの地域では，IUU 漁業によって，国家間の外交関係，時には軍事的緊張が悪化して海上での衝突が生じ，奴隷労働，麻薬や武器の密輸なども恒常化し，海洋生態系や脆弱なコミュニティが不安定になるということが示されている[13, 32]。海上の脅威が互いに絡み合い，より広範で地域の不安定性を引き起こし，危険の引き金となることは，（例えば，人口の大半が漁業セクターで経済活動に従事していることなどによって）人々が脆弱で，ガバナンスが弱い（ために自国の EEZ の統治ができていない）地域で特に大きな問題となることも指摘されている[2, 33]。しかし，こうした地域の不安定性や不確定要素（と不確定要素間のつながり）を把握することは困難である。したがって，水産資源（あるいは石油や鉱物資源などの自然資源をめぐって対立する主張）は，国家間の外交や軍事行動に火をつける引き金となるのだろうか，それとも，こうした資源に関する紛争は「単なる結果」にすぎず，海上での軍

事的優位性，地域の覇権，領土や領海の所有権をめぐるさらに根深い戦いの代理戦争なのだろうか，という問いに答えることは非常に難しい。

　海上の脅威が互いに絡み合い，広域での地域不安定性をどのように生み出すのかを本当に理解するためには，さらなる詳細な研究が必要である。こうした絡み合いについての大規模な根拠を示すことができれば，明確であるとされる前提を裏付け，その細かな見直しを図ることができる。そして，海の安全保障を確保するための海洋政策を構築することが可能となり，これまでよりも詳細な知見を得ることができる。大規模な根拠は，一部の国では国家海洋安全保障戦略の重要な要素であると認識されている。例えば，イギリスでは，海洋空間におけるガバナンスの効果を最大化するために，情報収集，データ分析，懸念材料となっている海上の脅威の特定を総合的に実施している。そして，海洋安全保障分野の研究者は，海上の脅威に関する大規模で比較可能なデータを収集する新たな手法を検討し，政策立案者が，海の地域不安定性を助長する要因を理解できるような，より現実的なモデルを開発することによって，政策の策定に寄与する役割を担っているのである。

第13章 ブルーエコノミー：海の社会的公正と持続可能な経済活動[1]

アンドレス・シスネロス゠モンテマヨール[2]

13.1 背景

　「ブルーエコノミー（Blue Economy）」は，政府，国際機関や非政府団体，学術界の文献でよく使われる言葉になったものの，その定義は曖昧なままである。しかし，ブルーエコノミーに関わる議論は，大きく分けると，開発の最終目標，または開発がたどる道筋を指している議論[1]，経済効率とその手法としての海洋空間計画の構築を示す議論[2, 3]，環境の持続可能性と社会的公正の目標を経済開発に組み込むことを主張する議論[1]の3つに分かれる。ここでの「社会的公正（Equity）」という言葉は，開発の影響を受けるすべての利害関係者が計画と実行の過程に実質的に参加することを促し，その結果として開発者の費用責任の明確化と地域関係者へ恩恵を公平に分配することを指す。本章では，「ブルーエコノミー」という言説を取り巻く主要な問題とその影響をいくつか簡単に検証しながら，国際的に認識されるようになったこの新たな海洋開発の概念がどのように「海の持続可能性の発展」に適用できるかについての事例を示していく。本章の目標は，ブルーエコノミーの定義，対象となるセクター，現在進行中の妥当性のある議論に決着をつけることではないが，著者は，「ブルーエコノミー」という言葉は，採算性だけでなく（すべての開発計画にすでに

---

1) Andrés M. Cisneros-Montemayor, A Blue Economy: equitable, sustainable, and viable development in the world's oceans. Ch. 38, pp. 395–404.

2) Nippon Foundation Nereus Program, Institute for the Oceans and Fisheries, University of British Columbia（カナダ・ブリティッシュコロンビア州バンクーバー）

含まれているべき）社会的公正と環境持続可能性を厳密かつ明確に海洋関連セクターに組み込めるような開発の道筋を指すものとして用いられるべきだと考える。

　ブルーエコノミーの概念が国際会議で明確に示されたのは，国連持続可能な開発会議（リオ +20）であり，それ以降，この概念がいくつかの開発の枠組みへと発展した（枠組み同士が競合していることもあるが）[4]。リオ +20 のメインテーマは，生態学的に持続可能で社会的公正を重視した経済開発である「グリーンエコノミー」の枠組みを正式に策定，提案することであった[5]。これには，新たな開発のコストと恩恵を公平に分配することを前提として，温室効果ガス排出を減少させるとともに，地球規模の気候変動，生息域への影響や生物多様性の喪失を抑えることに直結するような技術や農業慣習の開発と実行に向けた大規模な投資を伴う（とはいえ，この公正な分配という視点への注目度が保たれていない[6]）。この提案について，小島嶼開発途上国らの一団が，会議の中で，小島嶼国では利用できる陸地面積が限られているためグリーンエコノミーの枠組みには限界があるということを強調した。一方で，海洋であれば島嶼国でも広い領域が利用できるため，持続可能な開発の基盤として陸の代わりに利用できるのではないかとの意見を示した。海洋資源をグリーンエコノミー（環境影響の削減を伴った経済開発）の考え方に組み込むために，一時的には別の概念や開発計画を示す用語が必要かどうかという議論がなされたものの，結果として，「ブルーエコノミー」というグリーンエコノミーと並列的な用語の採択につながった[1]。

　ブルーエコノミーの概念には何通りかの解釈があるが，本章では，海洋（沿岸域）の資源をベースとして，社会的公正，生態学的持続可能性，経済的採算性を考慮した明確な計画と実行を伴う開発を指すものとして，この言葉を使うこととする。「海洋経済」という用語は，海洋開発の議論で広く使われ，関連性があるものの，その意味は大きく異なる。「海洋経済」は，海洋環境と関係するあらゆる産業がもたらす経済的恩恵（収益，雇用など）を指し[7]，その手法は問われない。一般に「海洋経済」という言葉は，（以下の例でもごく一部だが）漁業水産業をはじめ，観光業，石油やガスの掘削や探査，資源採掘，エンジニアリング，海上利用のためのサービスを提供する技術会社やソフトウエア

会社, 環境系, 海運, 海洋環境再生など, 非常に広範な対象を指す[7]。また最近, ブルーエコノミーと似通った文脈で使われる「ブルー成長（Blue Growth)」という用語は, 海洋経済セクターにおける環境的に持続可能な経済成長を意味する[2]。これらの概念の詳細についても, 以降で議論していく。

13.2　ブルーエコノミーの定義と議論

　本章では, ブルーエコノミーの下では, どの産業においても, 開発のために地元住民を文字通り, あるいは間接的に周辺化（最悪な場合は強制退去などを含む）させてはならず, 地元住民のニーズや考え方を全面的に組み込みながら, 共同で海の開発に取り組まなくてはならないということを一貫して強調したい。しかし, ブルーエコノミーに対する認識や主張は, 開発によって生じる社会経済的影響や環境的影響, ブルーエコノミーが生まれた背景を理解しない（同意しない）政策関係者らによって, 変えられてしまっている。つまり, ブルーエコノミーという考えが登場して以来, その概念自体が多様化し, 枝分かれしたうえ, 海洋開発に関する他の概念と結びつけられており, 既存の産業開発を優先する中で, 社会的公正の問題を明確に重視する姿勢も徐々に失われてきている[4]。例えば, エコノミスト誌が最近発行したブルーエコノミーについての特集号では, 社会的配慮に関する言及がすべて排除され, 代わりに「海洋生態系が経済活動を支えながら回復力と健全性を維持できるよう長期的に負荷を受け入れる容量を持ち, 経済活動との間でバランスが取れたときに, 持続可能な海洋経済が生まれる」としている[8]。また, 世界銀行が最近出した報告書でも, ブルーエコノミーの定義は「持続可能な海洋経済開発」または「海洋資源の利用が持続可能かどうかを共同で判断する幅広い経済セクターからなる（経済)」とされている[2, 9]。小島嶼開発途上国の一部もいくらか提案を変えており, 産業開発を自ら率いることよりも, 他者による産業開発から生まれた恩恵の一部を分けてもらうことに重点を置いている[4, 10]。近年, 確かに, こうした海洋開発計画の多くは, 環境の持続可能性を重視するようになった。しかし, 疲弊する海洋環境の現状と産業が海洋環境に与える影響を考えれば, この動きは, 革命的な視点として扱われるべきではない。強いて言えば, ごく当たり前

のことなので，本来は議論の余地すらないはずである。

　ブルーエコノミーと「海洋経済」をめぐる議論は，多様で競合することもあり，開発戦略としての概念や世界中の国々での実施に関して多大な影響を及ぼす。まず，新たな開発の枠組みの中核的な考え方として，社会的公正を考慮している計画と考慮していない計画とでは，ブルーエコノミーと「海洋経済」に関する解釈の間で根本的な対立がある。この対立は，実質的にはトリクルダウン型開発とボトムアップ型開発の対立に関する議論をそのまま再現している。トリクルダウン型とは，海洋関連産業のうち，ある業界で利益が増えた場合，たとえその大半が一部の人々や民間企業だけに蓄積されることになったとしても，いずれは増加分の利益が社会全体に還元されるという考え方である。また，おそらく環境への影響は生じるが，いずれ新技術によって緩和されると見なしている。これは，「海洋経済」という枠組みでは広く認識され，主張される考え方である。これと対立して，ブルーエコノミーについての当初の提案の中核として認識されていた考え方がある。それは，不平等な経済発展によって，歴史的に一部の人々が社会に疎外され，地域社会が地域の資源の恩恵を得られぬまま産業が資源を使い尽くして去り，その後，長きにわたって環境への悪影響が残ったとするものである。したがって，この根幹を重視すれば，ブルーエコノミーは，より社会的に公正で文化的にも適切な，新しい産業の開発と利益の分配に関するガイドラインの策定（特に「手続き的な正義」として）を必要としているのである。

13.3　ブルーエコノミーの産業セクター

　ブルーエコノミー（対海洋経済）の議論に関して一見複雑なことは，具体的にどの産業セクターを計画に含めるか（または含めないか）という定義についての問題である。例えば，本章で用いている定義は，社会的公正の問題に注目しており，同時にブルーエコノミーは，環境の持続可能性を求めるべきであるという厳密な観点に立っている。この観点からすると，定義上，持続可能ではない海底資源や海底石油・ガスの採掘はブルーエコノミーに含まれないことになる。持続可能な開発のための新たな戦略としての計画に持続可能ではない産

業を含めれば，矛盾を抱えることになり，最終的には枠組みそのものが自滅してしまうというのがその論拠である。しかしながら，決してこれらの産業分野での開発を追求してはいけないと言いたいわけではない。実際に，これらは「海洋経済（ブルーエコノミーとは異なる単に海で行われる産業活動を示すカテゴリー）」に表される海洋開発に確実に含まれるであろう。そして，可能性にのみ言及すれば，既存の，あるいは将来に開発可能と見なされる技術の中には，環境や人体の健康への悪影響を減少させる可能性のあるものが数多く存在する。これらの技術は，開発や研究が行われている産業の枠組みと無関係に，持続可能な海洋経済に有効であるかもしれない

　ブルーエコノミーの概念のうち，経済成長とイノベーションに重きを置くもの（ブルー成長など）では，最も高い投資利益率をもたらす可能性が高いセクターが，一番の関心を集めている（図13.1）。よって，政府間や政府内の計画は，洋上風力発電，水産物取引，インフラ整備などのプロジェクトに重点を置いていることが多い。漁業水産業は，ブルーエコノミーの計画の実行に関して対立する議論，トリクルダウンとボトムアップ，海洋経済とブルーエコノミーの概念が実務に適用される場合に，どのように社会経済的影響が出るのかを示す良い例となっている。雇用（図13.1A）と食料供給[13]の面で最も重要な海洋セクターである漁業水産業は，社会的公正と人間の福利を中核とするブルーエコノミー計画であればどのようなものであれ，当然不可欠な要素となる。ところが，現在は，管理の失敗によって多くの漁業水産業は不採算となっており（図13.1Bおよび[14, 15]），雇用創出能力も限られているため（図13.1A），経済成長や雇用の創出だけに特化した計画と比べると，関心の低い分野となっている[16]。これは，単に異なる包括的目標に起因した優先事項の選択として捉えることもできる。しかし，持続可能な経済そのものは，社会的公正を伴った開発のうえにのみ成り立つという議論を踏まえると，経済利益のみを優先させるという，表面的な選択をしたと考えられる[17-20]。この問題は，規模や分野をまたいでさまざまな利害や関心が絡み合う国連持続可能な開発目標（Sustainable Development Goals: SDGs）の枠組みで，おそらく人間の福利を実現する最善の方法について行われている優先事項の議論と最もつながりが深いであろう。SDGsでは，人間の福利が最終目標であり，経済成長と環境の持続可能性は，

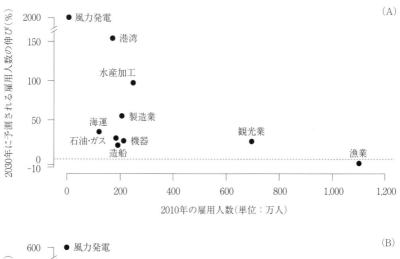

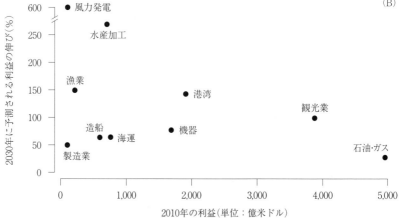

図 13.1　海洋経済セクターが生み出す（A）雇用および（B）利益についての 2010 年時
　　　　点の推測値と 2030 年の予測値。データは[21]から。

人間の福利を下支えしつつも，人間の福利によって促進されているとある[22]。
　環境や経済の問題だけでなく，社会的公正についても明確に組み込んだブル
ーエコノミーの枠組みには，洋上風力発電や潮汐発電，複合的な水産養殖，海
のエコツーリズム（地元への利益と保全の支援の両方を伴う狭義のエコツーリズム
[23]）といった比較的に新しい産業が含まれる。これらは，まだ世界的に広ま

っていない，海を拠点とする産業であるが，同時に新たな指針の下で営まれる
既存産業（漁業など）でもある。ブルーエコノミーは，沿岸域の人々の基本的
要求を満たし，代替生活手段や収入を提供すべきであり，周辺化された沿岸域
のコミュニティでは，特に重要なことである。沿岸域の先住民や[24]零細漁業
者[25, 26]などは，地理的に隔離され，社会経済への支援や保護から取り残さ
れていることが多く，その一方で海洋産業の雇用人口に占める割合が大きく，
海洋経済セクターの大きな構成員となっているからである。歴史的に見て，世
界の沿岸域の最大の食料供給源かつ雇用創出源となってきた漁業水産業がおお
むね衰退している中では，こうした地域とそこに住む人々にとって経済発展は
喫緊の課題である[27]。これらの地域社会にとっての利益としては，例えば，
洋上風力発電用タービンを使えば，他の方法ではコストが高すぎて電力供給が
できないような場所（いわゆる「電化のラストワンマイル」）にも電力が届くよ
うになる可能性がある。また，こうした開発の付加価値として，地元コミュニ
ティにおいて新たな雇用創出の可能性も挙げられる[28]。しかし，利益の分配
は現状では公平とは認められない。事実，国際レベルでは，数社の民間企業に
しか認定も開発もできない「海洋遺伝資源を利用した化合物（医薬品化合物を
含む）の利用」に関する法的枠組みのための交渉が，限られた企業のみを招待
する形で，すでに水面下で行われている[29]。

13.4　ブルーエコノミーの実行

　海洋経済という広い間口に沿って，海洋開発を進めることは，海の経済利益
や雇用に重要な変化をもたらす可能性がある。一方で，社会的公正を優先した
ブルーエコノミーに属する多くのセクターが，すでに世界中に広がっていると
いうことを認識しておく必要がある（口絵図13.2）。その意味において，ブルー
エコノミーが示しているのは，新たな開発に社会的公正や環境の持続可能性の
問題が取り込まれること，そして既存の産業や今後「（環境保全と経済利益を優
先する）海洋経済」にとって重要度が高くなる産業については，その業務やガ
バナンスに変化を求められる可能性が高いということである。おそらくこうい
った種類の変化に対する最大の障壁は，現行の不公正な活動（および持続可能

でない活動）から利益をあげている個人，法人またはグループの固定化された
既得権やそれに追随する政策方針であると思われる。

　海洋関連産業において公正かつ持続可能な形で開発と運営を実行することは，
必ずしも煩雑になるわけではなく，国際的にさまざまな個別の産業セクター向
けのガイドラインやベストプラクティスが存在している。例えば，国際連合食
糧農業機関（Food and Agriculture Organization: FAO）による「持続可能な小
規模漁業を保障するための任意自発的ガイドライン」[26]，「生物多様性条約」
の「愛知目標」に含まれる具体的な条項[35]，「先住民族の権利に関する国連
宣言」[30,31]，FAO の「漁業への生態系アプローチ」[36]，「責任ある漁業のた
めの行動規範」[37]，そして，はるかに広義にはなるが，異なる規模を横断す
る枠組みとして非常に役立つ，国連の「SDGs」[38]などが挙げられる。

　上記の例は，経済開発計画に社会的公正と環境の持続可能性を組み込むため
の戦略となりうるものを示しているが，無論，プロセスが常に容易だという意
味ではない。この観点から，直面しうる数多くの課題を非常に分かりやすく示
した最近の事例がある。根本的な変化を起こすにあたっての実務面での難しさ
を表す一例として紹介したい。カナダ政府は，数年間にわたって，長期的な持
続可能性や再生可能エネルギー関連業界を表立って支持してきたことに加え，
パリ協定に関しては，初期から強力な支持を表明していた。ところが，経済的，
政治的な苦境に立たされた際に，産油地を海上輸送経路と結ぶための新たなパ
イプラインの整備をはじめ，石油生産に大きな投資をすることを政策決定した。
石油採掘業は，多くの国の経済において重要な位置を占めているが，定義とし
ては，持続可能ではない産業である。カナダには，潜在的に豊富な再生可能エ
ネルギーがあり[39]，石油採掘を継続すれば地球規模で進行する気候変動に悪
影響を及ぼすほか，炭素排出量についての国家目標は確実に達成できなくな
る[40]。この計画に関しては，社会的公正性と持続可能性についての懸念が生
まれ，法的手段による行動につながった。カナダ連邦控訴裁判所は，計画の実
施を差し止め，計画者側に対して，先住民コミュニティから意見を聞くこと，
また絶滅が危惧されるシャチ個体群を含む海洋生態系への影響を検討すること
を命じた[41]。この事例が，世界の他の事例と比べていかにひどいかを論じて
いるのではない。先進国の中で，特に社会問題や環境問題の重要性の認識が進

んでいるような国でも，グローバル経済の中にあっては，国際的な支援なしに
これらの問題に対処することが難しい場合もあるという点を強調したいのであ
る。

　この事例はまた，ブルーエコノミーについての異なる考え方を検討する際に
求められる比較要素も示唆している。すなわち，開発のための最終目標を示し
ているか（「ブルーエコノミーが達成できた」などといった表現），開発に向けて
のアプローチを示しているか（「このセクターはブルーエコノミーの原則に従って
開発された」などといった表現）という違いである。前者であれば，石油・ガス
生産や海底資源採掘をはじめとした持続可能でない産業が，持続可能な活動へ
転換するための重要な「資源（資金や技術）」となりうるので，短期的には現状
よりも「ブルーエコノミー」に含まれる産業対象を拡大させても良いことにな
る。新たなブルーエコノミーが全面的に実行されれば，最終的にはこれらの産
業は段階的に廃止されるであろう。しかしながら，この「段階的な」アプロー
チの重大な問題は，地球環境がすでに石油の採掘と利用によって危機的状態に
なっているために，さらにその利用を拡大すれば，将来のいかなる開発におい
ても壊滅的な影響が生じる可能性があるという点である[40]。また，ブルーエ
コノミーを持続可能な開発に向けてのアプローチとして理解した場合には，産
業界は，社会的に公正で持続可能な活動をすることが求められるため，一部の
産業セクターの発展のために他のセクターの利益を排除しなければならない可
能性が高い。例えば，再生可能エネルギーは，投資による技術的な向上や市場
の拡大などによって，現在よりもはるかに収益性を上げることが可能であるが
（図13.1B），現在の法的規制では，活動の総コストについての説明責任がない
既存の化石燃料業界と，電力生産の経済効率の面で競うことはできない。しか
し，すでに述べたように，世界最大の人類の共有物である海洋環境は，グロー
バル経済や国家の経済目標の狭間で社会的に公正で持続可能な経済発展をます
ます難しくしている。ブルーエコノミーの一部として「分類」されているかど
うかにかかわらず，海洋開発が，現在よりも公正な結果を出すことを促し，環
境への影響を小さくするようにその運営を転換することは可能であり，転換す
べきである。

13.5　おわりに

　本章では，ブルーエコノミーとは，環境の持続可能性と経済的採算性に加えて，社会的公正性を厳密かつ明確に組み込んだ，海洋と沿岸域の開発のアプローチであると述べてきた。地元産業にはじまり，地球規模の気候変動にいたるまで，海洋生態系はさまざまな面で悪影響を受けてきているため，早急に行動を起こし，現在進行中のリスクを最小化するとともに，生態系の回復や生物種の保護を図らなければならない[43-46]。そのために，定義，実行戦略，対象産業についてのブルーエコノミーの議論において，海洋を基盤とする開発にとって不可欠な優先事項を見失わないようにすることが必須である。過去と現在に横たわる不公正が，海洋資源管理における紛争や困難を助長してきたことは言うまでもなく[17, 42]，世界全体で人間の安全と福利を実現するためには，まずこの不公正に対処しなければならない。気候変動という新たな現実に適応することは，未来の生態系の機能と人間の安全と福利のためには不可欠であり[47-49]，そのためには産業開発，政策立案，社会問題や環境問題との向き合い方についての多くの変化が求められている。国際社会は，ブルーエコノミーという概念を，これまでどおりの開発戦略や過程に対する若干の変化として捉えてはならず，野心的な社会目標と環境目標を達成するために，産業の優先事項を根本から変化させる世界的なチャンスとして捉えるべきなのである。

第14章　希望的な開発目標は私たちが求める海へとつながるのか[1)]

ジェラルド・シン[2)]

14.1　SDGs私たちが求める未来…だが欲しいものがいつも手に入るとは限らない

2015年に「国連の持続可能な開発目標（Sustainable Development Goals: SDGs）」が採択されると，国際社会には非常に楽観的な空気が広がった。SDGsは，それまでの「ミレニアム開発目標（Millennium Development Goals: MDGs）」に代わり，人類の繁栄とその長期的継続に関する包括的なテーマに取り組むために設定した野心的な国際政策開発目標である[1]。しかし，単純に開発目標（ゴール）やターゲットについて合意したこと自体を国際協力の実現の証とし，未来がどのような姿であるべきかについての国際的な合意が裏づけされたとする都合の良い認識が広がった。その楽観的な見方は，その後，厳しい現実主義によって薄れていき，今ではSDGsを達成できると確信している者はほぼいないに等しい。

SDGsは，多様な環境，経済，社会，ガバナンスに関する領域を網羅しており，その各領域が重要な規範的開発目標として掲げられ，互いに関連することでその概念自体を支え合っている（表14.1）。「私たちが求める未来」に向けて，SDGsの重要性は明らかであるが，SDGsを達成するためにどのような手法を想定するべきかなど，達成を実現するためには多くの課題や障壁がある。本章

1）Gerald G. Singh, Can aspirations lead us to the oceans we want? Ch. 39, pp. 405–416.

2）Nippon Foundation Nereus Program, Institute for the Oceans and Fisheries, University of British Columbia（カナダ・ブリティッシュコロンビア州バンクーバー）

表 14.1　持続可能な開発開発目標

持続可能な開発目標（SDGs）	概　要
1. 貧困	あらゆる場所のあらゆる形態の貧困を終わらせる
2. 飢餓	飢餓を終わらせ，食料安全保障及び栄養改善を実現し，持続可能な農業を促進する
3. 保健	あらゆる年齢のすべての人々の健康的な生活を確保し，福利を促進する
4. 教育	すべての人に包摂的かつ公平で質の高い教育を提供し，生涯学習の機会を促進する
5. ジェンダー	ジェンダー平等を達成し，すべての女性と女児の能力強化を図る
6. 水・衛生	すべての人々に水と衛生へのアクセスと持続可能な管理を確保する
7. エネルギー	すべての人々に手ごろで信頼でき，持続可能な近代的エネルギーへのアクセスを確保する
8. 経済成長と雇用	すべての人々のための持続的，包摂的かつ持続可能な経済成長，生産的な完全雇用と働きがいのある人間らしい雇用（ディーセント・ワーク）を促進する
9. インフラ，産業化，イノベーション	強靱（レジリエント）なインフラ整備，包摂的かつ持続可能な産業化を促進するとともにイノベーションの拡大を図る
10. 不平等	国内及び国家間の不平等を是正する
11. 持続可能な都市	都市と人間の居住地を包摂的，安全，強靱（レジリエント）かつ持続可能にする
12. 持続可能な消費と生産	持続可能な消費と生産のパターンを確保する
13. 気候変動	気候変動とその影響を軽減するための緊急対策を講じる
14. 海洋資源	持続可能な開発のために海洋と海洋資源を保全し，持続可能な形で利用する
15. 陸上資源	陸上生態系の保護，回復，持続可能な利用の推進，持続可能な森林の管理，砂漠化への対処，土地劣化の阻止・回復および生物多様性の損失を阻止する
16. 平和	持続可能な開発に向けて平和で包摂的な社会を促進し，すべての人々に司法へのアクセスを提供するとともに，あらゆるレベルにおいて効果的で責任のある包摂的な制度を構築する
17. 実施手段	持続可能な開発に向けて実施手段を強化し，グローバル・パートナーシップを活性化する

では，SDGs の達成への道のりにおける 3 つの主要な障壁の概要を説明する中で，特に開発目標 14「海の豊かさを守ろう」に注目していく。また，今後，国際社会が「海の持続可能性のために」どのような理念的展開をはかり，変貌を遂げる（transformative）発展を進めるべきかについても議論する。

　SDGs の挑戦的な姿勢は，第 1 にはそのタイムスケールの短さによるものである。2015 年に採択されたのち，一部のターゲット（達成基準）の期限は 2020 年に設定され，他の大半も 2030 年までには達成期限を迎える。第 2 の大きな側面は，SDGs が，経済的不公平，環境負荷，社会的緊張が根付いて固定化してしまっている世界システムからの離脱に重点を置いていることである。国際社会は，この非常に困難な課題を SDGs の主たる目的として掲げた。つまり，国際社会は，世界の現状がもはや許容されるものではないと判断し，新たな目指すべき世界の姿を提示したのである。しかし，SDGs を達成するために必要な経済，制度，政治の急進的な転換は，多くの場面で認識されていない，または歓迎されていない状況である。さらに，短いタイムスケールによるターゲットの設定は，しばしば政治的意思の問題として指摘されている[2, 3]。例えば，海洋の持続可能性に関するターゲットの 1 つに，海洋の 10% を海洋保護区（Marine Protected Area: MPA）にするというものがあるが，現時点では 3.6% しか MPA として設定されておらず，本章執筆時点では，開発目標を達成するために残された期間はあと 2 年しかない[4]。加えて，MPA 設定のために選ばれた海域は，保全の価値がない海域や設定しても執行力が伴わない海域まで含まれており，問題がある。また，全面的に保護されている海域に至っては，海洋全体の 2% にすぎない[4, 5]。このように進展が見られないのは，政治的意思が欠如しているためであるが，それだけですべてを説明することはできない。しかし，十分な分析ができておらず，説明しきれない現状に折り合いをつけるために，非政府団体や一部の専門家は，この政治的意思の欠如を進展しない要因として挙げているのである。この面においては，持続可能性についての開発目標として国際的に合意された現在の枠組みが，実際には，持続可能性の進展さえも妨げる可能性があるということを指摘したい。

　ことに「達成」が，具体的に何を意味するのかが曖昧であるために，持続可能な開発をめぐる評価においては「達成」に焦点を当てて議論すること自体が

狭すぎるのかもしれない。実際に，歩みそのものがゴール，すなわち，開発目標に向けて進もうと懸命に努力することだけで十分であるとする者もいる。開発目標の実現に近づくのであれば，どのような取り組みであっても，私たちが努力し続ける限りは持続可能な地球に近づいていくことができると思われる。それは，どのような進展でも進展には違いないという考え方である。

　しかしながら，開発目標に向けた計画行動や取り組みが必ずしも進展につながるとは限らない。何ら結果が出せない取り組みや悪影響をもたらす取り組みもありうる。特に，人権侵害と関連するものに見られるように，多くの開発目標においては基準が絶対的になっている。例として，現代の奴隷労働に関する開発目標を見てみる。ターゲットは，あらゆる形態の奴隷労働を撲滅することである。これは間違いなく高潔な開発目標であり，当然，政策立案者たちは，いかなる奴隷労働であれ一切受け入れないということを示さなければならない（奴隷労働をある人数や割合まで制限するような開発目標値を定めれば，いくらか奴隷が存在することを許容し，それが持続可能な未来の一部であるという考え方を生む可能性があるため）。最新の研究によると，167 カ国で 4,580 万人が，何らかの形で奴隷労働を強いられていると推定されており [6]，ターゲットの重要性を裏打ちする結果となっている。しかし，同時に，奴隷労働が拡大する状況を見れば，いかに奴隷労働撲滅のターゲットの達成が難しいかが分かる。消費者が最も安い製品を求め続け，生産現場の環境について認識していない（または自身と関係がないと考えている）世の中では，奴隷を所有することに収益性があるため，奴隷所有者は，奴隷労働を阻止する取り組みを回避する術を見つけ出し，今後も回避し続けることになる。違法漁業では，強制労働が課せられている場合があるため，違法漁業を撲滅しようとするターゲット（開発目標 14.4）でも同じ問題に直面することになる。

　SDGs の中でも，強い言葉を使った挑戦的なターゲットが達成に向けた行動をけん引し，一方で，弱く漸次的に達成されるターゲットは刺激にならないかもしれない。とはいえ，ターゲットを戦略的な行動と組み合わせることができなければ，持続可能な開発の世界的な進展は止められてしまう。奴隷産業の中には，問題を解消することが簡単なものもあれば難しいものもあり，人々が奴隷として囚われることを防ぐための筋道についても同様であろう。奴隷労働撲

滅というターゲットに向けた取り組みを戦略的に分析すれば，実質的な進展を実現できるであろうが，そのような戦略はSDGsに組み込まれていない。実際，ターゲットの骨格となっている絶対主義的な枠組み（絶対的な価値や基準）は，ハイリスクで無駄になる可能性が高い取り組みを促してしまう可能性がある[7]。つまり，すべての奴隷労働を2030年までに撲滅しなければいけないのであれば，もちろん最も困難である奴隷労働のサイクルに歯止めをかけることに力を割かなければならないのだが，この場合，問題のスケールの大きさ，深刻さ，複雑さのために，短期的に結果が出ないリスクがある。しかも，（短期的な）成果がより期待できる対象や課題（例えば，すでに特定され，訴追が容易な奴隷労働のサイクルを暴くこと）にかける労力や資金が奪われてしまう。人々が生命の危機にさらされる労働の棄却や集束が最も難しい奴隷市場の解体には，資金や労力を無限につぎ込んでも，ごくわずか，もしくはまったく成果が出ないまま終わることも多い。あらゆる奴隷労働を撲滅することが目的であるならば，短期間での成果を求めることは非効率であるだけでなく，無謀なことである。この事例は，「根絶」などの絶対的な解決を開発目標に設定する一方で，それを達成するための戦略が欠如した場合，希望的な開発目標設定が，逆効果にさえなる可能性を示唆している[7]。

　SDGsが，いつまでも希望的な開発目標から抜けだせない第3の理由は，私たちがSDGs間における相互作用について十分に認識・理解していないという点にある[8]。特に，持続可能な社会の実現に対する各開発目標の機能的な利点と，各開発目標の達成に必要とされる他の開発目標の達成もしくは戦略的な調整の負荷の分析なしに，開発目標の実現を謳うことが，開発目標達成のための多様な行動に亀裂を生じさせている。もしかしたら，単純に，GDP成長の継続と不平等の撤廃の両立を求めること自体が，無理な要求なのかもしれない。また，資源配分や意思決定における公正性を保証するのと同時に，自然システムを回復させながら生物種の喪失を阻止することまで求めるのは，無謀かもしれない。例えば，開発目標どおりに世界の海の10%がMPAに設定されたとして，他のターゲットは達成しやすくなるのであろうか，それとも達成しにくくなるのであろうか。すでに，MPAの設定の歴史を見ると，保全の名の下に，地域の沿岸域住民がさまざまなものを利用し入手する権利を奪われ，望ましく

ない結果を伴った事例が数えきれないほどある[9, 10]。保全活動家は，SDGs
が可能な範ちゅうで保全を促進することについて称えるかもしれないが，絶対
的な開発目標の達成に取り組めば，トレードオフが存在するであろう場面で厳
しい選択を迫られる[8, 11]。一方，開発目標達成のための負荷と利点の交換が
生じるトレードオフとは対極的に，SDGs の枠組みでは，さまざまな開発目標
の多くが，互いを補完し合うものとなっている。SDGs 間のトレードオフや補
完性についての研究も多少はあるが（[8, 11]など），これらの研究は，政策決
定に直接的に貢献したり，補完性を実践的に適用するための具体的な証拠を示
すまでには達しておらず，地方，国，国際レベルでの総合的な研究と呼ぶには
いまだ程遠いレベルである。つまり私たちは，具体的な事例，証拠，評価を考
慮して，どの SDGs が SDGs の他の開発目標達成を促進し，総合的な持続可能
な社会の実現に最も重要であるかを理解できていないのである。相互関係性の
構造がどのようなものであれ，私たちはその正体を分かっていないため，開発
目標達成の可能性は乏しくなる。では，持続可能な社会の実現のために必要な
政策開発目標はどのように定められるべきだろうか？

14.2　そうあってほしいという願望に基づいた政策

　持続可能性についての政策開発目標を定める際には，自然主義的誤謬（自然
観への訴求）と道徳主義的誤謬（倫理観への訴求）という 2 つの競合する誤謬を
乗り越える必要がある。自然主義的誤謬とは，物事のあるべき姿は物事の現状
によって定められているとする誤った考え方である[12, 13]。逆に，道徳主義
的誤謬とは，あるべき姿として人間が好ましいやり方を選んだ結果，物事が現
状に至るという概念である[14]。

14.2.1　自然主義的誤謬：プラネタリー・バウンダリーへの疑問
　持続可能な開発に関連して，おそらく最も知られている自然主義的誤謬の事
例は，「プラネタリー・バウンダリー（地球の限界）」に関する枠組みであろう。
この枠組みは，もともとは 2009 年に人間の開発行為の「安全な機能空間」を
規定するために提示されたものである。人間による開発行為は，地球という惑

星がもたらす制約によって限りがあり，人間が良い生活を送るにあたっての制約は，完新世の特徴であるいくつかの環境プロセスによって（現在では生物学的特性も含められている）定義されているとしている[15, 16]。完新世は，現在話題の人新世（世界中での人類による影響を特徴とする地質時代区分，アントロポセンとも呼ばれる）の1つ前の地質時代区分であり，「ヒト」という独立した種が成立したのもこの完新世である。プラネタリー・バウンダリーの理論によれば，初期のヒトの進化が完新世に起きたということは，人類の繁栄のために最適な条件は，完新世の条件であるということを意味する。現在，プラネタリー・バウンダリーに関する枠組みには，9つの環境プロセスが含まれている（気候変動，生物多様性，陸上システムの変化，淡水利用，リンと窒素の循環，海洋酸性化，大気中へのエアロゾル投入，オゾンの枯渇，化学物質汚染）。このうち，生物多様性とリンと窒素の循環についてはすでに限界を超えたと考えられている[16]。

　プラネタリー・バウンダリーに関する枠組みが，SDGsの策定に影響を与えたことについては疑いの余地はない。SDGsの序文の大部分に「安全な機能空間」に関する表現が登場している。加えて，SDGsの中でも環境に特化したターゲットのほとんどの達成期限が直近（2020年）にされている一方で，社会開発目標と経済開発目標についてはそうではないことを見れば，環境を適切な状態にすることが，持続可能な社会，経済を確保するための前提条件であるという考え方が暗示されており，人間の安全と福利には特定の環境条件が欠かせないという考え方が反映されている[17]。環境についてのターゲットの達成期限が経済，社会，ガバナンスの改革よりも前に設定されており，他方では，環境に関する開発目標達成のためには多くの経済やガバナンスの改革が必要であること（後述）を踏まえると，SDGsの構造は，開発目標達成を後押しするものとは限らないと指摘せざるをえない。

　プラネタリー・バウンダリーに関する枠組みについて，専門的な批評を再検討しようとしているわけではない（[18, 19]など参照のこと）。というのも，枠組みの問題は，その土台に組み込まれてしまっているからである。ヒトが，これまで進化してきた環境の下でしか繁栄できないと言ってしまえば，この地球上のあらゆる場所で，現在ヒトが経験している状況を指して，人類存続の危機

だと言っていることになる。ある生物が進化した際の条件が，その生物にとって最も繁栄に適した条件であるという進化の法則は一切存在しない。私たちが現在置かれている条件ではなく，種として確立される途上にあった頃の条件を開発政策に反映すべきであるという主張は，科学に基づく発生論の誤謬である。自然界の過去の条件が将来にわたって維持されるべきであると述べること（自然観への訴求）は，人類が身体的にも文化的にも進化を遂げて世界中に広がるために，自然環境がもたらした制約を回避し，それらに適応しなければならなかったという事実を見逃していることになる。プラネタリー・バウンダリーに関する枠組みによれば，地球の窒素循環の状況は，完新世の限界レベルを超えているが[15]，それはただ単に，現在地球上に暮らす 75 億人が食べていける限界を私たちが超えたからである。別の言い方をするならば，私たちの存続（または大規模飢餓状態を起こさずに存在し続けること）についての議論の前提が，プラネタリー・バウンダリーを越えたか否かになっているということである[19, 20]。さらに言うと，外来種の侵入性についての主要な理論では，一部の生物種が新たな環境下で侵略的になるのは，それまで進化してきた環境下で受けていた制約から解放されるためであるとしているが[21]，プラネタリー・バウンダリーの前提を真実として捉えるならば，これらの理論は捨て去らなければならない。しかし，置かれた生息環境下での繁栄を最適化するために進化する種など存在しない。少なくとも，繁殖を成功させるのに必要な期間は，環境に耐えられるように進化していくのである。

　プラネタリー・バウンダリーとその概念を共有する枠組みは，将来的に開発政策，人類，環境に対して有益ではない影響を及ぼすことが考えられる。この枠組みは，自然を守るために科学に訴えかけて作られたものであるが，皮肉なことに自然システムを劣化させる可能性がある。例えば，ヨーロッパで，気候変動からの回復力を強化するために生物多様性を高める計画があり，その中に希少な原生林や生物多様性が豊かな森林で間伐を実施して，植物の成長と炭素貯蔵を促そうという本末転倒な事例がある[22]。環境面から開発を制限しようとするプラネタリー・バウンダリーに関する枠組みは，人類にとっての安全な機能空間を重視するものであって，環境の質を求めるものではない。環境の質は，人間による開発を推進する一機能としてしか捉えられていないのである。

　最近行われた人類学的研究の事例として，かつて生態崩壊が社会崩壊につながったというイースター島の有名な話を改めて検証したものがある。この研究によれば，イースター島では，環境崩壊が体系的に発生してはいたが，それに伴って社会崩壊と島民（ラパヌイ）間の戦乱が起きたわけではないということが強調されている[23, 24]。むしろ，新たな証拠からは，生態系が劣化してもラパヌイ社会は機能しており，人々の絆は強く，食料も足りていたことが示唆された。実は，これらの証拠からは，当時のラパヌイは，イースター島よりも広くて植生も豊かなトンガなどの島やヨーロッパの住民よりも，栄養不良の人の割合が低かったことが示されている[24, 25]。それよりも，社会崩壊は，ヨーロッパや南米からの探検者たちとの接触に由来していた可能性がある。島に持ち込まれた感染症や奴隷労働が強要されたことによって，島民の人口は劇的に減少した[24, 26]。ここで重要なのは，人間が，信じがたいほど荒廃した環境でも繁栄できるのであれば，環境条件と人間の福利の関係は，多くの環境保護関係者が考えているほど結びつきは強くなく，線形性（直接的なつながり）も低いという点である[27]。そして，環境のことを考える側からすると，これは問題となるかもしれない。というのも，「人間の繁栄」の定義が，人々のニーズを満たす文化を有する平和な社会を営むことだとするのであれば，イースター島のようにひどく荒廃した環境でもそれを達成できてしまうことになる。もちろん，上に示した「人間の繁栄」についての定義が不完全だと反論することは可能である。しかしながら，プラネタリー・バウンダリーは，私たちが「安全な機能空間」の中で暮らすことを提案する以外に，「人間の繁栄」が何かを定義しようとしてはいない。また，「安全な機能空間」という言葉に関して言えば，この言葉を無意味に繰り返すことのみで定義付けてしまっている。

　（プラネタリー・バウンダリーが警告している）環境の破綻が，心配のいらない些細な問題だと主張しているのではない。ただ，社会が，気候と環境がより不安定になるリスクを冒してでも物質的な富を増やしたい欲求を示し，人間の物質的な富が最重要だと考えているのならば，過去の「より安定した」環境を求めることが，なぜ重要になるのであろうか。プラネタリー・バウンダリーに関する枠組みをまとめた人々は，プラネタリー・バウンダリーが科学的な演習であると繰り返し主張しており[28]，同時に人間の繁栄の限度に関して論じ，

（暗に）人間による開発の方向性を示している。

　幸いこの問題について言えば，SDGs は，プラネタリー・バウンダリーの概念とは異なり，SDGs 自体の中で環境問題についての開発目標を定めているため，開発目標達成のための手段にとどまらず，開発目標の着地点にもなっている。環境が政策にとって重要なのであれば，それは主観的に重要なことであるので，私たちは実直に対応しなければならない[29]。しかしながら，環境問題が人間の繁栄のために客観的に必要であるという考えを押し付けた場合，実は環境は想定していたほど重要ではないという証拠によって覆される可能性が出てくるのである。

14.2.2　道徳主義的誤謬：海洋保護区への杞憂

　自然観への訴求によって政策を定めることと逆の問題になるのが，倫理観への訴求によって政策を定めることである。SDGs に含まれる 17 の開発目標がお互いに関係し合っていることを示すと，人々がこれらの関係性が正の相関であると思い込んでしまうリスクがある。人間は，好ましい性質同士が補完的であると見なす傾向にあり[30]，SDGs の擁護者たちは，実際には違っても，開発目標同士が互恵的であると捉えてしまう[8, 11]。道徳主義的誤謬という色眼鏡を通して持続可能性に関する政策を捉えてしまうと，トレードオフを見落とし，各開発目標に対するどのような行動であっても，すべての開発目標に共通して恩恵をもたらすものであると見なして政策行動を奨励してしまうということが起こりうる[11]。

　環境管理と政策の領域では，保護区を設定するとトレードオフが生じる可能性があることを示唆する研究結果が多くある。仮に SDGs のターゲット（17 の開発目標／ゴールに付随する具体的な達成目標）同士に，本当にすべて正の相関性があるとした場合，全海洋生態系の 10% を保護するという SDGs のターゲットを達成すれば，その他すべての SDGs についても達成能力が高まるはずである。ところが，社会的側面を適切に考慮せずに MPA の実施を追求すれば，社会的進歩を犠牲にして，環境保護を促進することになってしまう[5, 9, 10]。世界中のケーススタディからは，MPA を実施したことで，人々のグループ間での社会的な結束，経済力，政治力の均衡が崩れてしまったことが示されてい

る[9, 10]。中には，社会的な悪影響が原因でMPAの正当性を否定する動きが生じ，密漁が増え，MPAの執行力がなくなった事例もある[9]。つまり，社会への悪影響が環境への悪影響につながったということである。実は，SDGsのターゲットのうち，海洋に関連する項目とそれ以外の項目間の関係を調べた研究によると，海洋生態系の10%を保護するというターゲットの追求が，最も多くのトレードオフを抱えていることが明らかになった。これらは，主に公平な資源へのアクセス，意思決定の際の意見の反映，紛争解決に関する開発目標との間のトレードオフであった[11]。

政策の実施についての評価をすれば，環境政策を実施する際に社会的配慮を無視することの難しさが露呈する。環境政策として，資源へのアクセスを規制した場合，貧困の改善や人々が政治的に政策構築や施行に関わる機会を犠牲にすることと引き換えに，自然システムが回復するのである[11]。その際に取り残される人々は，往々にして，それ以前も社会的に取り残されてきた人々である[10]。フィールド調査からは，保全の促進と貧困削減のトレードオフは不変ではなく，初期段階で立場の弱い人々を特定し，政治的な意思決定への参画を促せば，これらのトレードオフの一部は軽減できることが示されている。この場合，保護対象区域を守るという側面においては，自然保護のみの観点から望まれるレベルには及ばないが，最終的には，さまざまな開発目標について，より望ましい成果がもたらされる可能性がある。

自然主義的，道徳主義的な誤謬によって生み出された，単純化した線形モデルを回避することは，根深い不確実性を認識したうえで，それらに対応していくような科学と政策分析を用いて持続可能な開発を舵取りしていくということを意味する。このためにはSDGsを多面的に分析し，思い込みにとらわれないことが求められる。

14.3 戦略的計画に伴う向上心

SDGs達成を目指し，特に開発目標14「海の豊かさを守ろう」に従って最大限の進展をはかるためには，本章で提起した問題，すなわち，タイムスケールが実現不可能であること，開発目標が過度に絶対的であること，開発目標の背

後にある暗黙的な構造が誤謬に基づいていることに対処しなければならない。計画と行動は，希望や熱意の一歩先に進み，戦略的である必要がある。開発目標を達成するためのタイムラインは重要ではあるが，非現実的なものであれば自己満足を生むだけである。短いタイムラインの場合は，あまり野心的ではない成果を求めることが必要であるが，どのような場合であっても，進展をはかるためには，各国政府が SDGs への積極的なコミットメントを示すことが求められる。

　まず，進展，コスト，実現可能性を明確に検証した戦略によって，SDGs の絶対的な基準や欠けている戦略をサポートする必要がある。政府，意思決定グループ，その他 SDGs に向けて取り組んでいる組織は，資金や労力をどこに配分すれば進展をはかることができるかを戦略的に考えなければならない。確実に進展させる方法として，最終的に掲げる大きな成果を目指す途中に，控えめな進捗の中間開発目標を設定していくことが有効であるだろう[31]。

　SDGs の達成に向けて，研究が最も役に立てるのは，SDGs の構造を決定する過程である。望ましい開発目標がシナジーを生むと見なす，あるいは社会的配慮や経済的配慮が環境条件に依存すると見なすなど，政策を実施するためによりどころとなる明確な基準がない場合には，どの SDGs の達成開発目標が互恵的なのか，またはトレードオフにつながるのか，そして，その評価はどんな場合にできるのかといった判断をする際に，調査研究やこれまでの科学的知見（社会科学も含む）が役に立つ[11]。ただし，SDGs の中身を考査する研究の計画の出発点として，まずは研究を形作る概念モデルを検討することが大事であると言える（プラネタリー・バウンダリーの適用に関する矛盾として示したように）。

　現状では，持続可能な開発のためのモデルとしてよく知られたものが 2 つある。1 つ目が，古典的な「3 つの柱」のモデルであり，この中では環境，社会，経済の問題の中心に持続可能な開発がある[3]。このモデルでは，持続可能な開発の「ターゲット」が，社会，環境，経済という 3 つの領域から構成されるということを強調している（図 14.1A）。これは，持続可能な開発を最も推進できるモデルとして文献による支持を得てはいるものの[11]，健全に機能している生態系の存在の重要性を強調していない点，また，環境劣化を回避できていない点については，異議を唱えられている[17]。確かに，競合する 2 つ目のモ

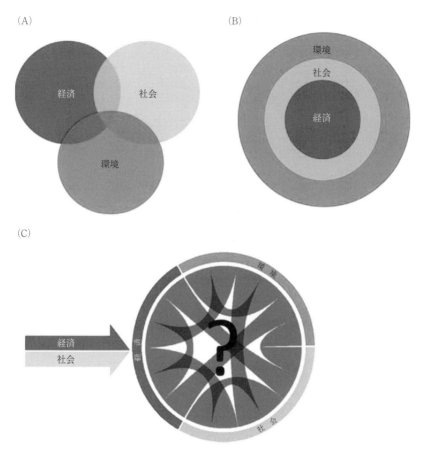

図 14.1 持続可能な開発についての競合する 2 つのモデル（A と B），そして提案する
3 つ目のモデル（C）

デルでは，経済問題と社会問題は環境問題の中に入れ子状態で据えられており
[17]，人間活動は，自然環境が存続できる範囲内で実施可能であるという制約
が示されている（図 14.1B）。この入れ子構造には，経験則に基づいた訴求力が
あるかもしれないが，現実には，継続的な経済開発と社会的結束のために求め
られる健全な環境の規模やレベルは低く，ともすれば環境が劣化している可能
性もある。劣化した環境においても，持続可能な開発を支え，持続させること

ができると仮定しよう。その仮定を認め，純粋な機能主義者として，科学に忠実なアプローチをとった場合，皮肉なことに持続可能な開発が，環境の劣化を促進してしまう可能性もある（先述のイースター島の事例を参照のこと）。この事態を避けるために，「私たちが求める未来」を宣言する SDGs が，環境条件の重要性について明確な主観性をもって唱えることで，環境保全のレベルが，社会経済の崩壊をどの程度防ぐかによって決められるのではなく，常に環境条件自体の重要性に焦点を当てて取り扱われることを願っている。しかし，いずれのモデル（図 14.1A および B）もその長所短所に関係なく，開発政策の骨格をどのように組み立てれば良いかの道標としては，ほとんど，または一切機能していないのが現状である。

　これらのアプローチとは対照的に，持続可能な開発のモデルは，SDGs の開発目標同士の相互的なつながりの検証を目指す研究に基づくべきである。ただし，そのためには，まずそれぞれの SDGs のいかなる行動についても，経済的，社会的な行動を介すべきであるということも理解している（図 14.1C）。一般に，環境的，社会的，経済的な要因の関係は，不確実性が非常に高く，多くの場合は，地域や生態系に関する深い理解と体系的な分析が必要とされており[8, 11]，人間が影響を与える環境変化（環境回復，環境劣化など）に関しても，まずは人間が介入することから始めるべきであり，それが環境政策の第一歩だとされている[32]。この単純な思考が連続することによって，社会的，経済的配慮が環境政策の効力を決定づけることができるとの認識が高まる。多くの場合は，自然環境をそのままの状態に保つことを目的とする MPA の設置とその効果さえも，社会や経済が求める必要条件によって強力にコントロールされている。MPA によって魚類バイオマスが効果的に回復するかどうかは，人員の能力と予算規模に大きく左右されるものであり[33]，このことから，環境活動における社会基盤や経済基盤の重要性が示されている。この初期の設定を経た先で，連続的に社会的，経済的，環境的側面の相互の結び付きを予測することは困難である。それは，3 つの側面が互いに連動的に関わり合っていると考えたほうが理解しやすい（つまり，事象の側面と側面を線形的に結びつける連続性がなく，すべての事象が互いの原因と結果になっている）ためである。この極度の不確実性については，理論ではなく，体系的かつ分析的に対応する必要がある。

もちろん，研究に基づいた政策であれば，戦略的優先付けを行う必要がある。その意味で，開発目標14「海の豊かさを守ろう」に向けた戦略的計画は，以下の問いに答えていく必要がある。

(1) 海洋についてのどのターゲットを優先するのか。

(2) 海洋以外のSDGsのうち，海の優先ターゲットの達成をサポートするのはどのターゲットか，また，逆に海のターゲットの達成を阻害するのはどのターゲットか（トレードオフ）。

(3) 海の優先事項を達成するためにはどのような政策の施行が好ましいか。

(4) 海の政策の施行に貢献できる能力がある組織はどこか。

(5) 戦略的施行を進め，トレードオフを回避するために，これらの組織がとるべき政策的行動はどのようなものか。

一部のSDGsのターゲットは，他のターゲットよりも早く達成期限が設けられていることもあり，この戦略的アプローチをとるためには，政策立案者は，SDGsの達成期限を無視し，その代わりに上記の問いに基づく体系的な分析によって，SDGsの優先度を判断する必要がある。ここに提案した持続可能な開発のモデルに従えば，環境に関するSDGsよりも早く，経済，社会，ガバナンスに関するSDGsを達成すべきだと考えられる。

戦略的アプローチは，持続可能性に関する進歩を保証するものではないが，持続可能性が進展する可能性を高めることができる。新たな知識があれば，私たちが優先事項を達成するための知見を向上させることができる。実際，SDGsの構成についての現在の国際的合意がある一方で，明日（または来年，10年後）の世界では，「私たちが求める未来」についての考え方が変わっている可能性もある。このような不確実性の下でも，私たちが求める未来，優先事項，今後の進め方を決めるための適応性があり，反復的な計画プロセスは不可欠である[34]。政治的抵抗，制度面の遅滞，そして，なくなることのない未知の事柄や想定外の事態によって，持続可能な開発の達成が妨げられることもあるかもしれないが，それでも進展する可能性はある。つまり，旅がきちんと計画されているのであれば，旅の終着点に着くことよりも，旅そのものが目的地

になってしまってもよいのだ。進歩とは，戦略的アプローチによって導くべきであり，本質的にのみ善良に見える野心的な開発目標を掲げるだけで，達成できるのではない。

第15章　国際漁業関連法についての各国の義務と遵守[1]

ソレーネ・グッギスベルク[2]

15.1　はじめに

　海洋生物資源は，ほとんどの個体群が維持できる限界まで漁獲されている，もしくは乱獲の打撃を受けているなど，環境保全の観点から非常に懸念される状態となっている[1]。海洋生物資源の長期的な持続可能性のためには，質の高い科学的知見の発展に加え，適切な法規制や保全管理対策が必要となるが，国家が国際舞台の主要なプレーヤーとして自らの責任を果たさなければ，対応は不十分なままとなってしまう。漁業水産業の伝統的な管理体制は，国家間，セクター間，管理者間での分断と分散が激しく，各国に高い水準で既存ルールを遵守させることに困難が生じている。よって，持続可能な漁業にとって，国際レベルでの各国の責任の遵守について，保証と向上の方法を研究することが不可欠である。

　本章では，昨今，各国のさまざまな義務の遵守に関する手続きがどのように発展しているかを一部紹介し，分析することを目的としている。各手続きとそれを実施する現状を紹介したうえで，各国が漁業関連の責任を果たしているかを公平公正に検証するとともに，違反事例に対処するため，遵守に関するメカ

---

1) Solène A. Guggisberg, Verifying and improving states' compliance with their international fisheries law obligations. Ch. 43, pp. 453-464.
2) Netherlands Institute for the Law of the Sea（NILOS），Utrecht University（オランダ・ユトレヒト），Nippon Foundation Nereus Program, University of British Columbia（カナダ・ブリティッシュコロンビア州バンクーバー）

ニズムに求められる重要な3つの構成要素に注目する[2]。1つ目は，各国の遵守と違反の状況を評価する評価者が誰かという点である。これは，評価プロセスの独立性と遵守評価の統合的な管理に影響する要素である。2つ目は，漁業活動に関する国家の行動を検証するために使われている基準が，関連する国家間で統一されているかという点である。類似した検査項目が各関連組織（国）で存在するか否かは，異なる国家間での評価の一貫性に影響を与えることがある。3つ目は，説明責任に関する問題である。特に各国が自国の義務遵守と違反の評価を行う義務を負っているか，また，評価の結果として行動を是正するように求められた場合に，遂行するための仕組みがあるかという点である。そして，最後に，本章は，現在の体制を改善できるような選択肢を提案して締めくくることとする。なお，本章では，グローバルな責任に注目するため，地域レベルでの遵守の手続きについては検証しないが，地域レベルの組織でも加盟国や協力国の遵守状況を評価するためのコンプライアンス委員会が設立されていることは認識している[3]。

　「評価者は誰か」という1つ目の構成要素について議論を進めよう。漁業活動に関して，各国が果たしている役割は異なり，役割ごとに遵守すべき義務も異なる。管理体制の中心となっているのが，旗国（船舶が登録されている国で法的権限を持つ）が自国船籍の船舶による行動を抑制し，保全管理対策を確実に遵守させなければならないという考え方である。この義務は，「海洋法に関する国際連合条約」（国連海洋法条約［United Nations Convention on the Law of the Sea: UNCLOS]）第94条にて示され[4]，漁業に関しては，他の条約がさらにその詳細を示している[5, 6]。これらの規定による認識されるべき各国の義務は，自国船籍の船舶が，適用規則に違反するたびに旗国が責任を負うことを意味しているのではなく，「自国船籍の船舶による確実な規則遵守と違法・無報告・無規制（Illegal, Unreported and Unregulated: IUU）漁業防止のために必要なあらゆる対策を講じる」義務が旗国にあるということを示している[7]。沿岸国は，自国の管轄権の範ちゅうにある資源が乱獲または乱用されないことを確実にしなければならず[4]，少なくとも理論上は，自国の排他的経済水域（Exclusive Economic Zone: EEZ）内の余剰資源については，他国による利用や入手を認めなければならない[4, 8]。また，自国のEEZ外で分布する魚資源を

扱う沿岸国（つまり海に面しているが自国の EEZ 外でも漁業を行う国，例えば日本）と，他国の EEZ または公海で活動する船舶の旗国は，海洋生物資源の保全に「協力」しなければならないという義務を負っている[4]。UNCLOS は，この「協力」が取るべき形を定めていないものの，慣習上，一般的には国家同士が，地域単位の漁業組織を設立するという取り決めを結んできた。地域的な組織の代表として地域漁業管理機関（Regional Fisheries Management Organization: RFMO）が構成されており，この機関では拘束力のある保全管理対策を採用している。「国連公海漁業協定（United Nations Fish Stocks Agreement: UNFSA）」は，EEZ 内外を回遊する魚種や高度回遊性魚種を協力的に資源管理する手段として RFMO を認めている[6]。一方，寄港国（船舶が寄港している国）については，UNCLOS による一般的な義務の定めはないが，「違法な漁業，報告されていない漁業及び規制されていない漁業を防止し，抑止し，及び排除するための寄港国の措置に関する協定（違法漁業防止寄港国措置協定）（Agreement on Port State Measures to Prevent, Deter and Eliminate Illegal, Unreported and Unregulated Fishing: PSMA）」という国際協定に加盟している国であれば，IUU 漁業に関与している船舶の入港を拒否するとともに，入港する船舶については，検査を実施し，保全管理対策についての違反があると判断された場合には，その船舶が港湾内で提供されるサービスを利用することを拒否する義務がある[9]。

　国際的な「評価者」に関しての問題点としては，UNCLOS 内に定められた義務の内容の一部が不明確であること，より詳細を定めた条約への各国の批准が限られていること[10]，各国が，漁業水産業分野における国際義務をどの程度遵守しているかを包括的に俯瞰する，グローバルな国際機関や組織化された機構がこれまでに設立されていないということが挙げられる。国連の専門機関である国際連合食糧農業機関（Food and Agriculture Organization: FAO）の水産委員会（Committee on Fisheries: COFI）[11]，国連総会が毎年行っている持続可能な漁業に関する決議[12]，UNFSA の（再開）評価会合（UNFSA [Resume] Review Conference）[13]など，グローバルな国際的枠組みのうち定期的に漁業水産業関連の問題について協議するフォーラムを行っている機構もあるが，これらは国際義務の遵守を目的としているわけではない。各国による国際義務の

遵守状況の評価を行ってはおらず，違反事例への対応手段を提供することもない。したがって，漁業水産業分野において各国を拘束している義務の種類ごとに，遵守の状況を評価することを目的とした既存の手続きや機構を別途検証することが必要となっている。

15.2　旗国の管理活動と能力：評価のための自主ガイドライン

　続いて，第2の構成要素である検証項目の共有について考察していきたい。持続可能な漁業の妨げとなり，IUU漁業を可能にしてしまっている重大な問題の1つとして，一部の旗国が自国船籍の船舶を管理することに消極的である，または管理能力がないという点が挙げられる。2014年に出された「ソフトロー」の手段としての「旗国の取り組みに関するFAOによる自主ガイドライン」（FAO Voluntary Guidelines for Flag State Performance）[3] が重点を置いているのは，漁業水産業分野における旗国の義務遵守の状況を評価し，改善を試みることである[14]。このガイドラインは，有識者や各国が参加した包括的手続きを経てFAOのCOFIで承認された[15, 16]。

　「旗国ガイドライン」は，全体を網羅する1つの文書内で実質条項と手続条項の両方を示している。実質条項については，最も受け入れられている旗国の義務をパフォーマンス評価基準という形でリスト化している。また，手続条項の面では，FAOの役割を説明するとともに，遵守を推進するための評価や対策のための手続きを提案している。各国は，評価を受けたことやその結果について，1995年の「責任ある漁業のための行動規範」に基づく隔年報告の一環としてFAOに報告しなければならないということが，第56条に定められている。

　2018年に実施された「責任ある漁業のための行動規範」に関するアンケートの結果によれば，一部の国は，すでに「旗国ガイドライン」枠組み内での旗国としての取り組みについての評価を済ませていた[17]。平均すると，回答した83カ国の28%が旗国としての評価を行い，未実施国の80%近くが評価プ

3）以下，「旗国ガイドライン」。

ロセスに取り組みたいという意思を表明した。評価実施済みの国の割合は地域間でばらついており，アフリカでは9.5%であったが，南西太平洋では60%であった（表15.1）。回答した国を特定するための情報，評価のための手続き，また，評価の結論について，これ以上詳細な情報は現時点では一般に公開されていない。この透明性の欠如によって，どの国が積極的に責任ある旗国になることを目指しているのかを特定することが難しくなっているものの，これは今後も続く問題ではないと考える。実際，他の経路から情報を入手することが可能となっているのである。例えば，2016年にすでに評価を実施したノルウェーは，UNFSAの「（再開）評価会合」の枠組みの中で国連事務総長への報告を行い，評価結果の詳細情報を示している[18]。

　UNCLOSやその他の国際条約の下には，旗国が自らの行動を報告し遵守状況の評価を受けることを義務付ける，法的拘束力のある組織的な制度が存在していない。自主的な「旗国ガイドライン」によれば，旗国は，自らの取り組みを評価する方法を選ぶことができ，評価実施のための手続きでは，自己評価と外部評価の両方の選択肢を想定している。また，評価者の選び方も示されていない。論理的に考えれば，ある国の行いを評価するための基準は「旗国ガイドライン」に示されたものであるべきである。しかし，この論理は，外部評価の場合にのみ厳正に適用されると述べられており，自己評価の場合には，旗国が好きなように異なる評価基準を用いても構わないと解釈できる。

　「旗国ガイドライン」は任意のものなので，各国は評価を受ける義務は負っていない。さらに，評価の結果，ある旗国の取り組みに問題があることが分かった場合に，直ちに措置が取られるのか，そしてどのような措置が取られるのかについて，「旗国ガイドライン」内では十分に明確にされていないのである。改善を促進する性質の対策や強制に近いような措置として採用できるものは，数多く示されている[19]。しかしながら，これらの措置や対策がどのような順番で適用できるのか，また，どの程度の問題がある場合に発動できるのかについて，手続き面での確実性が存在しないのである。そして，この曖昧さによって各国がプロセスを実施することをためらう可能性も問題視されている。とはいえ，FAOのアンケート調査の結果からは，23カ国がすでに評価を受けており，他に48カ国が受けたいという意思を表明していることが分かり，今後，

表 15.1　旗国としての取り組み評価を受けた国または今後受ける意思を表明した国の数

	地域ごとの FAO 加盟国	旗国ガイドラインに基づく評価について回答済みの国		旗国ガイドラインに基づく評価をすでに受けた国		（まだ評価を受けていない国のうち）今後受ける意思を表明済みの国	
	加盟国数	回答した FAO 加盟国の割合（%）	回答した FAO 加盟国の数	該当する国の割合（%）	該当する国の数	該当する国の割合（%）	該当する国の数
アフリカ	50	42.00	21	9.52	2	94.74	18
アジア	23	56.52	13	23.08	3	80.00	8
ヨーロッパ	50	14.00	7	57.14	4	100.00	3
中南米およびカリブ海諸国	33	72.73	24	26.09	6	76.47	14
近東	21	28.57	6	16.67	1	40.00	2
北米	2	100.00	2	50.00	1	100.00	1
南西太平洋	18	55.56	10	60.00	6	50.00	2
合計または平均	197	42.13	83	28.05	23	79.66	48

FAO：国連食糧農業機関。データは[17]の表 1 および表 67 より。

各国が躊躇する可能性を心配しなくて済みそうである。最終的な実施のレベルにかかわらず，「旗国ガイドライン」は，仮にどの国が国際義務を守ろうとしているのかの特定に貢献しているだけであっても，現在の世界情勢にある程度の建設的な影響を与えるだろう。また，各国の取り組み評価の結論を土台に，他の手続きや仕組みの設置が発展する可能性もある。結論を言えば，各国が，自らの取り組み評価について FAO に知らせるように義務付けていくのは，良い方向性である。なぜなら，このような中央集権型の仕組みであれば，評価の全体像を俯瞰し，中期的には手続き面でのベストプラクティスの策定を進められる可能性が生まれるからである。

15.3　沿岸国：国家の自主裁量権

UNCLOS 第 56 条第 1 項に示されているとおり，沿岸国には，自国の EEZ における海洋生物資源を保全管理することを目的とした主権的権利が付与されている。これらの海域は，UNCLOS の採択以前には公海と見なされ，漁業の自由が認められていた。1982 年に合意され，公海の大規模な囲い込みを図る

UNCLOS は，少なくとも部分的には魚資源の状況を改善することを目的としていた。その理屈は，海洋生物資源が自らのものであれば，各国は，もっとしっかりと資源を守り管理するはずだというものであった[20]。この理屈にも一理あるとは考えられるが[21, 22]，魚資源全体の状況としては，一部の国で効率的な管理と執行に必要とされる十分な資金や技術的資源がないことなどが考慮されていないことが問題として挙げられる[23]。

　本章の導入部分で示したとおり，沿岸国は，国際ルールに縛られており，遵守しているかどうかについては，それらのルールに基づいて評価できる。しかしながら，持続可能性，他国による余剰資源の利用や入手を認めているかなどの観点から，各国が義務を果たしているかを評価する仕組みは存在しない。EEZ の設置が，グローバルな共有域を犠牲にして持続可能性を向上させることを意図していた点を踏まえると，このような事実上の自主裁量権が沿岸国に与えられていることは残念である。

15.4　地域漁業管理機関を通じた協力：広く使われているパフォーマンスレビュー

　続いて，3つ目の構成要素である説明責任に関わる議論を展開していこう。単一の国の管轄水域だけに分布が限局されない魚資源を扱う場合，海洋生物資源の保全のためには複数の国が協力しなければならないが，一般に，国レベルの協力は，RFMO を通じて行われる。漁業管理における中心的役割を担う RFMO の活動は非常に重要であるが，一方で，漁業や海洋生態系の持続可能な管理が十分でないという批判もあがっている[24-27]。RFMO に加盟せず，協力することも拒否している一部の国家の行動についても，広い範囲で移動する魚種を対象とした漁業の管理にとっては大きな問題とされている。ただし，この問題は，RFMO が非加盟国に対して保全管理の義務遵守を適用できるかという議論であり，本章の主題からは離れた内容となる。また，この問題は，国際慣習法への協力義務の内容，UNFSA の本質といったさまざまな問題を提起する[28]。これら以外にも，時代遅れの法的枠組み，不適切な保全管理対策の採用，加盟国の義務不履行など，RFMO のパフォーマンスの低さを助長し

ている要因はある。

　こうした内在的な問題に対応する必要性を認識し，国際社会は，「実績評価」
(Performance Review) として知られる任意の評価手続きを推奨しており [29-31]，
これは RFMO に広く受け入れられている。実績評価は，機能を果たしている
かという観点で RFMO のパフォーマンスを有識者パネルが評価するという方
法をとっている。有識者パネルは，各 RFMO 内部の状況を評価基準一式と照
らし合わせて比較する。2000 年代半ば以降，ほとんどの RFMO で実績評価が
実施され，中にはこの評価手続きを 2 度も完了させている機関もある[1, 18,
32]。有識者パネルが出したこれら評価の報告書は一般公開されている。

　RFMO は独立した組織なので，各機関が，コンプライアンスを評価するよ
うな監督機構に対して一元的に報告書を提出する必要はない。また，各機関が，
自らが望む有識者パネルの顔ぶれを選ぶ自由があり，機関ごとにレビューの実
施方法も異なる。その RFMO を代表する者，あるいは加盟国や外部有識者の
組み合わせが有識者パネルとして選ばれたケースもあれば，純粋に外部有識者
だけのグループが選ばれたケースもある[33, 34]。全体を見ると，すべての有
識者パネルに，少なくとも 1 名は外部有識者が含まれており，実績評価の検証
項目として用いられた基準は，どの RFMO でも類似していた。厳密な評価基
準は，最終的には RFMO ごとに定めるパネルへの付託事項次第であり，異な
る機関について類似した評価基準を用いることの妥当性についての議論もあっ
たが[35]，実際には，すべての実績評価が，2007 年に神戸で開催された「ま
ぐろ類 RFMO 合同会合」の「行動指針」内で合意された最低限の基準に基づ
いているように見受けられる[1]。この会合は，マグロに関する RFMO が共通
の関心事項に取り組むためのものであり，現在も継続している国際連携活動の
一環である。

　先ほども述べたが，実績評価を受けるかどうかの判断は，わずか一例を除き，
任意となっている。「南太平洋地域漁業管理機関 (South Pacific Regional Fisher-
ies Management Organisation: SPRFMO)」だけが，その設立文書の第 30 条にお
いて，少なくとも 5 年ごとに実績評価を受けなければならないと定めている
[36]。とはいえ，実績評価が，国際社会による幅広い適用と承認を受けている
ことを考えれば，この任意性は今や名ばかりとなっていると言える。フォロー

アップの観点では，ほとんどのRFMOが，有識者パネルからの提言を検証または実行するための枠組みをすでに設置している。ただし，提言がどの程度考慮されたか，また，どのぐらいのペースで実行されているのかを監督する任務を請け負う外部組織は存在しない。標準的な方法では，2度目の実績評価報告書の冒頭で，初回の評価による提言がどこまで実行されたかの判断を行っている[37-39]。これにより，RFMOに対して，実績評価の報告による提言に従って，行動の改善や維持を施行しなくてはならないという手続き的な圧力がいくらか保証される。しかし，繰り返し述べるが，一元的に管理された仕組みのようにRFMO間の評価の一貫性を保つことはできない。国際社会は，「実績評価の結果を受けて行動を改善または維持する仕組みを構築すること」の必要性を認識してはいるが[13]，どのような（法的な）メカニズムによってその必要性に答えるべきかという政策的な判断はまだなされていないのである。

15.5 寄港国：策定中の統合型メカニズム

当初，寄港国に対する措置は，船舶の安全や汚染防止のために策定された。その後，漁場の保全と管理を支える手段として，IUU漁業との「戦い」をはじめ，徐々に漁業分野にも拡大された[40]。RFMOが行う地域レベルの漁業管理と足並みをそろえる形で，寄港国に対する措置に特化した条約としてPSMAが整備され，2016年に発効した。

PSMAでは，寄港国は，IUU漁業に関与している船舶の入港を拒否すること，また，入港する船舶については違法漁業に関する検査を実施することを第9条と第11条でそれぞれ求めている。検査の結果によっては，その船舶による漁獲物の水揚げや積み替え（すなわち，ある漁船から別の船舶への漁獲物の移動），あるいは港湾内のその他サービスの利用が拒否される場合がある。PSMAは，実質条項に加えて，PSMAの下で各国が負う義務の遵守状況を確認するための組織立った手続きも定めており，「FAOおよびその関連機関の枠組みの中で，本条約の実行を定期的かつ体系的に監視，評価すること」が要求されている。この目的にしたがって，各加盟国が自らのPSMAの実行状況について回答するウェブベースのアンケート調査が整備され，評価が隔年実施さ

れることについて，すでに全加盟国一致で合意している[41]。

　関連する手続きの整備はまだ途上であり，その作業は，FAO 事務局長と専門部会（規約制限等のない）に課されている[41]。したがって，現状では将来の監視の仕組の性質も，今後違反に対応するために定められるかもしれない手続きも，評価することが不可能となっている。しかし，PMSA 加盟国が報告しなければならない中央組織がいずれ設置される可能性は高いとみられる。アンケート調査で示されたとおり，条約遵守についての評価基準は条約に基づくものとなり，どの加盟国にも同じものが適用されることになる。また，PSMA は実行状況を監視するための手順の評価について明確に定めているため，全加盟国は，その手順を遵守しなければならない。定期的な評価の手順が定められれば，仮にその内容が，加盟国間での情報共有を義務付けるだけのものであったとしても，一定以上のレベルの国際的な説明責任を継続的に生み出す仕組みになるだろう。

15.6　おわりに：今後の進め方

　漁業水産業分野に存在するコンプライアンス手続き（仕組み，評価者，基準，説明責任，加盟国）の策定は初期段階にある（概要については表 15.2 を参照のこと）。沿岸国が義務をどこまで遵守しているかを評価する手続きが欠如している問題を脇に置いたとしても，既存の仕組みにはまだ欠点がある。特に，旗国や RFMO の評価者が外部有識者でなくても良いこと，他の類似する組織に適用されたものと同じ評価基準を使わなくても良いこと，そして何より，これらの評価が必須ではないということが問題である。また，実績評価の執行力をそれほど弱めていないとはいえ，これらの実績評価に課される項目はいずれも任意での適用である。そのため，説明責任という観点からすると，PSMA の執行事例と同様に，関連する条約に拘束力のある手続きを入れ込むことが，コンプライアンスの実施を推進するためには望ましいと言える。

　任意のガイドラインや計画によって，これまで拘束力のある法的文書の制定に向けた道が切り開かれてきた。特に関連性のある事例は，海運セクターで見られる。国際海事機関（International Maritime Organization: IMO）の管轄範囲

表15.2　コンプライアンスのための手続きの概要

	関連する条約とその批准状況 該当条文	加盟国数（2018年12月時点）	評価の仕組みまたは手順	評価者	評価基準	説明責任 プロセスは任意か義務的か	報告書の一元管理	提言のフォローアップ、取り組む場合に取られる措置など
旗国	UNCLOS第94条1項 / コンプライアンス合意 / UNFSA	168 / 42 / 89	・旗国の取り組みに関するFAOによる自主ガイドライン ・包括的手続きを経てFAOで採択された「ソフトな」法律文書	・自己評価または外部有識者による評価 ・旗国自ら判断	・ガイドライン中にリスト化された実質条項 ・外部評価に使用することを明確に推奨	・任意	・評価とその結果はFAOに通知される	・取り組みに問題がある場合の措置がガイドラインにいくつか示されている ・何をすると措置が取られるのか、その手順が不明確
沿岸国	UNCLOS第61-62条	168						
RFMOを通じた協力	UNCLOS第61条、63-64条、66-67条、118条 / UNFSA	168 / 89	・RFMOのパフォーマンスレビュー ・臨時に作られた仕組みではあるが、かなり確立されている	・有識者パネルが設置されるが、その構成はRFMO自身が決定 ・一般に最低1人の独立した有識者が含まれる	・RFMOが使用している最低限の基準は、2007年の神戸のまぐろ類RFMO合同会合の行動指針中のパフォーマンス評価基準 ・臨時的に策定された厳密な付託事項は異なることがある	・一般に任意 ・SPRFMOのみ拘束力のある制度を採用	・報告書は一般公開される ・報告書は収集されない	・RFMO内部フォローアップ ・2度目または3度目のパフォーマンスレビューにより、過去の提言内容の実施状況を確認 ・問題に対する正式な措置は定められていない
寄港国	PSMA	57	・PSMAの実行について、定期的かつ体系的な監視および評価 ・条約内で仕組みが提供されている ・詳細な機能の仕方について検定中	・アンケートへの回答を通じた寄港国の自己報告 ・追加の評価は今後決定、仕組みは策定中	・PSMAにより定められる義務	・拘束力あり	・今後決定、仕組みは策定中	・今後決定する見込み、仕組みは策定中

FAO：国連食糧農業機関，PSMA：違法な漁業、報告されていない漁業及び規制されていない漁業を防止し、抑止し、及び排除するための寄港国の措置に関する協定　RFMO：地域漁業管理機関，SPRFMO：南太平洋地域漁業管理機関，UNCLOS：海洋法に関する国際連合条約，UNFSA：国連公海漁業協定

内で，旗国の行動についての枠組みが策定されているのだ。これは，2001年に自己評価として始まり，2003年に「任意によるIMO加盟国監査スキーム」となった後，最終的には義務的な「IMO加盟国監査スキーム」として2016年初めに発効した。この制度は，旗国，寄港国，沿岸国としての各国の行動実績を評価するものである[42, 43]。このIMOの長期的な変化と同様の現象が漁業分野でも起きていると仮定すれば，一元化され，加盟国のすべての義務を対象とした多面的評価制度の策定が進行中であると期待しても良いだろう。

　その一方で，おそらく今後の進め方として最良の戦略は，時間をかけて一つ一つ課題を改善していくことではないだろうか。例えば，FAOによる旗国評価の一元的な管理を活用すれば，手続き面でのベストプラクティスを推奨することを後押しできるかもしれない。同様にRFMOの取り組みの評価についても，一元管理の仕組みを設立すれば，適切なタイミングで提言内容の実行ができているかを確認できる可能性がある。それまでは，国際社会が，前の評価のフォローアップの要素が含まれる2度目や3度目の評価を実施することを推奨すべきである。

　現在，漁業水産業分野において，関連する国家の義務がすべて評価されるとともに，違反した国にはその代償として貿易制裁措置が適用される仕組みが1つだけ存在している。それが「違法・無報告・無規制（IUU）漁業を防止，抑止及び廃絶するための欧州共同体システムを確立する欧州連合理事会規則」であり，国際法が定める旗国，沿岸国，寄港国，市場国としての義務を果たしていない欧州連合（European Union: EU）非加盟国に対して制裁を科すことを可能にしている[44]。EUは，問題があると特定された国に対して，まず詳細におよぶ手順を踏み，対話を重ね，問題点を改善するための支援をする。それでも不十分である場合，問題のある国は，IUU漁業の撲滅に非協力的であると判定される。これは，EU規則の第31-33条および第38条が示すとおり，その国が水産物をEUに対して輸出できないということを意味するのである。2018年12月までに，EUは25カ国に対して非協力的な可能性があるとあらかじめ特定しており，そのうち6カ国については，次のステップに進んで制裁の対象となった[45]。巨大水産物市場を抱えるEUが打ち出した貿易制裁の仕組みは効果を示し，数カ国において漁業ガバナンスが改善する契機となったので

ある[46]。しかしながら，EU の判断について評価を行う，あるいは異議を唱えるための仕組みが欠けていることから，世界貿易機関（World Trade Organization: WTO）の紛争解決機関に対して貿易法違反事例について申し立てることができるレベルには達していない。また，この仕組みが一方的であるという特性によっても問題が生じている。特に，EU の判断に恣意性がある（と解釈される）こと，また，複数の国の間で措置に不公平が起こりうるという問題が指摘されているのである[47]。

　各国の漁業水産業分野における義務の遵守を効率的に確認し，促進するための方法については，いまだに多くの制約が存在する。しかし，最近の国際イニシアチブが，既存の義務の実行と強制のための手段を作ることに重点を置いている点を見れば，今後の展望は明るいと言えるだろう。「既存の義務の実行と強制」によって，パラダイム変化が起きることが示唆されているのである。つまり，今後，違反は受容できないことだと見なされ，各国は，海洋生物資源を守るために，互いの行動を監視し合うことの必要性を認識するようになるであろう。

結論　格差の海

　海の未来について，3つの結論を本書の内容から導いていこう。1つ目は，「未来の海は，気候変動の影響により持続可能な海ではなくなる」という結論である。これは，序論で提示した「気候変動による海洋生態系への影響」についての答えとなる。地球規模で起こる気候変動が海（生態系やそこで営まれる漁業という生業）に与える影響は，今後，海水温の上昇，酸性化，海面上昇といった直接的な変化とともに2次的で累積的な影響によって，ますます増加していく（第1章）。海の生息域，生態系，汚染状況について言えば，希少な生息域が減少し，生物多様性は地域的に予想不可能な状態に陥り（第5章），汚染濃度も高まることが予測される（第4章）。そして，その変化に対応する生物的な適応や漁業者の動向に関しては（第6，7章），生態系へのコストや経済的なリスクを背負い，同時に時節的な変化（第2章）や異常な熱波（第3章）による突発的な打撃によって不可逆な事態に陥ることになる。これらの予測は，多くの海域で「観察可能な現象」として報告されており，未来の海とはいえ，すでに起きている現実として認識されている。

　2つ目は，序論で示した問い「環境変化への適応に際してのリスクとその負荷を担う対象」に対する答えである。その結論とは，「リスクは自然環境を超えて，社会や文化に影響を与え，その負荷は政治経済的に周辺化された人々に偏在する」ということである。生態学的な観点から述べれば，第6章で示したように，（気候変動に限り）生物の進化論的な適応が環境の変化に追いつくことは困難であるというのが予測結果の大筋である。一方で，人類社会の適応を考えると，気候変動の影響は，序論で述べた「累積的な」特徴により，先住民や小規模漁業者などの沿岸域社会に生きる人々，必ずしも政治経済の動向（パワ

ーバランス）から優先的に利益を得られない人々に偏在的な負荷がかかる（こ
れまでの先住民や沿岸域住民の歴史を見て「予測される」というのはあまりにも無
知だ）。その負荷とは，彼らの食糧安全保障のリスク，漁業という生業，魚食
とともに何百年にもわたって築き上げられてきた伝統や文化（より具体的には
言語や村）の存続に関わるリスクだけではない。健康や生き延びるために必要
な氷上での狩猟行動は生死に関わるリスクである。第8章で示されるイヌイッ
ト社会に及ぼされる気候変動の累積的影響とは，自然環境の変化が海から生態
系へと影響する上での積み重なりでなく，貧困，政治的な圧力，住民の現状を
考慮しない無責任な政策の重積を示している。世界規模の環境への影響を語る
際に，地域社会への重積が特別な事例として紹介されがちであるが，第9章が
示すように，一つ一つの社会，伝統，文化の繋がりが地球規模でデータ化され
た場合，この重積こそが，気候変動が海と人間の関係に及ぼすグローバルな課
題となるのである。

　3つ目の結論は，「気候変動の影響を緩和し，持続可能ではない海の未来に
適応するには，公的機関と市民社会による戦略的な政策と各国の義務の遵守が
必要であり，これらの戦略や義務は決して政治的に一部の利益や偏った価値観
に支配されるべきではない」である。これは，「未来の海のための国際的な取
り組みの再検討」という問いに対するものである。

　この答えの前提となる議論として，第10章では，政府や市民社会による取
り組みとは異なり，私的な利潤の追求を目的とする組織の取り組み，「企業の
社会的責任（CSR）」を取り上げることで，公的な取り組みの重要性を説いた。
そして，消費者の意識改革やCSRについて，民間のイニシアチブだけでは，
漁業の持続可能性を確保するためには不十分であると結論づけ，その上で，企
業の説明責任や公平な利益配分によって漁業者と（魚の買主である）企業がよ
り平等なパートナーシップを確立できた場合にのみ，新たな進歩が見られるか
もしれないという「社会的責任」を達成するための高いハードルを示した。ま
た，海の取り組みと国際関係・経済体制との政治的な交わりを取り上げ，第
11章では気候変動がきっかけとなって引き起こされる国際紛争，「魚を巡る戦
争」，第12章では海の管理策として提示される「所有権」の問題点を提示した。
　「魚を巡る戦争」が，水産資源の取り合いによって引き起こされる争いなの

か，それとも，すでに存在する国家間の領土や領海を巡る古くからの争いの代理戦争なのかを判断することはできない。気候変動によって，環境が変わり，魚が移動する。これまで獲れていた魚が国や地域の境を超えて自分の海から他人の海へと移ってしまう。この予想から，国と国や地域と地域が，魚を巡って争う未来は容易に想像できる。しかし，この予想には，これまで国家間や地域社会で紡がれてきた外交の歴史が含まれていない。また，海の所有権を明確にし，資源管理をより効率化するという「新自由主義的」モデルは，上層部の経済利潤に関与しない社会的な価値や（得てして地域的な紛争を妨げる）地域的な慣習を排除する。その一例として挙げられる海洋保護区は，空間的な海の囲い込みによって小規模漁業を排除する一方で，観光業を参入させ，結果的には海の恩恵を旅行会社（海洋保全チャンピオンとして国際的な名声を得る）と政治家の利益に還元することにもつながる。これらの章では，海の紛争や排他的な利潤追求は，海の環境やそこに生きる人たちの生業とは関わりのない恣意的な政治経済の枠組みによって決められるという事実について議論された。

　最後の第13, 14, 15章では，ブルーエコノミー，SDGs，国際法といった公的な取り組みが，はたして気候変動とその環境的・社会的影響の偏在を緩和するのかについて説いた。各章では，ブルーエコノミーであれ，SDGsであれ，これらの（ソフトな）国際的な取り組みが，影響を緩和し，適応に際して人類社会に課される負荷の偏在をなくすために必要とするのは，変化を予測する科学的知見だけでなく，社会的配慮を認識した戦略やガバナンス（統治体制）だと主張した。そして，（ハードな）国際法的な観点からは，各国の義務の実行とその強制手段の充実が必要だと説いた。前述したように，政治性への言及と現在進行形の取り組みへの見解をまとめると，3つ目の問いである「未来の海のための国際的な取り組みの再検討」に対する答えは，「気候変動の影響を緩和し，持続可能ではない海の未来に適応するには，公的機関と市民社会による戦略的な政策と各国の義務の遵守が必要であり，これらの戦略や義務は決して政治的に一部の利益や偏った価値観に支配されるべきではない」となる。

　本書の3つの問いへの答えをつなげると，そこには明確な海の未来と課題への解決の糸口が見えてくる。「未来の海は気候変動の影響により持続可能な海ではなくなる」そして変化に追随する「リスクは自然環境を超えて，社会や文

化に影響を与え，その負荷は政治経済的に周辺化された人々に偏在する」その
ため「気候変動の影響を緩和し，持続可能ではない海の未来に適応するには，
公的機関と市民社会による戦略的な政策と各国の義務の遵守が必要であり，こ
れらの戦略や義務は決して政治的に一部の利益や偏った価値観に支配されるべ
きではない」という結論は，“海の未来”とは“格差の海”であるというメッ
セージにつながる。

　未来の海では，その恩恵を受けるものと受けないものとの差が広がる社会的
な不平等が生じる。突発的な異常気象や長期的な生態系変化が起こる中，科学
的知見や地域の実情を認識せずに進められる国際的な取り組みや企業による活
動は，あらたな格差を生みだすのである。ここでの格差とは，端的に言えば，
社会的な配慮にかけた一方的な政策実施によって広がる人間の安全保障に関わ
る格差である。例えば，食糧安全保障のために小規模漁業が必要な地域に，気
候変動による水産資源の変化に対応する経済対策として海底資源開発を進める。
または，漁場の競合や奪略に対して，IUU（違法，無報告，無規制 – Illegal, Un-
reported, Unregulated）への対策と銘打った所有権の囲い込みを行い，国家間
の領土や領海紛争の代理戦争にその海域で操業する漁業者を巻き込む。すでに，
自分たちの能力だけでは解決することのできない地球規模の環境変化に見舞わ
れている沿岸住民は，これらの思慮が浅い「解決策」によって漁場を失い，
（「囲い込み」のような）排他的な政策に傾倒し，最終的に魚と海とそこに住む
人々の声を失う。一方で，開発に関わる企業や一部の政府関係者は，海からの
利潤を得る。この格差の仕組みは，植民地時代から続いてきた歴史的な権力の
アンバランスを踏襲していると言わざるを得ない。海の未来の変化に対応し，
その環境的，経済的，社会的な危機を乗り越えるための戦略は，人類が環境変
化への適応（または緩和）に際してこのアンバランスな現状を変革することが
優先されるべきである。

　本書の基盤となる研究，そして分野横断的ネットワークの構築は，2011 年
東日本大震災の直後に始動した日本財団ネレウスプログラムの成果である。未
曾有の災害が自然の脅威を私たちに示したその時から，「海の未来を予測する」
ことを目的としてネットワークは広がり，予測結果が積み上げられた。その中
で，私も含め参加研究者は，いつしか「誰のために海を予測するのか」という

問いを投げかけるようになった。それは，海の危機，人々にかかわるリスクが，分析モデルの予測だけでなく，過酷な現実として認識されたからである。また，非常に残念なことではあるが，海洋保全や資源管理の向上を目的とする調査研究であっても，その成果である科学的知見が海における「社会的公正」の実現に貢献するとは限らないという手厳しい事実も突きつけられた。

　私は，この認識をもとにして，科学を政策につなげることで公平な社会が実現することを目的とする新たな取り組みを始めた。2019 年に発足した日本財団ネクサスは，海が人々に平等に恩恵を与える機能を高めるための研究と行動を米国ワシントン大学を中心に世界 20 大学から発信する。この本で示した海の未来は，これから 50 年後の変化を予測しているが，人類がいかにその変化に対応するかという戦略はまだ十分に示されていない。特に，海の変化がもたらす負荷を担う沿岸域社会や不平等に負荷を押し付けられる人々に，正義と「主体性（社会に変化をもたらす政治・経済力）」を与えることは「海と人類の持続可能性」を実現するために喫緊の課題となる。その結果次第で，私たちの子孫が，過酷な格差の海と生きなければならないのか，それとも豊かで美しく全ての人に開かれた海に抱かれるのかが決まる。これは「長い戦い」だという研究者もいれば，「技術や資本による取り組みは暫定的な解決にしかならない」という研究者もいる。またある研究者は，「そこに戦略があれば戦いこそが目的となる」と言う。私たちの新たなプログラムは，海の未来の予測から踏み出し，新たな才能や技術に信念を与えて，海の未来から格差を削り取っていく方向に舵を切る。私は，この本をスタートとして，今後も新たな取り組みを共有していく所存である。

邦訳版への謝辞

10年前，日本財団会長の笹川陽平氏が話していたことを思い起こす。「海の未来が危機的状況だなんて一般には知られていない。しかし，人類社会にとってこれほどのリスクがあるだろうか」。本書の研究基盤である日本財団ネレウスプログラムは，複雑な海の変化を分野横断的に取り上げ，多角的な予測を展開することで，海の未来の危機に警鐘を鳴らすことができるという笹川氏の発案とともに発足した。準備段階から8年にわたるプログラムをサポートしていただいた日本財団に感謝すると同時に，目的に沿って中立な活動を貫けたのは，笹川氏の明確な指針によるものであることを改めてここに表明したい。参加研究者一同は，この中立性こそが，プログラム参加における最も価値のある側面であると認識している（社会学的に言えば，中立性の存在には疑問が残るかもしれないが，重要なことは，現在の海洋管理・保全における科学的知見と証拠に基づいた議論を氏が優先したという事実である）。笹川氏に心より感謝いたします。

本書の執筆者の多くは，各専門分野の最前線で活躍する若手研究者である。そしてまた，分野横断という発展途上のアプローチの必要性を常に認識しているからこそ，ネレウスプログラムに参加した者たちである。ネレウスフェローとして各大学に配属された彼らが，ポスドクを終え，教授として大学で教鞭をとるまでの数年間，研究者として独自の分野を切り開く過程に，プログラム統括として，指導者として関われたことに喜びを感じている。また，本書の翻訳を通して，より一層彼らの研究内容を学ばせてもらった。執筆者，共同編集者に感謝したい。

翻訳については，専門性を失わずに，しかもより読みやすい文章として訳すことに専念した。初稿を担ってくれたのは桑田由紀子氏で，科学的な内容を厳

密にチェックしてくれた。その後，太田が，指摘された不明確な部分を執筆者と確認し，原稿に反映させた。そして，改めて読書感を考慮し，富田智美氏が読者に近づける文章を目指してくれた。日本大学の柑本英雄教授と佐藤菜穂子氏には，原稿の明確さや言葉の選択のアドバイスなど，一貫してサポートしていただいた。専門性の高い翻訳を正確に，そして明確に日本の読者に伝えることができていれば，それは共同作業の成果である。しかし，本書の翻訳に関する責任は全て私にあることを付け加えておきたい。

また，ネレウスプログラムを支援してくださった日本財団には，本書の刊行にあたっても引き続き様々なサポートをしていただいた。最先端の知見を多くの方々に知っていただくにあたり，学術書の刊行はまたとない機会である。本書を通じて海の未来の危機を広く共有してほしいという私の希望に対して，惜しみない助力をくださった日本財団に改めて感謝したい。

最後に，翻訳・編集・執筆へのサポートを誠心誠意行ってくださった勁草書房の永田悠一氏に感謝したい。私にとって初めての試みが成功したのは，永田氏のサポートのおかげである。

あとがき

　本書の翻訳作業は，世界的パンデミックという新たな日常のなか進められた。英文原書の執筆中には想像だにしなかった，まさに予測外のシナリオである。翻訳中，私が暮らすアメリカでは，虚偽の情報が飛び交い，多くの人が命を落とす事態が続いていた（その状況はいまだ続いている）。そんな状況において，「海洋の未来」を論じる理由は，権力が人々の不安を糧にする社会構造と広がる格差への憂慮であった。「陸」が矛盾と不正義で満たされるなか，海と暮らし，海を生業とする人々を守る準備を整えるのは，異常事態が起こってからでは遅すぎる。コロナ禍の現実は，その事実を明白に物語っている。

　十分とは言えないが，本書は，海の危機に対する知見を分野横断的に示せたと思う。分野横断的な視点をもとにした海洋の未来の予測とは，変化する海に社会がどう対応するのか（すべきか）という問いに答えることである。資源というケーキが小さくなった時，それまで自分に切り分けられていた大きなピースを，他者の生存のために誰がどれだけ減らすべきか？　この問いに答えるためには，気候変動の影響をその物理的，生態的な変化だけでなく，開発・管理・保全活動が人々の生活，経済，健康へ与える影響とともに理解する必要がある。

　海洋の未来は，今を生きる私たちに，未来の世代に負荷をかけない「分配の平等」という義務を課している。この義務を引き受けるにあたって，「危機」以上に「分配」と「平等」を心に留めて本書の完成にあたった。危機という警鐘は，えてして政治的な産物となり，今ある分配の不平等から目をそらす道具として使われてしまう。その結果，警鐘が喚起する議論は，問題を「どのように」解決するのかではなく「誰が」解決すべきかという議論にすり替えられて

しまうことも多い。その「誰が」という権威と権力につながる議論に研究者は参加すべきではないという意見もある，しかし，昨年からアメリカで湧き上がる人種差別への対抗運動は，沈黙は共謀である，と私たちに教えてくれている。悪魔的な問題の解決のためには，決して悪魔と手を繋いではいけない。何が悪魔かは主観的な認識だが，海の未来を常に社会の未来として捉える姿勢は，海洋研究者にとって必要な判断の大きな助けになるだろう。

　私にとって，海の魅力とは，ある意味それが目指すべき平等な繋がりにある。

略語一覧

AIS　船舶自動識別装置（Automatic Identification System）
ASC　水産養殖管理協議会（Aquaculture Stewardship Council）
BATS　バミューダ大西洋時系列研究（Bermuda Atlantic Time-series Study）
CoC　追跡経路（Chain of Custody）
COFI　水産委員会（Committee on Fisheries）
CSR　企業の社会的責任（Corporate Social Responsibility）
EBUS　東岸境界湧昇システム（Eastern Boundary Upwelling System）
EEZ　排他的経済水域（Exclusive Economic Zone）
EU　欧州連合（European Union）
FAO　国際連合食糧農業機関（Food and Agriculture Organization）
FoS　Friends of the Sea
GAA BAP　Global Aquaculture Alliance Best Aquaculture Practices
GBIF　地球規模生物多様性情報機構（Global Biodiversity Information Facility）
GFDL　地球物理流体力学研究所（Geophysical Fluid Dynamics Laboratory）
Global GAP　Global Good Agriculture Practice Aquaculture Standard
IFFO　Global Standard and Certification Programme for the Responsible Supply of Fishmeal and Fish Oil.
IMO　国際海事機関（International Maritime Organization）
IOC-UNESCO　ユネスコ政府間海洋学委員会（Intergovernmental Oceanographic Commission of UNESCO）
ITQ　譲渡性個別割当（Individual Transferable Quota）
IUCN　国際自然保護連合（International Union for Conservation of Nature and Natural Resources）
IUU　違法・無報告・無規制（Illegal, Unreported and Unregulated）
MDGs　ミレニアム開発目標（Millennium Development Goals）
MPA　海洋保護区（Marine Protected Area）
MSC　海洋管理協議会（Marine Stewardship Council）
MTE　生態学の代謝理論（Metabolic Theory of Ecology）
NOAA　米国海洋大気庁（National Oceanic and Atmospheric Administration）

OBIS　海洋生物地理情報システム（Ocean Biogeographic Information System）

PCB　ポリ塩化ビフェニル

POPs　残留性有機汚染物質

PSMA　違法な漁業，報告されていない漁業及び規制されていない漁業を防止し，抑止し，及び排除するための寄港国の措置に関する協定（違法漁業防止寄港国措置協定）（Agreement on Port State Measures to Prevent, Deter and Eliminate Illegal, Unreported and Unregulated Fishing）

RFMO　地域漁業管理機関（Regional Fisheries Management Organization）

SDGs　持続可能な開発目標（Sustainable Development Goals）

SPRFMO　南太平洋地域漁業管理機関（South Pacific Regional Fisheries Management Organisation）

TAC　漁獲可能量（Total Allowable Catch）

UNCLOS　海洋法に関する国際連合条約，国連海洋法条約（United Nations Convention on the Law of the Sea）

UNFSA　国連公海漁業協定（United Nations Fish Stocks Agreement）

UNFSA [Resume] Review Conference　（再開）評価会合

UNGP　国連グローバル・コンパクト

UNDP　国連開発計画（United Nations Development Programme）

VGPM　一次生産力モデル（Vertically generalized production model）

WHO　世界保健機関（World Health Organization）

WTO　世界貿易機関（World Trade Organization）

参考文献・注

第 1 章

[1] P. Lehodey, J. Alheit, M. Barange, T. Baumgartner, G. Beaugrand, K. Drinkwater, et al., Climate variability, fish, and fisheries, J. Clim. 19(20)(2006) 5009-5030.

[2] T. Baumgartner, A. Soutar, W. Riedel, Natural time scales of variability in coastal pelagic fish populations of the California Current over the past 1500 years: Response to global climate change and biological interaction, California Sea Grant Rep. for 1992-1995, California Sea Grant College, La Jolla, CA, 1996, pp. 31-37.

[3] A. Soutar, J. D. Isaacs, Abundance of pelagic fish during the 19th and 20th centuries as recorded in anaerobic sediment off the Californias, Fish. Bull. 72(2)(1974) 257-273.

[4] J. Alheit, E. Hagen, Long-term climate forcing of European herring and sardine populations, Fish. Oceanogr. 6(2)(1997) 130-139.

[5] E. M. Sunderland, M. Li, K. Bullard, Decadal changes in the edible supply of seafood and methylmercury exposure in the United States, Environ. Health Perspect. 126(1)(2018) 017006.

[6] R. T. Barber, F. P. Chavez, Biological consequences of El Niño, Science 222(4629)(1983) 1203-1210.

[7] F. P. Chavez, J. Ryan, S. E. Lluch-Cota, M. Ñiquen, From anchovies to sardines and back: multidecadal change in the Pacific Ocean, Science 299(5604)(2003) 217-221.

[8] W. Clark, The lessons of the Peruvian anchoveta fishery, Calif. Coop. Oceanic Fish. Invest.Rep. 19(1976) 57-63.

[9] S. C. Doney, V. J. Fabry, R. A. Feely, J. A. Kleypas, Ocean acidification: the other CO2 problem, Ann. Rev. Mar. Sci. 1(2009) 169-192.

[10] T. F. Stocker, D. Qin, G.-K. Plattner, M. Tignor, S. K. Allen, J. Boschung, et al., IPCC, 2013: Climate Change 2013: The Physical Science Basis. Contribution of Working Group I to the Fifth Assessment Report of the Intergovernmental Panel on Climate Change, Cambridge University Press, 2013.

[11] M. Rhein, S. R. Rintoul, S. Aoki, E. Campos, D. Chambers, R. A. Feely, et al., Observations: Ocean, in: T. F. Stocker, D. Qin, G.-K. Plattner, M. Tignor, S. K. Allen, J. Boschung, A. Nauels, Y. Xia, V. Bex, P. M. Midgley (Eds.), Climate Change 2013: The Physical Sci-

ence Basis. Contribution of Working Group I to the Fifth Assessment Report of the Intergovernmental Panel on Climate Change, Cambridge University Press, Cambridge; New York, NY, 2013, pp. 255–316.

[12] H.-O. Pörtner, D. M. Karl, P. W. Boyd, W. W. L. Cheung, S. E. Lluch-Cota, Y. Nojiri, et al., Ocean systems, in: C. B. Field, V. R. Barros, D. J. Dokken, K. J. Mach, M. D. Mastrandrea, T. E. Bilir, M. Chatterjee, K. L. Ebi, Y. O. Estrada, R. C. Genova, B. Girma, E. S. Kissel, A. N. Levy, S. MacCracken, P. R. Mastrandrea, L. L. White (Eds.), Climate Change 2014: Impacts, Adaptation, and Vulnerability. Part A: Global and Sectoral Aspects. Contribution of Working Group II to the Fifth Assessment Report of the Intergovernmental Panel on Climate Change, Cambridge University Press, Cambridge, United Kingdom and New York, NY, USA, 2014, pp. 411–484.

[13] P. M. Glibert, M. A. Burford, Globally changing nutrient loads and harmful algal blooms: recent advances, new paradigms, and continuing challenges, Oceanography 30 (1)(2017) 58–69.

[14] J. Heisler, P. M. Glibert, J. M. Burkholder, D. M. Anderson, W. Cochlan, W. C. Dennison, et al., Eutrophication and harmful algal blooms: a scientific consensus, Harmful Algae 8 (1)(2008) 3–13.

[15] M. L. Diamond, C. A. de Wit, S. Molander, M. Scheringer, T. Backhaus, R. Lohmann, et al., Exploring the planetary boundary for chemical pollution, Environ. Int. 78(2015) 8–15.

[16] C. T. Driscoll, R. P. Mason, H. M. Chan, D. J. Jacob, N. Pirrone, Mercury as a global pollutant: sources, pathways, and effects, Environ. Sci. Technol. 47(10)(2013) 4967–4983.

[17] C. D. Keeling, R. B. Bacastow, A. E. Bainbridge, C. A. Ekdahl Jr, P. R. Guenther, L. S. Waterman, et al., Atmospheric carbon dioxide variations at Mauna Loa observatory, Hawaii, Tellus 28(6)(1976) 538–551.

[18] E. J. Dlugokencky, P. M. Lang, J. W. Mund, A. T. Crotwell, M. J. Crotwell, K. W. Thoning, Atmospheric Carbon Dioxide Dry Air Mole Fractions from the NOAA ESRL Carbon Cycle Cooperative Global Air Sampling Network, 1968–2017, Version: 2018-07-31, 2018.

[19] J. E. Dore, R. Lukas, D. W. Sadler, M. J. Church, D. M. Karl, Physical and biogeochemical modulation of ocean acidification in the central North Pacific, Proc. Natl. Acad. Sci. U. S. A. 106(30)(2009) 12235–12240.

[20] C. L. Sabine, R. A. Feely, N. Gruber, R. M. Key, K. Lee, J. L. Bullister, et al., The oceanic sink for anthropogenic CO2, Science 305(5682)(2004) 367–371.

[21] D. Archer, H. Kheshgi, E. Maier-Reimer, Multiple timescales for neutralization of fossil fuel CO2, Geophys. Res. Lett. 24(4)(1997) 405–408.

[22] J. L. Sarmiento, N. Gruber, Ocean Biogeochemical Dynamics, Princeton University Press, 2013.

[23] L. Bopp, L. Resplandy, J. C. Orr, S. C. Doney, J. P. Dunne, M. Gehlen, et al., Multiple stressors of ocean ecosystems in the 21st century: projections with CMIP5 models, Bio-

geosciences 10(2013) 6225-6245.

[24] T. L. Frölicher, K. B. Rodgers, C. A. Stock, W. W. Cheung, Sources of uncertainties in 21st century projections of potential ocean ecosystem stressors, Global Biogeochem. Cycles 30(8)(2016) 1224-1243.

[25] U. Riebesell, K. G. Schulz, R. Bellerby, M. Botros, P. Fritsche, M. Meyerhöfer, et al., Enhanced biological carbon consumption in a high CO2 ocean, Nature 450(7169)(2007) 545.

[26] S. C. Doney, I. Lima, J. K. Moore, K. Lindsay, M. J. Behrenfeld, T. K. Westberry, et al., Skill metrics for confronting global upper ocean ecosystem-biogeochemistry models against field and remote sensing data, J. Mar. Syst. 76(12)(2009) 95-112.

[27] V. J. Fabry, B. A. Seibel, R. A. Feely, J. C. Orr, Impacts of ocean acidification on marine fauna and ecosystem processes, ICES J. Mar. Sci. 65(3)(2008) 414-432.

[28] K. J. Kroeker, R. L. Kordas, R. Crim, I. E. Hendriks, L. Ramajo, G. S. Singh, et al., Impacts of ocean acidification on marine organisms: quantifying sensitivities and interaction with warming, Global Change Biol. 19(6)(2013) 1884-1896.

[29] B. D. Eyre, T. Cyronak, P. Drupp, E. H. De Carlo, J. P. Sachs, A. J. Andersson, Coral reefs will transition to net dissolving before end of century, Science 359(6378)(2018) 908-911.

[30] A. C. Wittmann, H.-O. Pörtner, Sensitivities of extant animal taxa to ocean acidification, Nat. Clim. Change 3(11)(2013) 995.

[31] I. Nagelkerken, P. L. Munday, Animal behaviour shapes the ecological effects of ocean acidification and warming: moving from individual to community-level responses, Global Change Biol. 22(3)(2016) 974-989.

[32] W. W. Cheung, J. Dunne, J. L. Sarmiento, D. Pauly, Integrating ecophysiology and plankton dynamics into projected maximum fisheries catch potential under climate change in the Northeast Atlantic, ICES J. Mar. Sci. 68(6)(2011) 1008-1018.

[33] S. R. Cooley, N. Lucey, H. Kite-Powell, S. C. Doney, Nutrition and income from molluscs today imply vulnerability to ocean acidification tomorrow, Fish Fish. 13(2)(2012) 182-215.

[34] V. W. Lam, W. W. Cheung, U. R. Sumaila, Marine capture fisheries in the Arctic: winners or losers under climate change and ocean acidification? Fish Fish. 17(2)(2016) 335-357.

[35] A. M. Queirós, J. A. Fernandes, S. Faulwetter, J. Nunes, S. P. Rastrick, N. Mieszkowska, et al., Scaling up experimental ocean acidification and warming research: from individuals to the ecosystem, Global Change Biol. 21(1)(2015) 130-143.

[36] J. J. Alava, W. W. Cheung, P. S. Ross, U. R. Sumaila, Climate changecontaminant interactions in marine food webs: toward a conceptual framework, Global Change Biol. 23(10)(2017) 3984-4001.

[37] K. J. Kroeker, R. L. Kordas, C. D. Harley, Embracing interactions in ocean acidification

research: confronting multiple stressor scenarios and context dependence, Biol. Lett. 13 (3)(2017) 20160802.

[38] J. Marshall, R. A. Plumb, Atmosphere, Ocean and Climate Dynamics: An Introductory Text, Academic Press, 2016.

[39] S. Arrhenius, On the influence of carbonic acid in the air upon the temperature of the Earth, Publ. Astron. Soc. Pac. 9(1897) 14.

[40] S. Levitus, J. I. Antonov, T. P. Boyer, O. K. Baranova, H. E. Garcia, R. A. Locarnini, et al., World ocean heat content and thermosteric sea level change (0-2000 m), 1955-2010, Geophys. Res. Lett. 39(10)(2012) L10603.

[41] D. Roemmich, W. J. Gould, J. Gilson, 135 years of global ocean warming between the Challenger expedition and the Argo Programme, Nat. Clim. Change 2(6)(2012) 425.

[42] J. C. Stroeve, M. C. Serreze, M. M. Holland, J. E. Kay, J. Malanik, A. P. Barrett, The Arctic's rapidly shrinking sea ice cover: a research synthesis, Clim. Change 110(3-4) (2012) 1005-1027.

[43] M. Wang, J. E. Overland, A sea ice free summer Arctic within 30 years: an update from CMIP5 models, Geophys. Res. Lett. 39(18)(2012) L18501.

[44] M. Collins, R. Knutti, J. Arblaster, J.-L. Dufresne, T. Fichefet, P. Friedlingstein, et al., Long-term Climate Change: Projections, Commitments and Irreversibility, in: T. F. Stocker, D. Qin, G.-K. Plattner, M. Tignor, S. K. Allen, J. Boschung, A. Nauels, Y. Xia, V. Bex, P. M. Midgley (Eds.), Climate Change 2013: The Physical Science Basis. Contribution of Working Group I to the Fifth Assessment Report of the Intergovernmental Panel on Climate Change, Cambridge University Press, Cambridge, United Kingdom and New York, NY, USA, 2013.

[45] E. S. Poloczanska, M. T. Burrows, C. J. Brown, J. Garcia Molinos, B. S. Halpern, O. Hoegh-Guldberg, et al., Responses of marine organisms to climate change across oceans, Front. Mar. Sci. 3(2016) 62.

[46] M. L. Pinsky, B. Worm, M. J. Fogarty, J. L. Sarmiento, S. A. Levin, Marine taxa track local climate velocities, Science 341(6151)(2013) 1239-1242.

[47] W. W. Cheung, R. Watson, D. Pauly, Signature of ocean warming in global fisheries catch, Nature 497(7449)(2013) 365.

[48] W. W. Cheung, V. W. Lam, J. L. Sarmiento, K. Kearney, R. Watson, D. Pauly, Projecting global marine biodiversity impacts under climate change scenarios, Fish Fish. 10(3) (2009) 235-251.

[49] M. L. Pinsky, G. Reygondeau, R. Caddell, J. Palacios-Abrantes, J. Spijkers, W. W. Cheung, Preparing ocean governance for species on the move, Science 360(6394)(2018) 1189-1191.

[50] W. W. Cheung, T. L. Frölicher, R. G. Asch, M. C. Jones, M. L. Pinsky, G. Reygondeau, et al., Building confidence in projections of the responses of living marine resources to climate change, ICES J. Mar. Sci. 73(2016) 1283-1296.

[51] W. W. Cheung, M. C. Jones, G. Reygondeau, C. A. Stock, V. W. Lam, T. L. Frölicher, Structural uncertainty in projecting global fisheries catches under climate change, Ecol. Modell. 325 (2016) 57-66.

[52] A. J. Hobday, L. V. Alexander, S. E. Perkins, D. A. Smale, S. C. Straub, E. C. Oliver, et al., A hierarchical approach to defining marine heatwaves, Prog. Oceanogr. 141 (2016) 227-238.

[53] R. D. Stuart-Smith, C. J. Brown, D. M. Ceccarelli, G. J. Edgar, Ecosystem restructuring along the Great Barrier Reef following mass coral bleaching, Nature 560 (7716) (2018) 92.

[54] T. P. Hughes, J. T. Kerry, M. Álvarez-Noriega, J. G. Álvarez-Romero, K. D. Anderson, A. H. Baird, et al., Global warming and recurrent mass bleaching of corals, Nature 543 (7645) (2017) 373.

[55] N. A. Bond, M. F. Cronin, H. Freeland, N. Mantua, Causes and impacts of the 2014 warm anomaly in the NE Pacific, Geophys. Res. Lett. 42 (9) (2015) 3414-3420.

[56] E. Di Lorenzo, N. Mantua, Multi-year persistence of the 2014/15 North Pacific marine heatwave, Nat. Clim. Change 6 (11) (2016) 1042.

[57] M. G. Jacox, M. A. Alexander, N. J. Mantua, J. D. Scott, G. Hervieux, R. S. Webb, et al., Forcing of multiyear extreme ocean temperatures that impacted California current living marine resources in 2016, Bull. Am. Meteorol. Soc. 99 (1) (2018) S27-S33.

[58] K. E. Mills, A. J. Pershing, C. J. Brown, Y. Chen, F.-S. Chiang, D. S. Holland, et al., Fisheries management in a changing climate: lessons from the 2012 ocean heat wave in the Northwest Atlantic, Oceanography 26 (2) (2013) 191-195.

[59] T. L. Frölicher, E. M. Fischer, N. Gruber, Marine heatwaves under global warming, Nature 560 (7718) (2018) 360.

[60] T. L. Frölicher, C. Laufkötter, Emerging risks from marine heat waves, Nat. Commun. 9 (1) (2018) 650.

[61] A. Schmittner, Decline of the marine ecosystem caused by a reduction in the Atlantic overturning circulation, Nature 434 (7033) (2005) 628.

[62] X. Zhang, Y. Zhang, C. Dassuncao, R. Lohmann, E. M. Sunderland, North Atlantic Deep Water formation inhibits high Arctic contamination by continental perfluorooctane sulfonate discharges, Global Biogeochem. Cycles 31 (8) (2017) 1332-1343.

[63] W. Cai, G. Wang, B. Dewitte, L. Wu, A. Santoso, K. Takahashi, et al., Increased variability of eastern Pacific El Niño under greenhouse warming, Nature 564 (7735) (2018) 201.

[64] W. Sydeman, M. Garcíia-Reyes, D. Schoeman, R. Rykaczewski, S. Thompson, B. Black, et al., Climate change and wind intensification in coastal upwelling ecosystems, Science 345 (6192) (2014) 77-80.

[65] R. R. Rykaczewski, J. P. Dunne, W. J. Sydeman, M. García-Reyes, B. A. Black, S. J. Bograd, Poleward displacement of coastal upwelling-favorable winds in the ocean's eastern boundary currents through the 21st century, Geophys. Res. Lett. 42 (15) (2015) 6424-

6431.

[66] M. J. Behrenfeld, P. G. Falkowski, Photosynthetic rates derived from satellite-based chlorophyll concentration, Limnol. Oceanogr. 42(1)(1997) 1-20.

[67] A. Capotondi, M. A. Alexander, N. A. Bond, E. N. Curchitser, J. D. Scott, Enhanced upper ocean stratification with climate change in the CMIP3 models, J. Geophys. Res. Oceans 117(C4)(2012) C04031.

[68] P. J. Durack, S. E. Wijffels, R. J. Matear, Ocean salinities reveal strong global water cycle intensification during 1950 to 2000, Science 336(6080)(2012) 455-458.

[69] D. G. Boyce, M. Dowd, M. R. Lewis, B. Worm, Estimating global chlorophyll changes over the past century, Prog. Oceanogr. 122(2014) 163-173.

[70] S. A. Henson, J. L. Sarmiento, J. P. Dunne, L. Bopp, I. D. Lima, S. C. Doney, et al., Detection of anthropogenic climate change in satellite records of ocean chlorophyll and productivity, Biogeosciences 7(2010) 621-640.

[71] W. W. Cheung, G. Reygondeau, T. L. Frölicher, Large benefits to marine fisheries of meeting the 1.5℃ global warming target, Science 354(6319)(2016) 1591-1594.

[72] H. K. Lotze, D. P. Tittensor, A. Bryndum-Buchholz, T. D. Eddy, W. W. Cheung, E. D. Galbraith, et al., Global ensemble projections reveal trophic amplification of ocean biomass declines with climate change, Proceedings of the National Academy of Sciences 116(26)(2019) 12907-12912.

[73] K. D. Friedland, C. Stock, K. F. Drinkwater, J. S. Link, R. T. Leaf, B. V. Shank, et al., Pathways between primary production and fisheries yields of large marine ecosystems, PLoS One 7(1)(2012). Available from: https://doi.org/10.1371/journal.pone.0028945.

[74] J. H. Ryther, Photosynthesis and fish production in the sea, Science 166(1969) 72-76.

[75] C. A. Stock, J. G. John, R. R. Rykaczewski, R. G. Asch, W. W. Cheung, J. P. Dunne, et al., Reconciling fisheries catch and ocean productivity, Proc. Natl. Acad. Sci. U. S. A. 114(8) (2017) E1441-E1449.

[76] J. R. Watson, C. A. Stock, J. L. Sarmiento, Exploring the role of movement in determining the global distribution of marine biomass using a coupled hydrodynamic — nsize-based ecosystem model, Prog. Oceanogr. 138(2015) 521-532.

[77] V. Christensen, M. Coll, J. Buszowski, W. W. Cheung, T. Frölicher, J. Steenbeek, et al., The global ocean is an ecosystem: simulating marine life and fisheries, Global Ecol. Biogeogr. 24(5)(2015) 507-517.

[78] K. A. Kearney, C. Stock, K. Aydin, J. L. Sarmiento, Coupling planktonic ecosystem and fisheries food web models for a pelagic ecosystem: description and validation for the subarctic Pacific, Ecol. Modell. 237(2012) 43-62. Available from: https://doi.org/10.1016/j.ecolmodel.2012.04.006.

[79] C. M. Petrik, C. A. Stock, K. H. Andersen, P. D. van Denderen, J. R. Watson, Bottom-up drivers of global patterns of demersal, forage, and pelagic fishes, Prog. Oceanogr. 176 (2019) 102-124. Available from: https://doi.org/10.1016/j.pocean.2019.102124.

[80] D. P. Tittensor, T. D. Eddy, H. K. Lotze, E. D. Galbraith, W. Cheung, M. Barange, et al., A protocol for the intercomparison of marine fishery and ecosystem models: Fish-MIPv1. 0, Geosci. Model Dev. 11(4)(2018) 1421-1442.

[81] N. Henschke, C. A. Stock, J. L. Sarmiento, Modeling population dynamics of scyphozoan jellyfish (Aurelia spp.) in the Gulf of Mexico, Mar. Ecol. Prog. Ser. 591(2018) 167-183.

[82] D. Cushing, Plankton production and year-class strength in fish populations: an update of the match/ mismatch hypothesis, Advances in Marine Biology, Elsevier, 1990, pp. 249-293.

[83] R. G. Asch, C. A. Stock, J. L. Sarmiento, Climate change impacts on mismatches between phytoplankton blooms and fish spawning phenology, Global change biology (2019 May 31) 1-16. Available from: https://doi.org/10.1111/gcb.14650.

[84] H. E. Garcia, R. A. Locarnini, T. P. Boyer, J. I. Antonov, O. K. Baranova, M. M. Zweng, et al., World Ocean Atlas 2013, Volume 3: Dissolved Oxygen, Apparent Oxygen Utilization, and Oxygen Saturation, Rep. NOAA Atlas NESDIS, 2014, pp. 27.

[85] D. Breitburg, L. A. Levin, A. Oschlies, M. Grégoire, F. P. Chavez, D. J. Conley, et al., Declining oxygen in the global ocean and coastal waters, Science 359(6371)(2018) eaam7240.

[86] S. Schmidtko, L. Stramma, M. Visbeck, Decline in global oceanic oxygen content during the past five decades, Nature 542(7641)(2017) 335.

[87] R. J. Diaz, R. Rosenberg, Spreading dead zones and consequences for marine ecosystems, Science 321(5891)(2008) 926-929.

[88] N. N. Rabalais, R. E. Turner, W. J. Wiseman Jr, Gulf of Mexico hypoxia, a. k. a. "The dead zone,", Annu. Rev. Ecol. Syst. 33(1)(2002) 235-263.

[89] W. W. L. Cheung, D. Pauly, Impacts and effects of ocean warming on marine fishes, in: J. M. Baxter, D. Laffoley (Eds.), Explaining ocean warming: Causes, scale, effects and consequences, IUCN, Gland, Switzerland, 2016, pp. 239-254.

[90] B. A. Seibel, Critical oxygen levels and metabolic suppression in oceanic oxygen minimum zones, J. Exp. Biol. 214(2)(2011) 326-336.

[91] C. Deutsch, A. Ferrel, B. Seibel, H.-O. Pörtner, R. B. Huey, Climate change tightens a metabolic constraint on marine habitats, Science 348(6239)(2015) 1132-1135.

[92] K. E. Limburg, D. Breitburg, L. A. Levin, Ocean deoxygenation — a climate-related problem, Front. Ecol. Environ. 15(9)(2017) 479.

[93] A. H. Altieri, K. B. Gedan, Climate change and dead zones, Global Change Biol. 21(4) (2015) 1395-1406.

[94] L. Stramma, E. D. Prince, S. Schmidtko, J. Luo, J. P. Hoolihan, M. Visbeck, et al., Expansion of oxygen minimum zones may reduce available habitat for tropical pelagic fishes, Nat. Clim. Change 2(1)(2012) 33.

[95] E. M. Sunderland, C. T. Driscoll Jr, J. K. Hammitt, P. Grandjean, J. S. Evans, J. D. Blum, et al., Benefits of Regulating Hazardous Air Pollutants from Coal and Oil-Fired Utilities

in the United States, Environ. Sci. Technol. 50(5)(2016) 2117-2120.

[96] C. Roberts, The Unnatural History of the Sea, Island Press, 2010.

[97] F. Bulleri, M. G. Chapman, The introduction of coastal infrastructure as a driver of change in marine environments, J. Appl. Ecol. 47(1)(2010) 26-35.

[98] C. M. Crain, B. S. Halpern, M. W. Beck, C. V. Kappel, Understanding and managing human threats to the coastal marine environment, Ann. N. Y. Acad. Sci. 1162(1)(2009) 39-62.

[99] M. Spalding, World Atlas of Mangroves, Routledge, 2010.

[100] J. W. Erisman, M. A. Sutton, J. Galloway, Z. Klimont, W. Winiwarter, How a century of ammonia synthesis changed the world, Nat. Geosci. 1(10)(2008) 636.

[101] D. Fowler, M. Coyle, U. Skiba, M. A. Sutton, J. N. Cape, S. Reis, et al., The global nitrogen cycle in the twenty-first century, Philos. Trans. R. Soc. B: Biol. Sci. 368(1621) (2013) 20130164.

[102] M. Lee, E. Shevliakova, C. A. Stock, S. Malyshev, P. C. D. Milly, Prominence of the tropics in the recent rise of global nitrogen pollution, Nat. Commun. 10(2019) 1434.

[103] J. Wu, E. A. Boyle, Lead in the western North Atlantic Ocean: completed response to leaded gasoline phaseout, Geochim. Cosmochim. Acta 61(15)(1997) 3279-3283.

[104] K. Ndungu, C. M. Zurbrick, S. Stammerjohn, S. Severmann, R. M. Sherrell, A. R. Flegal, Lead sources to the Amundsen Sea, West Antarctica, Environ. Sci. Technol. 50(12) (2016) 6233-6239.

[105] E. M. Sunderland, R. P. Mason, Human impacts on open ocean mercury concentrations, Global Biogeochem. Cycles 21(4)(2007) GB4022.

[106] H. M. Amos, D. J. Jacob, D. G. Streets, E. M. Sunderland, Legacy impacts of all-time anthropogenic emissions on the global mercury cycle, Global Biogeochem. Cycles 27(2) (2013) 410-421.

[107] J. Dachs, R. Lohmann, W. A. Ockenden, L. Méjanelle, S. J. Eisenreich, K. C. Jones, Oceanic biogeochemical controls on global dynamics of persistent organic pollutants, Environ. Sci. Technol. 36(20)(2002) 4229-4237.

[108] E. Jurado, F. M. Jaward, R. Lohmann, K. C. Jones, R. Simó, J. Dachs, Atmospheric dry deposition of persistent organic pollutants to the Atlantic and inferences for the global oceans, Environ. Sci. Technol. 38(21)(2004) 5505-5513.

[109] C. A. McDonough, A. O. De Silva, C. Sun, A. Cabrerizo, D. Adelman, T. Soltwedel, et al., Dissolved organophosphate esters and polybrominated diphenyl ethers in remote marine environments: arctic surface water distributions and net transport through Fram Strait, Environ. Sci. Technol. 52(11)(2018) 6208-6216.

[110] J. R. Jambeck, R. Geyer, C. Wilcox, T. R. Siegler, M. Perryman, A. Andrady, et al., Plastic waste inputs from land into the ocean, Science 347(6223)(2015) 768-771.

[111] E. Boss, A. Waite, F. Muller-Karger, H. Yamazaki, R. Wanninkhof, J. Uitz, et al., Beyond chlorophyll fluorescence: the time is right to expand biological measurements in

ocean observing programs, Limnol. Oceanogr. Bull. 27(3)(2018) 89-90.

[112] A. M. Moore, M. J. Martin, S. Akella, H. Arango, M. A. Balmaseda, L. Bertino, et al., Synthesis of ocean observations using data assimilation for operational, real-time and re-analysis systems: a more complete picture of the state of the ocean, Front. Mar. Sci. 6 (2019) 90.

[113] G. B. Bonan, S. C. Doney, Climate, ecosystems, and planetary futures: the challenge to predict life in Earth system models, Science 359(6375)(2018) eaam8328.

[114] Y. Kushnir, A. A. Scaife, R. Arritt, G. Balsamo, G. Boer, F. Doblas-Reyes, et al., Towards operational predictions of the near-term climate, Nat. Clim. Change 9(2019) 94-101.

[115] D. Tommasi, C. A. Stock, A. J. Hobday, R. Methot, I. C. Kaplan, J. P. Eveson, et al., Managing living marine resources in a dynamic environment: the role of seasonal to decadal climate forecasts, Prog. Oceanogr. 152(2017) 15-49.

[116] A. J. Hobday, C. M. Spillman, J. Paige Eveson, J. R. Hartog, Seasonal forecasting for decision support in marine fisheries and aquaculture, Fish. Oceanogr. 25(2016) 45-56.

第 2 章

[1] J. Terhivuo, E. Kubin, J. Karhu, Phenological observation since the days of Linné in Finland, Ital. J. Agrometeorol. 1(2009) 45-49.

[2] R. G. Asch, Interannual-to-Decadal Changes in Phytoplankton Phenology, Fish Spawning Habitat, and Larval Fish Phenology (Ph. D. dissertation), Scripps Institution of Oceanography, University of California San Diego, San Diego, CA, 2013.

[3] E. L. Mills, Biological Oceanography. An Early History, 1870-1960, Cornell University Press, Ithaca, NY 1989.

[4] F. Schütt, Analytische plankton-studien. Methoden und anfangs-resultate der quantitativ-analytischen planktonforschung, Lipsius and Tischer, Kiel, 1892.

[5] J. Johnstone, A. Scott, H. C. Chadwick, The Marine Plankton, The University Press of Liverpool, London 1924.

[6] H. U. Sverdrup, On conditions for the vernal blooming of phytoplankton, J. Cons. Int. Explor. Mer. 18(1953) 287-295.

[7] S. R. Brody, M. S. Lozier, J. P. Dunne, A comparison of methods to determine phytoplankton bloom initiation, J. Geophys. Res. Oceans 118(2013) 2345-2357.

[8] H. Cole, Henson, S. A. Martin, A. Yool, Mind the gap: the impact of missing data on the calculation of phytoplankton phenology metrics, J. Geophys. Res. 117(2012) C08030.

[9] D. A. Siegel, S. C. Doney, J. A. Yoder, The North Atlantic spring phytoplankton bloom and Sverdrup's critical depth hypothesis, Science 296(2002) 730-733.

[10] S. A. Henson, J. P. Dunne, J. L. Sarmiento, Decadal variability in North Atlantic phytoplankton bloom, J. Geophys. Res. 114(2009) C04013.

[11] M. F. Racault, C. Le Quéré, E. Buitenhuis, S. Sathyendranath, T. Platt, Phytoplankton

phenology in the global ocean, Ecol. Indic. 14(2012) 152-163.

[12] M. R. P. Sapiano, C. W. Brown, S. Schollaert Uz, M. Vargas, Establishing a global climatology of marine phytoplankton phenological characteristics, J. Geophys. Res. 117 (2012) C08026. 2012.

[13] K. D. Friedland, C. B. Mouw, R. G. Asch, A. S. A. Ferreira, S. Henson, K. J. W. Hyde, et al., Phenology and time series trends of the dominant seasonal phytoplankton bloom across global scales, Glob. Ecol. Biogeogr. 27(2018) 551-569.

[14] M. J. Behrenfeld, Abandoning Sverdrup's critical depth hypothesis on phytoplankton blooms, Ecology 91(4) (2010) 977-989.

[15] J. R. Taylor, R. Ferrari, Shutdown of turbulent convection as a new criterion for the onset of spring phytoplankton blooms, Limnol. Oceanogr. 55(6) (2011) 2293-2307.

[16] K. R. Hunter-Cevera, M. G. Neubert, R. J. Olson, A. R. Solow, A. Shalapyonok, H. M. Sosik, Physiological and ecological drivers of early spring blooms on a coastal phytoplankter, Science 354(2016) 326-329.

[17] A. Mahadevan, E. D'Asaro, C. Lee, M. J. Perry, Eddy-driven stratification initiates North Atlantic spring phytoplankton blooms, Science 337(2012) 54-58.

[18] R. Ji, M. Edwards, D. L. Mackas, J. A. Runge, A. C. Thomas, Marine plankton phenology and life history in a changing climate: current research and future directions, J. Plankton. Res. 32(10) (2010) 1355-1368.

[19] S. M. Chiswell, P. H. R. Calil, P. W. Boyd, Spring blooms and annual cycles of phytoplankton: a unified perspective, J. Plankton. Res. 37(3) (2015) 500-508.

[20] J. Hjort, Fluctuations in the great fisheries of Northern Europe, Rapp. Int. Cons. Explor. Mer. 20(1914) 1-228.

[21] J. Hjort, Fluctuations in the year classes of important food fishes, J. Cons. Int. Explor. Mer. 1(1926) 5-38.

[22] D. H. Cushing, The natural regulation of fish populations, in: F. R. H. Jones (Ed.), Sea Fisheries Research, John Wiley & Son, New York, 1974, pp. 399-412.

[23] D. H. Cushing, Plankton production and year-class strength in fish populations: an update of the match/ mismatch hypothesis, Adv. Mar. Biol. 26(1990) 249-293.

[24] G. Beaugrand, K. M. Brander, J. A. Lindley, S. Souissi, P. C. Reid, Plankton effect on cod recruitment in the North Sea, Nature 426(2003) 661-664.

[25] T. Platt, C. Fuentes-Yaco, K. T. Frank, Spring algal bloom and larval fish survival, Nature 423(2003) 398-399.

[26] J. F. Schweigert, M. Thompson, C. Fort, D. E. Hay, T. W. Therriault, L. N. Brown, Factors linking pacific herring (Clupea pallasi) productivity and the spring plankton bloom in the strait of Georgia, British Columbia, Canada, Prog. Oceanogr. 115(2013) 103-110.

[27] C. M. Chittenden, J. A. Jensen, D. Ewart, S. Anderson, S. Balfry, E. Downey, et al., Recent salmon declines: result of lost feeding opportunities due to bad timing? PLoS One 5 (8) (2010) e12423.

[28] M. J. Malick, S. P. Cox, F. J. Mueter, R. M. Peterman, Linking phytoplankton phenology to salmon productivity along a north-south gradient in the Northeast Pacific Ocean, Can. J. Fish. Aquat. Sci. 72(2015) 697-708.

[29] E. D. Houde, Emerging from Hjort's Shadow, J. Northwest Atl. Fish. Sci. 41(2008) 53-70.

[30] B. D. Santer, S. Po-Chedley, M. D. Zelinka, I. Cvijanovic, C. Bonfils, P. J. Durack, et al., Human influence on the seasonal cycle of tropospheric temperature, Science 361(2018) eaas8806.

[31] C. Parmesan, G. Yohe, A globally coherent fingerprint of climate change impacts across natural systems, Nature 421(2003) 37-42.

[32] T. L. Root, J. T. Price, K. R. Hall, S. H. Schneider, C. Rosenweig, J. A. Pounds, Fingerprints of global warming on wild animals and plants, Nature 421(2)(2003) 57-60.

[33] A. J. Miller-Rushing, R. B. Primack, Global warming and flowering times in Thoreau's Concord: a community perspective, Ecology 89(2)(2008) 332-341.

[34] A. J. Richardson, E. S. Poloczanska, Under-resourced, under threat, Science 320(2008) 1294-1295.

[35] M. Kahru, V. Brotas, M. Manzano-Sarabia, B. G. Mitchell, Are phytoplankton blooms occurring earlier in the Arctic? Glob. Change Biol. 17(2011) 1733-1739.

[36] F. D'Ortenzio, D. Antoine, E. Martinez, M. Ribera d'Alcalà, Phenological changes of oceanic phytoplankton in the 1980s and 2000s as revealed by remotely sensed ocean-color observations, Global Biogeochem. Cycles 26(2012) GB4003.

[37] S. Henson, H. Cole, C. Beaulieu, A. Yool, The impact of global warming on seasonality of ocean primary production, Biogeosciences 10(2013) 4357-4369.

[38] D. L. Mackas, W. Greve, M. Edwards, S. Chiba, K. Tadokoro, D. Eloire, et al., Changing zooplankton seasonality in a changing ocean: comparing time series of zooplankton phenology, Prog. Oceanogr. 97- 100(2012) 31-62.

[39] M. Edwards, A. J. Richardson, Impact of climate change on marine pelagic phenology and trophic mismatch, Nature 430(2004) 881-884.

[40] M. J. Genner, N. C. Halliday, S. D. Simpson, A. J. Southward, S. J. Hawkins, D. W. Sims, Temperaturedriven phenological changes within a marine larval fish assemblage, J. Plankton. Res. 32(5)(2010) 699-708.

[41] W. Greve, S. Prinage, H. Zidowitz, J. Nast, F. Reiners, On the phenology of North Sea ichthyoplankton, ICES J. Mar. Sci. 2005(62)(2005) 1216-1223.

[42] E. S. Poloczanska, C. J. Brown, W. J. Sydeman, W. Kiessling, D. S. Schoeman, P. J. Moore, et al., Global imprint of climate change on marine life, Nat. Clim. Change 3(2013) 919-925.

[43] A. B. Neuheimer, B. R. MacKenzie, Explaining life history variation in a changing climate across a species' range, Ecology 95(12)(2014) 3364-3375.

[44] R. G. Asch, Climate change and decadal shifts in the phenology of larval fishes in the

California Current Ecosystem, Proc. Natl. Acad. Sci. U. S. A. 112(30)(2015) E4065-E4074.

[45] G. Reygondeau, J. C. Molinero, S. Coombs, B. R. MacKenzie, D. Bonnet, Progressive changes in the Western English Channel foster a reorganization in the plankton food web, Prog. Oceanogr. 137(2015) 524-532.

[46] N. W. Pankhurst, M. J. R. Porter, Cold and dark or warm and light: variations on the theme of environmental control of reproduction, Fish. Physiol. Biochem. 28(2003) 385-389.

[47] N. W. Pankhurst, P. L. Munday, Effects of climate change on fish reproduction and early life history stages, Mar. Freshw. Res. 62(2011) 1015-1026.

[48] D. M. Ware, R. W. Tanasichuk, Biological basis of maturation and spawning waves in Pacific herring (Clupea harengus pallasi), Can. J. Fish. Aquat. Sci. 46(1989) 1776-1784.

[49] U. Lange, W. Greve, Does temperature influence the spawning time, recruitment and distribution of flatfish via its influence on the rate of gonadal maturation? Dtsch Hydrogr Z 49(2)(1997) 251-263.

[50] C. Gillet, P. Quétin, Effect of temperature change on the reproductive cycle of roach in Lake Geneva from 1983 to 2001, J. Fish. Biol. 69(2006) 518-534.

[51] O. Varpe, O. Fiksen, Seasonal plankton-fish interactions: light regime, prey phenology, and herring foraging, Ecology 91(2)(2010) 311-318.

[52] K. Wieland, A. Jarre-Teichmann, K. Horbowa, Changes in the timing of spawning of Baltic cod: possible causes and implications for recruitment, ICES J. Mar. Sci. 57(2000) 452-464.

[53] R. S. Millner, G. M. Pilling, S. R. McCully, H. Hoie, Changes in the timing of otolith zone formation in North Sea cod from otolith records: an early indicator of climate-induced temperature stress? Mar. Biol. 158(2011) 21-30.

[54] T. Jansen, H. Gislason, Temperature affects the timing of spawning and migration of North Sea mackerel, Cont. Shelf Res. 31(2011) 64-72.

[55] J. Carscadden, B. S. Nakashima, K. T. Frank, Effects of fish length and temperature on the timing of peak spawning in capelin (Mallotus villosus), Can. J. Fish. Aquat. Sci. 54 (1997) 781-787.

[56] J. L. Callihan, J. E. Harris, J. E. Hightower, Coastal migration and homing of Roanoke River striped bass, Mar. Coast. Fish.: Dyn. Manage. Ecosyst. Sci. 7(1)(2015) 301-315.

[57] J. J. Anderson, W. N. Beer, Oceanic, riverine, and genetic influences on spring Chinook salmon migration timing, Ecol. Appl. 19(8)(2009) 1989-2003.

[58] J. A. Hutchings, R. A. Myers, Timing of cod reproduction: interannual variability and the influence of temperature, Mar. Ecol. Prog. Ser. 108(1994) 21-31.

[59] D. W. Sims, V. J. Wearmouth, M. J. Genner, A. J. Southward, S. J. Hawkins, Low-temperature-driven early spawning migration of a temperate marine fish, J. Anim. Ecol. 73 (2004) 333-341.

[60] R. H. Parrish, C. S. Nelson, A. Bakun, Transport mechanisms and reproductive success

of fishes in the California Current, Biol. Oceanogr. 1(2)(1981) 175-203.

[61] A. M. Kaltenberg, R. L. Emmett, K. J. Benoit-Bird, Timing of forage fish seasonal appearance in the Columbia River plume and link to ocean conditions, Mar. Ecol. Prog. Ser. 419(2010) 171-184.

[62] O. Varpe, C. Jorgensen, G. A. Tarling, O. Fiksen, The adaptive value of energy storage and capital breeding in seasonal environments, Oikos 118(2009) 363-370.

[63] PFMC (Pacific Fishery Management Council), Coastal Pelagic Species Fishery Management Plan, Pacific Fishery Management Council, Portland, OR, 1998.

[64] K. Keogan, F. Daunt, S. Wanless, R. A. Phillips, C. A. Walling, P. Agnew, et al., Global phenological insensitivity to shifting ocean temperatures among seabirds, Nat. Clim. Change 8(2018) 313-318.

[65] C. Parmesan, Influences of species, latitudes and methodologies on estimates of phenological response to global warming, Glob. Change Biol. 13(2007) 1860-1872.

[66] M. T. Burrows, D. S. Schoeman, L. B. Buckley, P. Moore, E. S. Poloczanska, K. M. Brander, et al., The pace of shifting climate in marine and terrestrial ecosystems, Science 334(2011) 652-655.

[67] J. M. Cohen, M. J. Lajeunesse, J. R. Rohr, A global synthesis of animal phenological responses to climate change, Nat. Clim. Change 8(2018) 224-228.

[68] S. J. Thackeray, T. H. Sparks, M. Frederiksen, S. Burthes, P. J. Bacon, J. R. Bell, et al., Trophic level asynchrony in rates of phenological change for marine, freshwater and terrestrial environments, Glob. Change Biol. 2010(16)(2010) 3304-3313.

[69] S. J. Thackeray, P. A. Henrys, D. Hemming, J. R. Bell, M. S. Botham, S. Burthe, et al., Phenological sensitivity to climate across taxa and trophic levels, Nature 535(2016) 241-245.

[70] J. G. Molinos, B. S. Halpern, D. S. Schoeman, C. J. Brown, W. Kiessling, P. J. Moore, et al., Climate velocity and the future global redistribution of marine biodiversity, Nat. Clim. Change 6(2015) 83-88.

[71] W. W. L. Cheung, G. Reygondeau, T. L. Frölicher, Large benefits to marine fisheries of meeting the 1.5℃ global warming target, Science 354(2016) 1591-1594.

[72] S. A. Henson, H. S. Cole, J. Hopkins, A. P. Martin, A. Yool, Detection climate change-driven trends in phytoplankton phenology, Glob. Change Biol. 24(2018) e101-e111.

[73] C. A. Stock, M. A. Alexander, N. A. Bond, K. M. Brander, W. W. L. Cheung, E. N. Curchitser, On the use of IPCC-class models to assess the impact of climate on Living Marine Resources, Prog. Oceanog. 88(2011) 1-27.

[74] R. G. Asch, C. A. Stock, J. L. Sarmiento, Climate change impacts on mismatches between phytoplankton blooms and fish spawning phenology, Glob. Change Biol. (2019). Available from: https://doi.org/10.1111/gcb.14650.

[75] H. W. Van der Veer, R. Berghahn, J. M. Miller, A. D. Rijnsdorp, Recruitment in flatfish, with special emphasis on North Atlantic species: progress made by the Flatfish Sympo-

sia, ICES J. Mar. Sci. 57(2000) 202-215.

[76] T. E. Reed, V. Grøtan, S. Jenouvrier, B. E. Saether, M. E. Visser, Population growth in a wild bird is buffered against phenological mismatch, Science 340(2013) 488-491.

[77] J. J. Anderson, E. Gurarie, C. Bracis, B. J. Burke, K. L. Laidre, Modeling climate change impacts on phenology and population dynamics of migratory marine species, Ecol. Modell. 264(2013) 83-97.

[78] C. A. Botero, F. J. Weissing, J. Wright, D. R. Rubenstein, Evolutionary tipping points in the capacity to adapt to environmental change, Proc. Natl. Acad. Sci. U. S. A. 112(2015) 184-189.

第3章

[1] WMO, July sees extreme weather with high impacts. 〈http://t1p.de/5yhy〉, 2018 (accessed 01.08.18).

[2] S. I. Seneviratne, N. Nicholls, D. Easterling, C. M. Goodess, S. Kanae, J. Kossin, et al., Changes in climate extremes and their impacts on the natural physical environment, Manage. Risks Extrem. Events Disasters Adv. Clim. Chang. Adapt. (2012) 109-230. Available from: https://doi.org/10.1017/CBO9781139177245.006.

[3] T. L. Frölicher, C. Laufkötter, Emerging risks from marine heat waves, Nat. Commun. 9(2018) 650. Available from: https://doi.org/10.1038/s41467-018-03163-6.

[4] A. J. Hobday, L. V. Alexander, S. E. Perkins, D. A. Smale, S. C. Straub, E. C. J. Oliver, et al., A hierarchical approach to defining marine heatwaves, Prog. Oceanogr. 141(2016) 227-238. Available from: https://doi.org/10.1016/j.pocean.2015.12.014.

[5] H. Scannell, A. Pershing, A. M. Alexander, A. C. Thomas, K. E. Mills, Frequency of marine heatwaves in the North Atlantic and North Pacific since 1950, Geophys. Res. Lett. 43(2016) 2069-2076. Available from: https://doi.org/10.1002/2015GL067308.Received.

[6] A. Olita, R. Sorgente, A. Ribotti, S. Natale, S. Gabersek, Effects of the 2003 European heatwave on the Central Mediterranean Sea surface layer: a numerical simulation, Ocean Sci. 3(2007) 273-289. Available from: https://doi.org/10.5194/osd-3-85-2006.

[7] A. F. Pearce, M. Feng, The rise and fall of the "marine heat wave" off Western Australia during the summer of 2010/2011, J. Mar. Syst. 111-112(2013) 139-156. Available from: https://doi.org/10.1016/j.jmarsys.2012.10.009.

[8] N. A. Bond, M. F. Cronin, H. Freeland, N. Mantua, Causes and impacts of the 2014 warm anomaly in the NE Pacific, Geophys. Res. Lett. 42(2015) 3414-3420. Available from: https://doi.org/10.1002/2015GL063306.Received.

[9] C. L. Gentemann, M. R. Fewings, M. García-Reyes, Satellite sea-surface temperatures along the west coast of the United States during the 2014-2016 northeast Pacific marine heat wave, Geophys. Res. Lett. 44(2017) 312-319. Available from: https://doi.org/10.1002/2016GL071039.

[10] E. C. J. Oliver, M. G. Donat, M. T. Burrows, P. J. Moore, D. A. Smale, L. V. Alexander,

et al., Longer and more frequent marine heatwaves over the past century, Nat. Commun. 9(2018) 1324. Available from: https://doi.org/10.1038/s41467-018-03732-9.

[11] E. Di Lorenzo, N. Mantua, Multi-year persistence of the 2014/15 North Pacific marine heatwave, Nat. Clim. Change 6(2016) 1-7. Available from: https://doi.org/10.1038/nclimate3082.

[12] L. Cheng, K. E. Trenberth, J. Fasullo, T. Boyer, J. Abraham, J. Zhu, Improved estimates of ocean heat content from 1960 to 2015, Sci. Adv. 3(2017) 1-11. Available from: https://doi.org/10.1126/sciadv.1601545.

[13] M. Rhein, S. R. Rintoul, S. Aoki, E. Campos, D. Chambers, R. A. Feely, et al., Observations: Ocean (2013). Available from: https://doi.org/10.1017/CBO9781107415324.010.

[14] F. P. Lima, D. S. Wethey, Three decades of high-resolution coastal sea surface temperatures reveal more than warming, Nat. Commun. 3(2012) 1-13. Available from: https://doi.org/10.1038/ncomms1713.

[15] S. G. Purkey, G. C. Johnson, Warming of global abyssal and deep southern ocean waters between the 1990s and 2000s: contributions to global heat and sea level rise budgets, J. Clim. 23(2010) 6336-6351. Available from: https://doi.org/10.1175/2010JCLI3682.1.

[16] T. L. Frölicher, E. M. Fischer, N. Gruber, Marine heatwaves under global warming, Nature 560(2018) 360-364. Available from: https://doi.org/10.1038/s41586-018-0383-9.

[17] J. E. Walsh, R. Thomas, L. Bhatt, P. A. Bienik, B. Brettschneider, M. Brubaker, et al., The high latitude marine heat wave of 2016 and its impacts on Alaska, Bull. Am. Meteorol. Soc. 98(2018) 39-43. Available from: https://doi.org/10.1175/BAMS-D-17-0105.1.

[18] M. Newman, A. T. Wittenberg, L. Cheng, G. P. Compo, C. A. Smith, The extreme 2015/16 El Nino, in the context of historical climate variability and change, Bull. Am. Meteorol. Soc. 98(2018) 16-20.

[19] C. Le Quéré, R. M. Andrew, P. Friedlingstein, S. Sitch, J. Pongratz, A. C. Manning, et al., Global Carbon Budget 2017, Earth Syst. Sci. Data 10(2018) 405-448. Available from: https://doi.org/10.5194/essd-10-405-2018.

[20] T. P. Hughes, K. D. Anderson, S. R. Connolly, S. F. Heron, J. T. Kerry, J. M. Lough, et al., Spatial and temporal patterns of mass bleaching of corals in the Anthropocene, Science 359(2018) 80-83. Available from: http://science.sciencemag.org/content/359/6371/80.abstract.

[21] T. Wernberg, S. Bennett, R. C. Babcock, T. De Bettignies, K. Cure, M. Depczynski, et al., Climate-driven regime shift of a temperate marine ecosystem, Science 353(2016) 169-172. Available from: https://doi.org/10.1126/science.aad8745.

[22] R. M. McCabe, B. M. Hickey, R. M. Kudela, K. A. Lefebvre, N. G. Adams, B. D. Bill, et al., An unprecedented coastwide toxic algal bloom linked to anomalous ocean conditions, Geophys. Res. Lett. 43(2016) 10366-10376. Available from: https://doi.org/10.1002/2016GL070023.

[23] L. Cavole, A. Demko, R. Diner, A. Giddings, I. Koester, C. Pagniello, et al., Biological

impacts of the 20132015 warm-water anomaly in the Northeast Pacific: winners, losers, and the future, Oceanography 29(2016) 273-285. Available from: https://doi.org/10.5670/oceanog.2016.32.

[24] H. O. Pörtner, D. M. Karl, P. W. Boyd, W. W. L. Cheung, S. E. Lluch-Cota, Y. Nojiri, et al., Ocean systems, in: Clim. Chang. 2014 Impacts, Adapt. Vulnerability. Part A Glob. Sect. Asp. Contrib. Work. Gr. II to Fifth Assess. Rep. Intergov. Panel Clim. Chang. (2014) 411-484.

[25] J. Zscheischler, S. Westra, B. J. J. M. van den Hurk, S. I. Seneviratne, P. J. Ward, A. Pitman, et al., Future climate risk from compound events, Nat. Clim. Change 8(2018) 469-477. Available from: https://doi.org/10.1038/s41558-018-0156-3.

第 4 章

[1] JECFA, Methylmercury, Safety Evaluation of Certain Food Additives and Contaminants. Report of the 61st Joint FAO/WHO Expert Committee on Food Additives, WHO Technical Report Series 922, World Health Organization, International Programme on Chemical Safety, Geneva, 2004, pp. 132-139.

[2] A. M. Cisneros-Montemayor, D. Pauly, L. V. Weatherdon, Y. Ota, A global estimate of seafood consumption by coastal Indigenous peoples, PLoS One 11(12)(2016) e0166681.

[3] D. G. Streets, H. M. Horowitz, D. J. Jacob, Z. Lu, L. Levin, A. F. H. ter Schure, et al., Total mercury released to the environment by human activities, Environ. Sci. Technol. 51 (2017) 5969-5977.

[4] H. M. Horowitz, D. J. Jacob, H. M. Amos, D. G. Streets, E. M. Sunderland, Historical mercury releases from commercial products: global environmental implications, Environ. Sci. Technol. 48(2014) 10242-10250.

[5] E. M. Sunderland, D. P. Krabbenhoft, J. W. Moreau, S. A. Strode, W. M. Landing, Mercury sources, distribution, and bioavailability in the North Pacific Ocean: Insights from data and models, Global Biochem. Cycl. 23(2009) GB2010.

[6] A. T. Schartup, A. Qureshi, C. Dassuncao, C. P. Thackray, G. Harding, E. M. Sunderland, A model for methylmercury uptake and trophic transfer by marine plankton, Environ. Sci. Technol. 52(2018) 654-662.

[7] A. T. Schartup, C. P. Thackray, A. Qureshi, C. Dassuncao, K. Gillespie, A. Hanke, E. M. Sunderland, Climate Change and Overfishing Increase Neurotoxicant in Marine Predators, Nature, 2019 (in press).

[8] R. A. Lavoie, T. D. Jardine, M. M. Chumchal, K. A. Kidd, L. M. Campbell, Biomagnification of mercury in aquatic food webs: a worldwide meta-analysis, Environ. Sci. Technol. 47(2013) 13385-13394.

[9] D. G. Streets, H. M. Horowitz, Z. Lu, L. Levin, C. P. Thackray, E. M. Sunderland, Global and regional trends in mercury emissions and concentrations, 2010-2015, Atmos. Environ. 201(2019) 417-427.

[10] K. L. Smith Jr., H. A. Ruhl, B. J. Bett, D. S. M. Billett, R. S. Lampitt, R. S. Kaufmann, Climate, carbon cycling, and deep-ocean ecosystems, Proc. Natl. Acad. Sci. U. S. A. 107 (2009) 19211-19218.

[11] C. A. Stock, J. G. John, R. Rykaczewski, R. G. Asch, W. W. L. Cheung, J. P. Dunne, et al., Reconciling fisheries catch and ocean productivity, Proc. Natl. Acad. Sci. U. S. A. 114 (2017) E1441-E1449.

[12] S. Jonsson, A. Andersson, M. B. Nilsson, U. Skyllberg, E. Lundberg, J. K. Schaefer, et al., Terrestrial discharges mediate trophic shifts and enhance methylmercury accumulation in estuarine biota, Sci. Adv. 3(1) (2017) e1601239.

[13] J. J. Alava, A. M. Cisneros-Montemayor, U. R. Sumaila, W. W. Cheung, Projected amplification of food web bioaccumulation of MeHg and PCBs under climate change in the Northeastern Pacific, Sci. Rep. 8(1) (2018) 13460.

[14] M. Trudel, J. B. Rasmussen, Modeling the elimination of mercury by fish, Environ. Sci. Technol. 31(1997) 1716-1722.

第 5 章

[1] A. Longhurst, Ecological Geography of the Sea, second ed., Academic Press, London, 2007, p. 390.

[2] M. V. Lomolino, B. R. Riddle, J. H. Brown, third ed., Biogeography, vol. 1, Sinauer Associates, Inc., Sunderland, MA, 2005, p. 845.

[3] L. F. Beaufort, Zoogeography of the Land and Inland Waters, Sidgwick & Jackson, Ltd., London, 1951, p. 208.

[4] M. Sommerville, Physical Geography, Blanchard, Boston, MA, 1872.

[5] K. V. Beklemishev, Ekologiya i biogeografiya pelagiali (Ecology and Biogeography of the Pelagial), Nauka, Moscow, 1969.

[6] A. Steuer, Zur planmässigen Erforschung der geographischen Verbreitung des Haliplanktons, besonders. der Copepoden, Zoogeographica 1(3)(1933) 269-302.

[7] J. H. Rosa, T. Laevastu, Comparison of Biological and Ecological Characteristics of Sardine and Related Species—A Preliminary Study, 1960.

[8] R. Margalef, Correlations entre certains caractères synthétiques des populations de phytoplancton, Hydrobiologia. 18(1)(1961) 155-164.

[9] E. Brinton, The Distribution of Pacific Euphausiids, vol. 8, 1962, University of California Press Berkeley and Los Angeles.

[10] A. Alvariño, Chaetognaths, Allen and Unwin, 1965.

[11] J. A. McGowan, Oceanic Biogeography of the Pacific, Zn BM Funnell W R Riedel reds, Micropaleontol Ocean, Cambridge, 1971, pp. 3-74.

[12] J. L. Reid, E. Brinton, A. Fleminger, E. L. Venrick, J. A. McGowan, Ocean circulation and marine life, Adv. Oceanogr. (1978) 65-130.

[13] R. H. Backus, Biogeographic boundaries in the open ocean. Pelagic biogeography,

UNESCO Tech. Pap. Mar. Sci. 49(1986) 9-13.

[14] C. S. Yentsch, J. C. Garside, Patterns of phytoplankton abundance and biogeography, Pelagic Biogeogr. 278(1986) 278-284.

[15] P. M. Cury, Y.-J. Shin, B. Planque, J. M. Durant, J.-M. Fromentin, S. Kramer-Schadt, et al., Ecosystem oceanography for global change in fisheries, Trends Ecol. Evol. [Internet] 23(6)(2008) 338-346. Jun [cited 2014 Oct 25] Available from: http://www.ncbi.nlm.nih.gov/pubmed/18436333.

[16] G. Reygondeau, O. Maury, G. Beaugrand, J. M. Fromentin, A. Fonteneau, P. Cury, Biogeography of tuna and billfish communities, J. Biogeogr. 39(1)(2012) 114-129.

[17] H. U. Sverdrup, On conditions for the vernal blooming of phytoplankton, ICES J. Mar. Sci. 18(1953) 287-295.

[18] W. K. W. Li, E. J. H. Head, W. Glen Harrison, Macroecological limits of heterotrophic bacterial abundance in the ocean, Deep Sea Res., I Oceanogr. Res. Pap. [Internet] 51(11) (2004) 1529-1540. Nov [cited2014 Nov 17]; Available from: http://linkinghub.elsevier.com/retrieve/pii/S0967063704001530.

[19] M. J. Gibbons, Pelagic biogeography of the South Atlantic Ocean, Mar. Biol. [Internet] 129(4)(1997) 757-768. Available from: http://link.springer.com/10.1007/s002270050218.

[20] Beaugrand G., Ibañez F., Lindley J. A., Reid P. C. Diversity of calanoid copepods in the North Atlantic and adjacent seas: species associations and biogeography. Mar. Ecol. Prog. Ser. 2002; 232: 179-195.

[21] R. S. Woodd-Walker, P. Ward, A. Clarke, Large-scale patterns in diversity and community structure of surface water copepods from the Atlantic Ocean, Mar. Ecol. Prog. Ser. 236(2002) 189-203.

[22] A. J. Richardson, D. S. Schoeman, Climate impact on plankton ecosystems in the northeast Atlantic, Science 305(2004) 1609-1612.

[23] G. Reygondeau, A. Longhurst, E. Martinez, G. Beaugrand, D. Antoine, O. Maury, Dynamic biogeochemical provinces in the global ocean, Global Biogeochem. Cycl. 27(4) (2013) 1046-1058.

[24] M. J. Costello, P. Tsai, P. S. Wong, A. K. L. Cheung, Z. Basher, C. Chaudhary, Marine biogeographic realms and species endemicity, Nat. Commun. 8(1)(2017) 1057.

[25] T. J. Webb, E. Vanden Berghe, R. O'Dor, Biodiversity's big wet secret: the global distribution of marine biological records reveals chronic under-exploration of the deep pelagic ocean, PLoS One 5(8)(2010) e10223.

[26] C. Chaudhary, H. Saeedi, M. J. Costello, Bimodality of latitudinal gradients in marine species richness, Trends Ecol. Evol. 31(9)(2016) 670-676.

[27] C. Mora, D. P. Tittensor, S. Adl, A. G. B. Simpson, B. Worm, How many species are there on earth and in the ocean? PLoS Biol. (2011) e1001127.

[28] G. E. Hutchinson, Concluding remarks, Cold Spring Harb. Symp. Quant. Biol. 22(1957) 415-427.

[29] R. G. Asch, W. W. L. Cheung, G. Reygondeau, Future marine ecosystem drivers, biodiversity, and fisheries maximum catch potential in Pacific Island countries and territories under climate change, Mar. Policy 88(2018) 285-294.

[30] W. Thuiller, B. Lafourcade, R. Engler, M. B. Araújo, BIOMOD — a platform for ensemble forecasting of species distributions, Ecography (Cop). 32(3)(2009) 369-373.

[31] S. J. Phillips, R. P. Anderson, R. E. Schapire, Maximum entropy modeling of species geographic distributions, Ecol. Modell. 190(3)(2006) 231-259.

[32] G. Beaugrand, S. Lenoir, F. Ibañez, C. Manté, A new model to assess the probability of occurrence of a species, based on presence-only data, MEPS 424(2011) 175-190.

[33] H. Demarcq, G. Reygondeau, S. Alvain, V. Vantrepotte, Monitoring marine phytoplankton seasonality from space, Remote Sens. Environ. 117(2012) 211-222.

[34] M. J. Follows, S. Dutkiewicz, S. Grant, S. W. Chisholm, Emergent biogeography of microbial communities in a model ocean, Science [Internet] 315(5820)(2007) 1843-1846. Mar 30 [cited 2014 Jul 10] Available from: http://www.ncbi.nlm.nih.gov/pubmed/17395828.

[35] W. W. L. Cheung, V. W. Y. Lam, J. L. Sarmiento, K. Kearney, R. Watson, D. Pauly, Projecting global marine biodiversity impacts under climate change scenarios, Fish Fish. 10 (3)(2009) 235-251.

[36] G. Reygondeau, O. Maury, G. Beaugrand, J. M. Fromentin, A. Fonteneau, P. Cury, Biogeography of tuna and billfish communities, J. Biogeogr. 39(1)(2012) 114-129.

[37] I. Rombouts, G. Beaugrand, F. Ibanez, S. Gasparini, S. Chiba, L. Legendre, Global latitudinal variations in marine copepod diversity and environmental factors, Proc. Biol. Sci. [Internet] 276(1670)(2009) 3053-3062. Sep 7 [cited 2014 Nov 17] Available from: http://www.pubmedcentral.nih.gov/articlerender.fcgi?artid=2817135&tool=pmcentrez&rendertype=abstract.

[38] S. Rutherford, S. D'Hondt, W. Prell, Environmental controls on the geographic distribution of zooplankton diversity, Nature 400(6746)(1999) 749-753.

[39] D. P. Tittensor, C. Mora, W. Jetz, H. K. Lotze, D. Ricard, E. V. Berghe, et al., Global patterns and predictors of marine biodiversity across taxa, Nature [Internet] 466(7310) (2010) 1098-1101. Nature Publishing Group, Aug 26 [cited 2014 Jul 10] Available from: http://www.ncbi.nlm.nih.gov/pubmed/20668450.

[40] G. Beaugrand, M. Edwards, L. Legendre, Marine biodiversity, ecosystem functioning, and carbon cycles, Proc. Natl. Acad. Sci. U. S. A. [Internet] 107(22)(2010) 10120-10124. Jun 1 [cited 2014 Nov 5] Available from: http://www.pubmedcentral.nih.gov/articlerender.fcgi?artid=2890445&tool=pmcentrez&rendertype=abstract.

[41] J. M. Sunday, A. E. Bates, N. K. Dulvy, Global analysis of thermal tolerance and latitude in ectotherms, Proc. R. Soc. B: Biol. Sci. 278(2011) 1823-1830.

[42] T. R. Karl, K. E. Trenberth, Modern globalclimate change, Science 302(5651)(2003) 1719-1723.

[43] T. P. Barnett, D. W. Pierce, K. M. AchutaRao, P. J. Gleckler, B. D. Santer, J. M. Gregory, et al., Penetration of human-induced warming into the world's oceans, Science 309(2005) 284-287.

[44] S. Levitus, J. Antonov, T. Boyer, Warming of the world ocean, 1955-2003, Geophys. Res. Lett. 32(2005) L02604.

[45] C. Parmesan, G. Yohe, A globally coherent fingerprint of climate change impacts across natural systems, Nature [Internet] 421(6918)(2003) 37-42. Available from: http://www.ncbi.nlm.nih.gov/pubmed/12511946.

[46] K. Brander, Impacts of climate change on marine ecosystems and fisheries, J. Mar. Biol. Assoc. India 51(2009) 1-13.

[47] G. Beaugrand, P. C. Reid, Long-term changes in phytoplankton, zooplankton and salmon linked to climate change, Glob. Change Biol. 9(2003) 801-817.

[48] G. Beaugrand, P. C. Reid, F. Ibañez, J. A. Lindley, M. Edwards, Reorganisation of North Atlantic marine copepod biodiversity and climate, Science 296(2002) 1692-1694.

[49] A. L. Perry, P. J. Low, J. R. Ellis, J. D. Reynolds, Climate change and distribution shifts in marine fishes, Science [Internet] 308(5730)(2005) 1912-1915. Jun 24 [cited 2014 Jul 11] Available from: http://www.ncbi.nlm.nih.gov/pubmed/15890845.

[50] N. K. Dulvy, S. I. Rogers, S. Jennings, V. Stelzenmüller, S. R. Dye, H. R. Skjoldal, Climate change and deepening of the North Sea fish assemblage: a biotic indicator of warming seas, J. Appl. Ecol. 45(4)(2008) 1029-1039.

[51] T. E. Davies, S. M. Maxwell, K. Kaschner, C. Garilao, N. C. Ban, Large marine protected areas represent biodiversity now and under climate change, Sci. Rep. 7(2017) 9569.

[52] B. Gallardo, D. C. Aldridge, P. González-Moreno, J. Pergl, M. Pizarro, P. Pyšek, et al., Protected areas offer refuge from invasive species spreading underclimate change, Glob. Change Biol. 23(12)(2017) 5331-5343.

[53] G. Reygondeau, D. Dunn, Encyclopedia of Ocean Sciences, second ed., Elsevier Ltd., 2018.

[54] W. W. L. Cheung, V. W. Y. Lam, J. L. Sarmiento, K. Kearney, R. Watson, D. Zeller, et al., Large-scale redistribution of maximum fisheries catch potential in the global ocean under climate change, Glob. Change Biol. [Internet] 16(1)(2010) 24-35. Jan [cited 2014 Jul 9] Available from: http://doi.wiley.com/10.1111/j.1365-2486.2009.01995.x.

[55] V. W. Y. Lam, W. W. L. Cheung, G. Reygondeau, U. Rashid Sumaila, Projected change in global fisheries revenues under climate change, Sci. Rep. 6(2016) 32607.

[56] C. D. Golden, E. H. Allison, W. W. L. Cheung, M. M. Dey, B. S. Halpern, D. J. McCauley, et al., Nutrition: fall in fish catch threatens human health, Nature 534(7607)(2016) 317-320.

[57] C. C. C. Wabnitz, A. M. Cisneros-Montemayor, Q. Hanich, Y. Ota, Ecotourism, climate change and reef fish consumption in Palau: benefits, trade-offs and adaptation strategies, Mar. Policy 88(2017) 323-332.

[58] W. W. L. Cheung, G. Reygondeau, T. L. Frölicher, Large benefits to marine fisheries of meeting the 1.5℃ global warming target, Science 354(6319)(2016) 1591-1594.

第6章

[1] J. H. Brown, J. F. Gillooly, A. P. Allen, V. M. Savage, G. B. West, Toward a metabolic theory of ecology, Ecology 85(2004) 1771-1789. Available from: https://doi.org/10.1890/03-9000.

[2] J. H. Brown, R. M. Sibly, A. Kodric-Brown, Introduction: Metabolism as the Basis for a Theoretical Unification of Ecology. Metabolic Ecology, John Wiley & Sons, Ltd, Chichester, UK, 2012, pp. 1-6. Available from: https://doi.org/10.1002/9781119968535.ch.

[3] B. J. Enquist, J. H. Brown, G. B. West, Allometric scaling of plant energetics and population density, Nature 395(1998) 163.

[4] J. F. Gillooly, J. H. Brown, G. B. West, V. M. Savage, E. L. Charnov, Effects of size and temperature on metabolic rate, Science 293(2001) 2248-2251.

[5] M. E. Dillon, G. Wang, R. B. Huey, Global metabolic impacts of recent climate warming, Nature 467(2010) 704-706. Available from: https://doi.org/10.1038/nature09407.

[6] S. L. Chown, S. Nicolson, Insect physiological ecology: mechanisms and patterns, Biology (2004) 254. Available from: https://doi.org/10.3987/Contents-12-85-7.

[7] Á. López-Urrutia, E. San Martin, R. P. Harris, X. Irigoien, Scaling the metabolic balance of the oceans, Proc. Natl. Acad. Sci. U. S. A. 103(2006) 8739-8744.

[8] J. S. Huxley, Constant differential growth-ratios and their significance, Nature 114 (1924) 895-896.

[9] M. Kleiber, Body size and metabolism, Hilgardia 6(1932) 11.

[10] K. Schmidt-Nielsen, Scaling: Why Is Animal Size So Important? Cambridge University Press, 1984.

[11] G. B. West, B. J. Enquist, J. H. Brown, A general quantitative theory of forest structure and dynamics, Proc. Natl. Acad. Sci. U. S. A. 106(2009) 7040-7045.

[12] M. I. O'Connor, J. F. Bruno, S. D. Gaines, B. S. Halpern, S. E. Lester, B. P. Kinlan, et al., Temperature control of larval dispersal and the implications for marine ecology, evolution, and conservation, Proc. Natl. Acad. Sci. U. S. A. 104(2007) 1266-1271. Available from: https://doi.org/10.1073/pnas.0603422104.

[13] S. T. Michaletz, D. Cheng, A. J. Kerkhoff, B. J. Enquist, Convergence of terrestrial plant production across global climate gradients, Nature 512(2014) 39-43. Available from: https://doi.org/10.1038/nature13470.

[14] A. K. Pettersen, C. R. White, R. J. Bryson-Richardson, D. J. Marshall, Linking life-history theory and metabolic theory explains the offspring size-temperature relationship, Ecol. Lett. 22(2019) 518-526. Available from: https://doi.org/10.1111/ele.13213.

[15] W. W. L. Cheung, V. W. Y. Lam, J. L. Sarmiento, K. Kearney, R. E. G. Watson, D. Zeller, et al., Large-scale redistribution of maximum fisheries catch potential in the global ocean

under climate change, Glob. Change Biol. 16(2010) 24-35.

[16] V. M. Savage, J. F. Gillooly, J. H. Brown, G. B. West, E. L. Charnov, Effects of body size and temperature on population growth, Am. Nat. 163(2004) 429-441.

[17] D. Tilman, Niche tradeoffs, neutrality, and community structure: a stochastic theory of resource competition, invasion, and community assembly, Proc. Natl. Acad. Sci. U. S. A. 101(2004) 10854-10861. Available from: https://doi.org/10.1073/pnas.0403458101.

[18] A. I. Dell, S. Pawar, V. M. Savage, Temperature dependence of trophic interactions are driven by asymmetry of species responses and foraging strategy, J. Anim. Ecol. 83 (2014) 70-84. Available from: https://doi.org/10.1111/1365-2656.12081.

[19] M. I. O'Connor, J. R. Bernhardt, The metabolic theory of ecology and the cost of parasitism, PLoS Biol. 16(2018) e2005628. Available from: https://doi.org/10.1371/journal.pbio.2005628.

[20] J. R. Bernhardt, J. M. Sunday, M. I. O'Connor, Metabolic theory and the temperature-size rule explain the temperature dependence of population carrying capacity, Am. Nat. 192(2018) 687-697. Available from: https://doi.org/10.1086/700114.

[21] D. Kirk, N. Jones, S. Peacock, J. Phillips, P. K. Molnár, M. Krkosek, et al., Empirical evidence that metabolic theory describes the temperature dependency of within-host parasite dynamics, PLoS Biol. 16(2018) e2004608. Available from: https://doi.org/10.1371/journal.pbio.2004608.

[22] M. I. O'Connor, B. Gilbert, C. J. Brown, Theoretical predictions for how temperature affects the dynamics of interacting herbivores and plants, Am. Nat. 178(2011) 626-638. Available from: https://doi.org/10.1086/662171.

[23] L. Govaert, E. A. Fronhofer, S. Lion, C. Eizaguirre, D. Bonte, M. Egas, et al., Eco-evolutionary feedbacks — theoretical models and perspectives, Funct. Ecol. 29(2018) 107. Available from: https://doi.org/10.1111/1365-2435.13241.

[24] R. Levins, Evolution in Changing Environments: Some Theoretical Explorations, Princeton University Press, 1968.

[25] R. B. Huey, J. G. Kingsolver, Evolution of resistance to high temperature in ectotherms, Am. Nat. 142(1993) S21-S46. Available from: https://doi.org/10.1086/285521.

[26] R. Gomulkiewicz, M. Kirkpatrick, Quantitative genetics and the evolution of reaction norms, Evolution 46(1992) 390-411. Available from: https://doi.org/10.1111/j.1558-5646.1992.tb02047.x.

[27] G. W. Gilchrist, Specialists and generalists in changing environments. 1. Fitness landscapes of thermal sensitivity, Am. Nat. 146(1995) 252-270. Available from: https://doi.org/10.1086/285797.

[28] R. Lande, Evolution of phenotypic plasticity and environmental tolerance of a labile quantitative character in a fluctuating environment, J. Evol. Biol. 27(2014) 866-875. Available from: https://doi.org/10.1111/jeb.12360.

[29] D. Berger, E. Postma, W. U. Blankenhorn, R. J. Walters, Quantitative genetic diver-

gence and standing genetic (co) variance in thermal reaction norms along latitude, Evolution 67(2013) 2385-2399. Available from: https://doi.org/10.1111/evo.12138.

[30] C. A. Deutsch, J. J. Tewksbury, R. B. Huey, K. S. Sheldon, C. K. Ghalambor, D. C. Haak, et al., Impacts of climate warming on terrestrial ectotherms across latitude, Proc. Natl. Acad. Sci. U. S. A. 105(2008) 6668-6672. Available from: https://doi.org/10.1073/pnas.0709472105.

[31] J. M. Sunday, A. E. Bates, N. K. Dulvy, Thermal tolerance and the global redistribution of animals, Nat. Clim. Change 2(2012) 686-690. Available from: https://doi.org/10.1038/nclimate1539.

[32] R. Izem, J. G. Kingsolver, Variation in continuous reaction norms: quantifying directions of biological interest, Am. Nat. 166(2005) 277-289. Available from: https://doi.org/10.1086/431314.

[33] J. R. Bernhardt, J. M. Sunday, P. L. Thompson, M. I. O'Connor, Nonlinear averaging of thermal experience predicts population growth rates in a thermally variable environment, Proc. Biol. Sci. 285(2018). Available from: https://doi.org/10.1098/rspb.2018.1076. 20181076.

[34] M. Blows, B. Walsh, Spherical cows grazing in flatland: constraints to selection and adaptation, in: J. van der Werf, H.-U. Graser, R. Frankham, C. Gondro (Eds.), Adaptation and Fitness in Animal Populations: Evolutionary and Breeding Perspectives on Genetic Resource Management, Springer, Dordrecht, The Netherlands, 2009, pp. 83-101. Available from: https://doi.org/10.1007/978-1-4020-9005-9_6.

[35] M. W. Blows, A. A. Hoffmann, A reassessment of genetic limits to evolutionary change, Ecology 86(2005) 1371-1384.

[36] J. L. Knies, R. Izem, K. L. Supler, J. G. Kingsolver, C. L. Burch, The genetic basis of thermal reaction norm evolution in lab and natural phage populations, PLoS Biol. 4(2006) e201. Available from: https://doi.org/10.1371/journal.pbio.0040201.

[37] K. Yamahira, M. Kawajiri, K. Takeshi, T. Irie, Inter- and intrapopulation variation in thermal reaction norms for growth rate: evolution of latitudinal compensation in ectotherms with a genetic constraint, Evolution 61(2007) 1577-1589. Available from: https://doi.org/10.1111/j.1558-5646.2007.00130.x.

[38] D. Padfield, G. Yvon-Durocher, A. Buckling, S. Jennings, G. Yvon-Durocher, Rapid evolution of metabolic traits explains thermal adaptation in phytoplankton, Ecol. Lett. 19 (2016) 133-142. Available from: https://doi.org/10.1111/ele.12545.

[39] D. R. O'Donnell, C. R. Hamman, E. C. Johnson, C. T. Kremer, C. A. Klausmeier, E. Litchman, Rapid thermal adaptation in a marine diatom reveals constraints and trade-offs, Global Change Biol. 24(2018) 4554-4565. Available from: https://doi.org/10.1111/gcb.14360.

[40] B. Petitpierre, C. Kueffer, O. Broennimann, C. Randin, C. Daehler, A. Guisan, Climatic niche shifts are rare among terrestrial plant invaders, Science 335(2012) 1344-1348.

Available from: https://doi.org/10.1126/science.1215933.

[41] M. B. Araújo, F. Ferri-Yáñez, F. Bozinovic, P. A. Marquet, F. Valladares, S. L. Chown, Heat freezes niche evolution, Ecol. Lett. 16 (2013) 1206-1219. Available from: https://doi.org/10.1111/ele.12155.

[42] M. K. Thomas, M. Aranguren-Gassis, C. T. Kremer, M. R. Gould, K. Anderson, C. A. Klausmeier, et al., Temperaturenutrient interactions exacerbate sensitivity to warming in phytoplankton, Global Change Biol. 23 (2017) 3269-3280. Available from: https://doi.org/10.1111/gcb.13641.

[43] M. J. Angilletta, R. S. Wilson, C. A. Navas, R. S. James, Tradeoffs and the evolution of thermal reaction norms, Trends Ecol. Evol. 18 (2003) 234-240. Available from: https://doi.org/10.1016/S0169-5347 (03) 00087-9.

第 7 章

[1] D. J. McCauley, M. L. Pinsky, S. R. Palumbi, J. A. Estes, F. H. Joyce, R. R. Warner, Marine defaunation: animal loss in the global ocean, Science 347 (2015) 1255641. Available from: https://doi.org/10.1126/science.1255641.

[2] K. M. Brander, Global fish production and climate change, Proc. Natl. Acad. Sci. U. S. A. 104 (2007) 19709-19714.

[3] E. S. Poloczanska, C. J. Brown, W. J. Sydeman, W. Kiessling, D. S. Schoeman, P. J. Moore, et al., Global imprint of climate change on marine life, Nat. Clim. Change 3 (2013) 919-925. Available from: https://doi.org/10.1038/nclimate1958.

[4] M. L. Pinsky, A. M. Eikeset, D. J. McCauley, J. L. Payne, J. M. Sunday, Greater vulnerability to warming of marine versus terrestrial ectotherms. Nature, 569 (7754) (2019) 108-111. Available from: https://www.nature.com/articles/s41586-019-1132-4.

[5] M. L. Pinsky, B. Worm, M. J. Fogarty, J. L. Sarmiento, S. A. Levin, Marine taxa track local climate velocities, Science 341 (2013) 1239-1242. Available from: https://doi.org/10.1126/science.1239352.

[6] L. Cavole, A. Demko, R. Diner, A. Giddings, I. Koester, C. Pagniello, et al., Biological impacts of the 2013-2015 warm-water anomaly in the Northeast Pacific: winners, losers, and the future, Oceanography 29 (2016). Available from: https://doi.org/10.5670/oceanog.2016.32.

[7] T. L. Frölicher, E. M. Fischer, N. Gruber, Marine heatwaves under global warming, Nature 560 (2018) 360-364. Available from: https://doi.org/10.1038/s41586-018-0383-9.

[8] W. W. L. Cheung, V. W. Y. Lam, J. L. Sarmiento, K. Kearney, R. Watson, D. Pauly, Projecting global marine biodiversity impacts under climate change scenarios, Fish Fish. 10 (2009) 235-251.

[9] J. G. Molinos, B. S. Halpern, D. S. Schoeman, C. J. Brown, W. Kiessling, P. J. Moore, et al., Climate velocity and the future global redistribution of marine biodiversity, Nat. Clim. Change 6 (2015) 83-88. Available from: https://doi.org/10.1038/nclimate2769.

[10] J. W. Morley, R. L. Selden, R. J. Latour, T. L. Frölicher, R. J. Seagraves, M. L. Pinsky, Projecting shifts in thermal habitat for 686 species on the North American continental shelf, PLoS One 13(2018) e0196127. Available from: https://doi.org/10.1371/journal.pone.0196127.

[11] J. W. Morley, R. D. Batt, M. L. Pinsky, Marine assemblages respond rapidly to winter climate variability, Global Change Biol 23(2017) 2590-2601. Available from: https://doi.org/10.1111/gcb.13578.

[12] M. G. Burgess, C. J. Costello, A. Fredston-Hermann, M. L. Pinsky, S. D. Gaines, D. Tilman, et al., Range contraction enables harvesting to extinction, Proc. Natl. Acad. Sci. U. S. A. 114(2017) 3945-3950. Available from: https://doi.org/10.1073/pnas.1607551114.

[13] R. L. Selden, J. T. Thorson, J. F. Samhouri, S. Brodie, G. Carroll, E. Willis-Norton, et al., Adapting to change? Availability of fish to west coast communities. ICES J. Mar. Sci. (submitted).

[14] Eva A. Papaioannou, R. Selden, K. St. Martin, J. Olson, J. Schenkel, B. McCay et al., Not all those who wander are lost Responses of fishers' communities to shifts in the distribution and abundance of fish. Front. Mar. Sci. (submitted).

[15] M. L. Pinsky, M. Fogarty, Lagged social-ecological responses to climate and range shifts in fisheries, Clim. Change 115(2012) 883-891. Available from: https://doi.org/10.1007/s10584-012-0599-x.

[16] D. E. Schindler, R. W. Hilborn, B. Chasco, C. P. Boatright, T. P. Quinn, La Rogers, et al., Population diversity and the portfolio effect in an exploited species, Nature 465(2010) 609-612. Available from: https://doi.org/10.1038/nature09060.

[17] T. J. Cline, D. E. Schindler, R. W. Hilborn, Fisheries portfolio diversification and turnover buffer Alaskan fishing communities from abrupt resource and market changes, Nat. Commun. 8(2017) 14042. Available from: https://doi.org/10.1038/ncomms14042.

[18] L. E. Dee, S. J. Miller, L. E. Peavey, D. Bradley, R. R. Gentry, R. Startz, et al.,). Functional diversity of catch mitigates negative effects of temperature variability on fisheries yields, Proc. R. Soc. B: Biol. Sci. 283(2016) 20161435. Available from: https://doi.org/10.1098/rspb.2016.1435.

[19] GARFO, NOAA Fisheries Announces Final Blueline Tilefish Amendment to the Golden Tilefish Fishery Management Plan. ⟨https://www.greateratlantic.fisheries.noaa.gov/mediacenter/2017/11/14_blueline_tilefish_amendment.html⟩, 2017.

[20] J. S. Link, J. A. Nye, J. A. Hare, Guidelines for incorporating fish distribution shifts into a fisheries management context, Fish Fish. 12(2011) 461-469. Available from: https://doi.org/10.1111/j.1467-2979.2010.00398.x.

[21] O. A. van Keeken, M. van Hoppe, R. E. Grift, A. D. Rijnsdorp, Changes in the spatial distribution of North Sea plaice (Pleuronectes platessa) and implications for fisheries management, J. Sea Res. 57(2007) 187-197. Available from: https://doi.org/10.1016/j.seares.2006.09.002.

[22] M. L. Pinsky, G. Reygondeau, R. Caddell, J. Palacios-Abrantes, J. Spijkers, W. W. L. Cheung, Preparing ocean governance for species on the move, Science 360 (2018) 1189–1191. Available from: https://doi.org/10.1126/science.aat2360.

[23] M. L. Pinsky, N. J. Mantua, Emerging adaption approaches for climate ready fisheries management, Oceanography 27 (2014) 146–159.

[24] C. S. Szuwalski, A. B. Hollowed, Climate change and non-stationary population processes in fisheries management, ICES J. Mar. Sci.: Journal du Conseil 73 (2016) 1297–1305. Available from: https://doi.org/10.1093/icesjms/fsv229.

[25] S. D. Gaines, C. Costello, B. Owashi, T. Mangin, J. Bone, J. G. Molinos, et al., Improved fisheries management could offset many negative effects of climate change, Sci. Adv. 4 (2018) eaao1378. Available from: https://doi.org/10.1126/sciadv.aao1378.

[26] R. E. Beal, Adapting fisheries management to changes in species abundance and distribution resulting from climate change, ASMFC Fish. Focus 27 (2018) 3.

[27] M. Fogarty, The art of ecosystem-based fishery management, Can. J. Fish. Aquat. Sci. 490 (2014) 479–490.

[28] P. Pepin, J. Higdon, M. Koen-Alonso, M. Fogarty, N. Ollerhead, Application of ecoregion analysis to the identification of Ecosystem Production Units (EPUs) in the NAFO Convention Area. SCR 14/069, in: NAFO Scientific Council Research Documents, 2014, pp. 1–13.

[29] M. Burden, K. Kleisner, J. Landman, E. Priddle, K. Ryan, Climate-Related Impacts on Fisheries Management and Governance in the North East Atlantic, Environmental Defense Fund, London, 2017. URL https://www.edf.org/sites/default/files/documents/climate-impacts-fisheries-NE-Atlantic_0.pdf.

[30] J. N. Sanchirico, D. Holland, K. Quigley, M. Fina, Catch-quota balancing in multispecies individual fishing quotas, Mar. Policy 30 (2006) 767–785. Available from: https://doi.org/10.1016/j.marpol.2006.02.002.

[31] P. J. Woods, D. S. Holland, G. Marteinsdóttir, A. E. Punt, How a catchquota balancing system can go wrong: an evaluation of the species quota transformation provisions in the Icelandic multispecies demersal fishery, ICES J. Mar. Sci. 72 (2015) 1257–1277. Available from: https://doi.org/10.1093/icesjms/fsv001.

[32] R. L. Lewison, A. J. Hobday, S. M. Maxwell, E. Hazen, J. R. Hartog, D. C. Dunn, et al., Dynamic ocean management: identifying the critical ingredients of dynamic approaches to ocean resource management, Bioscience 65 (2015) 486–498. Available from: https://doi.org/10.1093/biosci/biv018.

[33] D. C. Dunn, S. M. Maxwell, A. M. Boustany, P. N. Halpin, Dynamic ocean management increases the efficiency and efficacy of fisheries management, Proc. Natl. Acad. Sci. U. S. A. 113 (2016) 201513626. Available from: https://doi.org/10.1073/pnas.1513626113.

[34] J. R. Wilson, S. Lomonico, D. Bradley, L. Sievanen, T. Dempsey, M. Bell, et al., Adaptive comanagement to achieve climate-ready fisheries, Conserv. Lett. (2018) 1–7. Avail-

able from: https://doi.org/10.1111/conl.12452.

第 8 章

[1] W. W. L. Cheung, V. W. Y. Lam, J. L. Sarmiento, K. Kearney, R. Watson, D. Zeller, et al., Large-scale redistribution of maximum fisheries catch potential in the global ocean under climate change, Global Change Biol. 16(2010) 24–35. Available from: https://doi.org/10.1111/j.1365-2486.2009.01995.x.

[2] V. W. Y. Lam, W. W. L. Cheung, G. Reygondeau, U. R. Sumaila, Projected change in global fisheries revenues under climate change, Sci. Rep. 6(2016). Available from: https://doi.org/10.1038/srep32607.

[3] S. Hughes, A. Yau, L. Max, N. Petrovic, F. Davenport, M. Marshall, et al., A framework to assess national level vulnerability from the perspective of food security: the case of coral reef fisheries, Environ. Sci. Policy 23(2012) 95–108. Available from: https://doi.org/10.1016/j.envsci.2012.07.012.

[4] J. C. Rice, S. M. Garcia, Fisheries, food security, climate change, and biodiversity: characteristics of the sector and perspectives on emerging issues, ICES J. Mar. Sci. 68(2011) 1343–1353. Available from: https://doi.org/10.1093/icesjms/fsr041.

[5] C. Golden, E. H. Allison, W. W. L. Cheung, M. M. Dey, B. S. Halpern, D. J. McCauley, et al., Fall in fish catch threatens human health, Nature 534(2016) 317–320.

[6] D. Mozaffarian, J. H. Y. Wu, Omega-3 fatty acids and cardiovascular disease: effects on risk factors, molecular pathways, and clinical events, J. Am. Coll. Cardiol. 58(2011) 2047–2067. Available from: https://doi.org/10.1016/j.jacc.2011.06.063.

[7] N. Siriwardhana, N. S. Kalupahana, N. Moustaid-Moussa, Health benefits of n-3 polyunsaturated fatty acids: eicosapentaenoic acid and docosahexaenoic acid, Adv. Food Nutr. Res. 65(2012) 211–222. Available from: https://doi.org/10.1016/B978-0-12-416003-3.00013-5.

[8] C. Béné, M. Barange, R. Subasinghe, P. Pinstrup-Andersen, G. Merino, G.-I. Hemre, et al., Feeding 9 billion by 2050—putting fish back on the menu, Food Sec. 7(2015) 261–274. Available from: https://doi.org/10.1007/s12571-015-0427-z.

[9] HLPE, Sustainable Fisheries and Aquaculture for Food Security and Nutrition. A Report by the High Level Panel of Experts on food Security and Nutrition of the Committee on World Food Security, FAO, Rome, 2014.

[10] N. Kawarazuka, The Contribution of Fish Intake, Aquaculture, and Small-Scale Fisheries to Improving Nutrition: A Literature Review, Penang, Malaysia, 2010.

[11] A. M. Cisneros-Montemayor, D. Pauly, L. V. Weatherdon, Y. Ota, A global estimate of seafood consumption by coastal Indigenous peoples, PLoS One 11(2016). Available from: https://doi.org/10.1371/journal.pone.0166681.

[12] I. Anderson, B. Robson, M. Connolly, F. Al-Yaman, E. Bjertness, A. King, et al., Indigenous and tribal peoples' health (The LancetLowitja Institute Global Collaboration): a

population study, Lancet 388(2016) 131-157.

[13] N. Basu, M. Horvat, D. C. Evers, I. Zastenskaya, P. Weihe, J. Tempowski, et al., Review of mercury biomarkers in human populations worldwide between 2000 and 2018, Environ. Health Perspect. 126(2018) 106001. Available from: https://doi.org/10.1289/EHP3904.

[14] H. V. Kuhnlein, B. Erasmus, D. Spigelski, Indigenous Peoples' Food Systems: The Many Dimensions of Culture, Diversity and Environment for Nutrition and Health, Food and Agriculture Organization of the United Nations, Centre for Indigenous Peoples' Nutrition and Environment, Rome, Italy, 2009.

[15] A. W. R. Seddon, M. Macias-Fauria, P. R. Long, D. Benz, K. J. Willis, Sensitivity of global terrestrial ecosystems to climate variability, Nature 531(2016) 229-232. Available from: https://doi.org/10.1038/nature16986.

[16] IPCC, Climate Change 2013: The Physical Science Basis, Contribution of Working Group I to the Fifth Assessment Report of the Intergovernmental Panel on Climate Change, Cambridge University Press, Cambridge, United Kingdom and New York, 2014. 〈https://doi.org/10.1017/CBO9781107415324〉.

[17] E. Post, M. C. Forchhammer, M. S. Bret-Harte, T. V. Callaghan, T. R. Christensen, B. Elberling, et al., Ecological dynamics across the Arctic associated with recent climate change, Science 325(2009) 1355-1358. Available from: https://doi.org/10.1126/science.1173113.

[18] M. Wang, J. E. Overland, A sea ice free summer Arctic within 30 years? Geophys. Res. Lett. 36(2009). Available from: https://doi.org/10.1029/2009GL037820. n/a-n/a.

[19] AMAP, Arctic Ocean Acidification Assessment: Summary for Policy-Makers, Arctic Monitoring and Assessment Programme (AMAP), Oslo, Norway, 2013.

[20] T. A. Kenny, H. M. Chan, Estimating wildlife harvest based on reported consumption by Inuit in the Canadian Arctic, Arctic 70(2017) 1-12. Available from: https://doi.org/10.14430/arctic4625.

[21] K. Borré, Seal blood, Inuit blood, and diet: a biocultural model of physiology and cultural identity, Med. Anthropol. Q. 5(1991) 48-62. Available from: https://doi.org/10.2307/648960.

[22] M. Lucas, F. Proust, C. Blanchet, A. Ferland, S. Déry, B. Abdous, et al., Is marine mammal fat or fish intake most strongly associated with omega-3 blood levels among the Nunavik Inuit? Prostaglandins Leukot. Essent. Fatty Acids 83(2010) 143-150.

[23] J. R. Geraci, T. G. Smith, Vitamin C in the diet of Inuit hunters from Holman, Northwest Territories, Arctic 32(1979) 135-139. Available from: https://doi.org/10.14430/arctic2611.

[24] H. V. Kuhnlein, V. Barthet, A. Farren, E. Falahi, D. Leggee, O. Receveur, et al., Vitamins A, D, and E in Canadian Arctic traditional food and adult diets, J. Food Compos. Anal. 19(2006) 495-506. Available from: https://doi.org/10.1016/j.jfca.2005.02.007.

[25] Y. E. Zhou, S. Kubow, G. M. Egeland, Highly unsaturated n-3 fatty acids status of Canadian Inuit: International Polar Year Inuit Health Survey, 2007-2008, IJCH 70(2011) 498-510.

[26] X. F. Hu, K. Singh, T. A. Kenny, H. M. Chan, Prevalence of heart attack and stroke and associated risk factors among Inuit in Canada: a comparison with the general Canadian population, Int. J. Hyg. Environ. Health (2018) 1-8. Available from: https://doi.org/10.1016/j.ijheh.2018.12.003.

[27] X. F. Hu, T. A. Kenny, H. M. Chan, Inuit country food diet pattern is associated with lower risk of coronary heart disease, J. Acad. Nutr. Diet. 118(2018) 1237-1248.e1. Available from: https://doi.org/10.1016/j.jand.2018.02.004.

[28] B. M. Braune, P. M. Outridge, A. T. Fisk, D. C. G. Muir, P. A. Helm, K. Hobbs, et al., Persistent organic pollutants and mercury in marine biota of the Canadian Arctic: an overview of spatial and temporal trends, Sci. Total Environ. 351-352(2005) 4-56. Available from: https://doi.org/10.1016/j. scitotenv.2004.10.034.

[29] X. F. Hu, B. D. Laird, H. M. Chan, Mercury diminishes the cardiovascular protective effect of omega-3 polyunsaturated fatty acids in the modern diet of Inuit in Canada, Environ. Res. 152(2017) 470-477. Available from: https://doi.org/10.1016/j.envres.2016.06.001.

[30] J. Van Oostdam, S. G. Donaldson, M. Feeley, D. Arnold, P. Ayotte, G. Bondy, et al., Human health implications of environmental contaminants in Arctic Canada: a review, Sci. Total Environ. 351(2005) 165-246. Available from: https://doi.org/10.1016/j.scitotenv.2005.03.034.

[31] D. Kinloch, H. V. Kuhnlein, D. Muir, Inuit foods and diet: a preliminary assessment of benefits and risks, Sci. Total Environ. 122(1992) 247-278. Available from: https://doi.org/10.1016/0048-9697(92)90249-R.

[32] H. V. Kuhnlein, Benefits and risks of traditional food for Indigenous peoples: focus on dietary intakes of Arctic men, Can. J. Physiol. Pharmacol. 73(1995) 765-771. Available from: https://doi.org/10.1139/y95-102.

[33] T. A. Kenny, X. F. Hu, H. V. Kuhnlein, S. D. Wesche, H. M. Chan, Dietary sources of energy and nutrients in the contemporary diet of Inuit adults: results from the 200708 Inuit Health Survey, Public Health Nutr. 21(2018) 1319-1331. Available from: https://doi.org/10.1017/S1368980017003810.

[34] T. A. Kenny, M. Fillion, J. MacLean, S. D. Wesche, H. M. Chan, Calories are cheap, nutrients are expensive—the challenge of healthy living in Arctic communities, Food Policy 80(2018) 39-54. Available from: https://doi.org/10.1016/j.foodpol.2018.08.006.

[35] R. G. Condon, P. Collings, G. W. Wenzel, The best part of life: subsistence hunting, ethnicity, and economic adaptation among young adult Inuit males, Arctic 48(1995) 31-46.

[36] M. T. Harder, G. W. Wenzel, Inuit subsistence, social economy and food security in Clyde River, Nunavut, Arctic 65(2012) 305-318. Available from: https://doi.org/10.14430/

arctic4218.

[37] S. D. Wesche, H. M. Chan, Adapting to the impacts of climate change on food security among Inuit in the Western Canadian Arctic, EcoHealth 7(2010) 361-373. Available from: https://doi.org/10.1007/s10393-010-0344-8.

[38] T. L. Nancarrow, H. M. Chan, Observations of environmental changes and potential dietary impacts in two communities in Nunavut, Canada, Rural Remote Health 10(2010) 1370.

[39] T. A. Kenny, M. Fillion, S. Simpkin, S. D. Wesche, H. M. Chan, Caribou (Rangifer tarandus) and Inuit nutrition security in Canada, EcoHealth 15(2018) 590-607. Available from: https://doi.org/10.1007/s10393-018-1348-z.

[40] R. S. Cottrell, A. Fleming, E. A. Fulton, K. L. Nash, R. A. Watson, J. L. Blanchard, Considering land-sea interactions and trade-offs for food and biodiversity, Global Change Biol. 24(2017) 580-596. Available from: https://doi.org/10.1111/gcb.13873.

[41] L. S. Vors, M. S. Boyce, Global declines of caribou and reindeer, Global Change Biol. 15 (2009) 2626-2633. Available from: https://doi.org/10.1111/j.1365-2486.2009.01974.x.

[42] P. Loring, C. Gerlach, Food security and conservation of Yukon River Salmon: are we asking too much of the Yukon River? Sustainability 2(2010) 2965-2987. Available from: https://doi.org/10.3390/su2092965.

[43] Statistics Canada, Aboriginal Statistics at a Glance—Median Age of Population, 1-1. ⟨https://www150.statcan.gc.ca/n1/pub/89-645-x/2010001/median-age-eng.htm⟩, 2015 (accessed 23.10.18).

[44] M. Morris, A statistical portrait of Inuit with a focus on increasing urbanization: implications for policy and further research, Aboriginal Policy Stud. 5(2016). Available from: https://doi.org/10.5663/aps.v5i2.27045.

[45] Statistics Canada, 2006 Census: Aboriginal Peoples in Canada in 2006: Inuit, Métis and First Nations, 2006 Census: Inuit, 2018, pp. 1-3.

[46] Statistics Canada, Aboriginal Peoples in Canada: First Nations People, Métis and Inuit, 2016, pp. 1-13.

[47] ITK, Health Indicators of Inuit Nunangat Within the Canadian Context: 1994-1998 and 1999-2003, Inuit Tapiriit Kanatami (ITK). ⟨https://www.itk.ca/publication/health-indicators-inuit-nunangat-withincanadian-context⟩, 2010.

[48] G. W. Wenzel, Sharing, money, and modern Inuit subsistence: obligation and reciprocity at Clyde River, Nunavut, Senri Ethnol. Stud. 53(2000) 61-85.

[49] P. Collings, M. G. Marten, T. Pearce, A. G. Young, Country food sharing networks, household structure, and implications for understanding food insecurity in Arctic Canada, Ecol. Food Nutr. 55(2016) 30-49. Available from: https://doi.org/10.1080/03670244.2015.1072812.

[50] ITK, Inuit Statistical Profile 2008, Inuit Tapiriit Kanatami. ⟨https://www.itk.ca/wp-content/uploads/2016/07/InuitStatisticalProfile2008_0.pdf⟩, 2008.

［51］G. W. Wenzel, J. Dolan, C. Brown, Wild resources, harvest data and food security in Nunavut's Qikiqtaaluk Region: a diachronic analysis, Arctic 69(2016) 147-159. Available from: https://doi.org/10.14430/arctic4562.

［52］N. Sheikh, G. M. Egeland, L. Johnson-Down, H. V. Kuhnlein, Changing dietary patterns and body mass index over time in Canadian Inuit communities, IJCH 70(2011) 511-519. Available from: https://doi.org/10.3402/ijch.v70i5.17863.

［53］D. C. Natcher, Subsistence and the social economy of Canada's Aboriginal North, North. Rev. 30(2009) 83-98.

［54］P. J. Usher, Evaluating country food in the northern native economy, Arctic 29(1976) 105-120. Available from: https://doi.org/10.14430/arctic2795.

［55］Council of Canadian Academies, Aboriginal Food Security in Northern Canada: An Assessment of the State of Knowledge, Council of Canadian Academies.〈http://www.scienceadvice.ca/uploads/eng/assessments%20and%20publications%20and%20news%20releases/food%20security/foodsecurity_fullreporten.pdf〉, 2014.

［56］ITK, Inuit Statistical Profile 2018, Inuit Tapiriit Kanatami.〈https://www.itk.ca/2018-inuit-statisticalprofile/〉, 2018.

［57］H. Priest, P. J. Usher, The Nunavut Wildlife Harvest Study, Nunavut Wildlife Management Board, Iqaluit, NU, 2004.

［58］P. J. Usher, M. A. Wendt, Inuvialuit Harvest Study: Statistical Assessment of the Harvest Survey Data Base 1988-1996, Inuvik, NWT, 1999.

［59］F. Boas, The Central Eskimo, University of Nebraska Press, Lincoln, Nebraska, 1964.

［60］L. R. Binford, Nunamiut Ethnoarchaeology, Academic Press, New York, 1978.

［61］S. Chatwood, P. Bjerregaard, T. K. Young, Global health — a circumpolar perspective, Am. J. Public Health 102(2012) 1246-1249. Available from: https://doi.org/10.2105/AJPH.2011.300584.

［62］P. Bjerregaard, T. K. Young, E. Dewailly, S. O. E. Ebbesson, Indigenous health in the Arctic: an overview of the circumpolar Inuit population, Scand. J. Public Health 32(2004) 390-395. Available from: https://doi.org/10.1080/14034940410028398.

［63］Statistics Canada, Aboriginal Peoples Survey (APS), pp. 1-8.〈http://www23.statcan.gc.ca/imdb/p2SV.pl?Function=getMainChange&Id=109115〉, 2012 (accessed 28.11.16).

［64］ITK, Social Determinants of Inuit Health in Canada, Inuit Tapiriit Kanatami (ITK).〈https://www.itk.ca/wp-content/uploads/2016/07/ITK_Social_Determinants_Report.pdf〉, 2014.

［65］H. V. Kuhnlein, O. Receveur, R. Soueida, G. M. Egeland, Arctic Indigenous peoples experience the nutrition transition with changing dietary patterns and obesity, J. Nutr. 134(2004) 1447-1453.

［66］R. Rosol, C. Huet, M. Wood, C. Lennie, G. Osborne, G. M. Egeland, Prevalence of affirmative responses to questions of food insecurity: International Polar Year Inuit Health Survey, 2007-2008, IJCH 70(2011) 488-497. Available from: https://doi.org/10.3402/ijch.

v70i5.17862.

[67] Health Canada, Household Food Insecurity in Canada in 2007-2008: Key Statistics and Graphics—Food and Nutrition Surveillance—Health Canada, pp. 1-9. 〈http://www.hc-sc.gc.ca/fn-an/surveill/nutrition/commun/insecurit/key-stats-cles-2007-2008-eng.php〉, 2012.

[68] G. M. Egeland, L. Johnson-Down, Z. R. Cao, N. Sheikh, H. A. Weiler, Food insecurity and nutrition transition combine to affect nutrient intakes in Canadian Arctic communities, J. Nutr. 141(2011) 1746-1753. Available from: https://doi.org/10.3945/jn.111.139006.

[69] J. A. Jamieson, H. A. Weiler, H. V. Kuhnlein, G. M. Egeland, Traditional food intake is correlated with iron stores in Canadian Inuit men, J. Nutr. 142(2012) 764-770. Available from: https://doi.org/10.3945/jn.111.140475.

[70] J. Lambden, O. Receveur, J. Marshall, H. V. Kuhnlein, Traditional and market food access in Arctic Canada is affected by economic factors, IJCH 65(2006) 331-340. Available from: https://doi.org/10.3402/ijch.v65i4.18117.

[71] G. M. Egeland, Inuit Health Survey 2007-2008: Inuvialuit Settlement Region, Centre for Indigenous Peoples' Nutrition and Environment, Montreal, QC, 2010.

[72] G. M. Egeland, Inuit Health Survey 2007-2008: Nunatsiavut, Centre for Indigenous Peoples' Nutrition and Environment (CINE), Montreal, QC, 2010.

[73] G. M. Egeland, Inuit Health Survey 2007-2008: Nunavut, Centre for Indigenous Peoples' Nutrition and Environment (CINE), Montreal, QC, 2010.

[74] E. Erber, B. N. Hopping, L. Beck, T. Sheehy, E. De Roose, S. Sharma, Assessment of dietary adequacy in a remote Inuvialuit population, J. Hum. Nutr. Diet. 23(2010) 35-42. Available from: https://doi.org/10.1111/j.1365-277X.2010.01098.x.

[75] H. Mori, D. L. Clason, A cohort approach for predicting future eating habits: the case of at-home consumption of fresh fish and meat in an aging Japanese society, Int. Food Agribusiness Manage. Rev. 7(2004) 22-41.

[76] N. Willows, L. Johnson-Down, T. A. Kenny, H. M. Chan, M. Batal, Modelling optimal diets for quality and cost: examples from Inuit and First Nations communities in Canada, Appl. Physiol. Nutr. Metab. (2018). Available from: https://doi.org/10.1139/apnm-2018-0624.

[77] J. C. Comiso, C. L. Parkinson, R. Gersten, L. Stock, Accelerated decline in the Arctic sea ice cover, Geophys. Res. Lett. 35(2008) 413. Available from: https://doi.org/10.1029/2007GL031972.

[78] M. Steele, W. Ermold, J. Zhang, Arctic Ocean surface warming trends over the past 100 years, Geophys. Res. Lett. 35(2008) 67. Available from: https://doi.org/10.1029/2007GL031651.

[79] J. A. Screen, I. Simmonds, The central role of diminishing sea ice in recent Arctic temperature amplification, Nature 464(2010) 1334-1337. Available from: https://doi.org/10.1038/nature09051.

[80] K. L. Laidre, I. Stirling, L. F. Lowry, Ø. Wiig, M. P. Heide-Jørgensen, S. H. Ferguson, Quantifying the sensitivity of Arctic marine mammals to climate-induced habitat change, Ecol. Appl. 18(2008) S97-S125. Available from: https://doi.org/10.1890/06-0546.1.

[81] T. L. Nancarrow, H. M. Chan, A. Ing, H. V. Kuhnlein, Climate change impacts on dietary nutrient status of Inuit in Nunavut, Canada, FASEB J. 22(2008). Suppl. 1096-1097.

[82] S. Nickels, C. Furgal, M. Buell, H. Moquin, Unikkaaqatigiit: putting the human face on climate change — perspectives from Inuit in Canada, Inuit Tapiriit Kanatami, Nasivvik Centre for Inuit Health and Changing Environments (Université Laval), Ajunnginiq Centre (National Aboriginal Health Organization), 2006.

[83] A. Downing, A. Cuerrier, A synthesis of the impacts of climate change on the First Nations and Inuit of Canada, Indian J. Tradit. Knowl. 10(2011) 57-70.

[84] J. D. Ford, B. Smit, J. Wandel, M. Allurut, Climate change in the Arctic: current and future vulnerability in two Inuit communities in Canada, Geogr. J. 174(2008) 45-62. Available from: https://doi.org/10.1111/j.1475-4959.2007.00249.x.

[85] T. K. Suluk, S. L. Blakney, Land claims and resistance to the management of harvester activities in Nunavut, Arctic (2008). Available from: https://doi.org/10.2307/40513357.

[86] J. D. Ford, B. Smit, J. Wandel, J. MacDonald, Vulnerability to climate change in Igloolik, Nunavut: what we can learn from the past and present, Polar Rec. 42(2006) 127-138. Available from: https://doi.org/10.1017/S0032247406005122.

[87] J. W. Handmer, S. Dovers, T. E. Downing, Societal vulnerability to climate change and variability, Mitig. Adapt. Strateg. Global Change 4(1999) 267-281. Available from: https://doi.org/10.1023/A:1009611621048.

[88] V. W. Y. Lam, W. W. L. Cheung, U. R. Sumaila, Marine capture fisheries in the Arctic: winners or losers under climate change and ocean acidification? Fish Fish. 17(2016) 335-357. Available from: https://doi.org/10.1111/faf.12106.

[89] Government of Nunavut, Nunavut Fisheries Strategy 2016-2020, Department of Environment, Fisheries and Sealing Division, 2016.

[90] M. C. Beaumier, J. D. Ford, Food insecurity among Inuit women exacerbated by socioeconomic stresses and climate change, Can. J. Public Health 101(2010) 196-201.

[91] A. Bunce, J. D. Ford, S. Harper, V. Edge, IHACC Research Team, Vulnerability and adaptive capacity of Inuit women to climate change: a case study from Iqaluit, Nunavut, Nat. Hazards 16(2016) 268. Available from: https://doi.org/10.1007/s11069-016-2398-6.

[92] W. D. Hansen, T. J. Brinkman, F. S. Chapin III, C. Brown, Meeting indigenous subsistence needs: the case for prey switching in rural Alaska, Hum. Dimens. Wildl. 18(2013) 109-123. Available from: https://doi.org/10.1080/10871209.2012.719172.

[93] T. Bidleman, R. W. Macdonald, J. Stow, Canadian Arctic Contaminants Assessment Report II: Sources, Occurrence, Trends and Pathways in the Physical Environment, Indian and Northern Affairs, 2003.

[94] S. G. Donaldson, J. Van Oostdam, C. Tikhonov, M. Feeley, B. Armstrong, P. Ayotte, et

al., Environmental contaminants and human health in the Canadian Arctic, Sci. Total Environ. 408(2010) 5165-5234. Available from: https://doi.org/10.1016/j.scitotenv.2010.04. 059.

[95] B. Braune, J. Chételat, M. Amyot, T. Brown, M. Clayden, M. Evans, et al., Mercury in the marine environment of the Canadian Arctic: review of recent findings, Sci. Total Environ. 509-510(2015) 67-90. Available from: https://doi.org/10.1016/j.scitotenv. 2014.05.133.

[96] UNEP, Global Mercury Assessment 2013, United Nations (UN), 2015.

[97] J. Ma, H. Hung, C. Tian, R. Kallenborn, Revolatilization of persistent organic pollutants in the Arctic induced by climate change, Nat. Clim. Change 1(2011) 255-260. Available from: https://doi.org/10.1038/nclimate1167.

[98] F. Wania, M. J. Binnington, M. S. Curren, Mechanistic modeling of persistent organic pollutant exposure among indigenous Arctic populations: motivations, challenges, and benefits, Environ. Rev. 25(2017) 396-407. Available from: https://doi.org/10.1139/ er-2017-0010.

[99] S. Booth, D. Zeller, Mercury, food webs, and marine mammals: implications of diet and climate change for human health, Environ. Health Perspect. 113(2005) 521-526. Available from: https://doi.org/10.1289/ehp.7603.

[100] M. J. Binnington, M. S. Curren, C. L. Quinn, J. M. Armitage, J. A. Arnot, H. M. Chan, et al., Mechanistic polychlorinated biphenyl exposure modeling of mothers in the Canadian Arctic: the challenge of reliably establishing dietary composition, Environ. Int. 92-93 (2016) 256-268. Available from: https://doi.org/10.1016/j.envint.2016.04.011.

[101] AMAP, AMAP Assessment 2015: Human Health in the Arctic, Arctic Monitoring and Assessment Programme (AMAP), Oslo, Norway, 2018.

[102] H. M. Chan, C. Kim, K. Khoday, O. Receveur, H. V. Kuhnlein, Assessment of dietary exposure to trace metals in Baffin Inuit food, Environ. Health Perspect. 103(1995) 740-746. Available from: https://doi.org/10.1289/ehp.95103740.

[103] H. M. Chan, Inuit Health Survey 2007-2008: Contaminant Assessment in Nunavut, 2012.

[104] AMAP, Arctic Pollution 2011, Arctic Monitoring and Assessment Program (AMAP), 2011.

[105] G. Muckle, E. Dewailly, P. Ayotte, Prenatal exposure of Canadian children to polychlorinated biphenyls and mercury, Can. J. Public Health 89 (Suppl. 1) (1998). S20-S25, 22-27.

[106] H. V. Kuhnlein, H. M. Chan, Environment and contaminants in traditional food systems of northern Indigenous peoples, Annu. Rev. Nutr. 20(2000) 595-626. Available from: https://doi.org/10.1146/annurev.nutr.20.1.595.

[107] K. A. Friendship, C. Furgal, The role of Indigenous knowledge in environmental health risk management in Yukon, Canada, IJCH 71(2012) 75. Available from: https://

doi.org/10.3402/ijch.v71i0.19003.

[108] J. D. O'Neil, B. Elias, A. Yassi, Poisoned food: cultural resistance to the contaminants discourse in Nunavik, Arctic Anthropol. 34 (1997) 29-40.

[109] H. V. Kuhnlein, H. M. Chan, O. Receveur, D. Muir, R. Soueida, Arctic Indigenous women consume greater than acceptable levels of organochlorines, J. Nutr. 125 (1995) 2501-2510.

[110] D. C. Natcher, O. Huntington, H. Huntington, F. S. Chapin, S. F. Trainor, L. DeWilde, Notions of time and sentience: methodological considerations for Arctic climate change research, Arctic Anthropol. 44 (2007) 113-126. Available from: https://doi.org/10.1353/arc.2011.0099.

[111] C. Hoover, M. Bailey, J. Higdon, S. H. Ferguson, Estimating the economic value of narwhal and beluga hunts in Hudson Bay, Nunavut, Arctic (2013). Available from: https://doi.org/10.2307/23594602.

[112] P. M. Suprenand, C. H. Ainsworth, C. Hoover, Ecosystem Model of the Entire Beaufort Sea Marine Ecosystem: A Temporal Tool for Assessing Food-Web Structure and Marine Animal Populations From 1970 to 2014, 2018. Marine Science Faculty Publications. 261. Available online at: https://scholarcommons.usf.edu/msc_facpub/261.

[113] T. A. Kenny, The Inuit Food System: Ecological, Economic, and Environmental Dimensions of the Nutrition Transition, University of Ottawa, 2017.

第9章

[1] E. H. Allison, Big laws, small catches: global ocean governance and the fisheries crisis, J. Int. Dev. 13 (2001) 933-950. Available from: https://doi.org/10.1002/jid.834.

[2] R. Blasiak, J. Pittman, N. Yagi, H. Sugino, Negotiating the use of biodiversity in marine areas beyond national jurisdiction, Front Mar Sci 3 (2016). Available from: https://doi.org/10.3389/fmars.2016.00224.

[3] U. N. Transforming our world: the 2030 Agenda for Sustainable Development, United Nations, New York, 2015.

[4] A. M. Cisneros-Montemayor, Y. Ota, Coastal indigenous peoples fisheries database, in: I. J. DavidsonHunt, H. Suich, S. S. Meijer, N. Olsen (Eds.), People Nat. Valuing Divers. Interrelat. People Nat. IUCN International Union for Conservation of Nature, 2016, p. 88. ⟨https://doi.org/10.2305/IUCN.CH.2016.05.en⟩.

[5] J. R. Martínez Cobo, Mr. José R. Martínez Cobo Final Report (Last Part) submitted by the Special Rapporteur, United Nations, New York, 1983.

[6] F. Berkes, Shifting perspectives on resource management: resilience and the reconceptualization of 'natural resources' and 'management', Mast 9 (2010) 13-40.

[7] R. E. Johannes, Traditional marine conservation methods in Oceania and their demise, Annu. Rev. Ecol. Syst. 9 (1978) 349-364.

[8] K. Ruddle, E. Hviding, R. E. Johannes, Marine resources management in the context of

customary tenure, Mar. Resour. Econ. 7(1992) 249-273.

[9] S. von der Porten, D. Lepofsky, D. McGregor, J. Silver, Recommendations for marine herring policy change in Canada: aligning with Indigenous legal and inherent rights, Mar. Policy 74(2016) 68-76. Available from: https://doi.org/10.1016/j.marpol.2016.09.007.

[10] UNDP, Equator Initiative, 2018. 〈https://www.equatorinitiative.org/〉.

[11] R. Astuti, Learning to be Vezo. The Construction of the Person Among Fishing People of Western Madagascar (Ph. D. dissertation), University of London, 1991.

[12] L. V. Weatherdon, Y. Ota, M. C. Jones, D. A. Close, W. W. L. Cheung, Projected scenarios for coastal first nations' fisheries catch potential under climate change: management challenges and opportunities, PLoS One 11(2016) e0145285. Available from: https://doi.org/10.1371/journal.pone.0145285.

[13] CNN, Maersk to send first container ship through Arctic 2018. 〈https://money.cnn.com/2018/08/21/news/companies/maersk-line-arctic-container/index.html〉.

[14] H. Hoag, Nations agree to ban fishing in Arctic Ocean for at least 16 years, Science (2017). Available from: https://doi.org/10.1126/science.aar6437.

[15] W. N. Meier, G. K. Hovelsrud, B. E. H. van Oort, J. R. Key, K. M. Kovacs, C. Michel, et al., Arctic sea ice in transformation: a review of recent observed changes and impacts on biology and human activity, Arctic sea ice: review of recent changes, Rev. Geophys. 52 (2014) 185-217. Available from: https://doi.org/10.1002/2013RG000431.

[16] IPCC, Climate change 2014: synthesis report, Contribution of Working Groups I, II and III to the Fifth Assessment Report of the Intergovernmental Panel on Climate Change. IPCC, Geneva, 2014.

[17] FAO, Voluntary Guidelines for Securing Sustainable Small-Scale Fisheries in the Context of Food Security and Poverty Eradication, Food and Agriculture Organization of the United Nations, Rome, 2015.

[18] A. M. Cisneros-Montemayor, D. Pauly, L. V. Weatherdon, Y. Ota, A global estimate of seafood consumption by coastal indigenous peoples, PLoS One 11(2016) e0166681. Available from: https://doi.org/10.1371/journal.pone.0166681.

[19] FAO, The state of world fisheries and aquaculture 2018, Meeting the Sustainable Development Goals, Rome, 2018.

[20] A. M. Cisneros-Montemayor, Y. Ota, Indigenous marine fisheries: a global perspective, Glob. Atlas Mar. Fish. Crit. Apprais. Catches Ecosyst. Impacts, Island Press, Washington, D. C. 2016, p. 18.

[21] D. Pauly, Major trends in small-scale marine fisheries, with emphasis on developing countries, and some implications for the social sciences, MAST 4(2006) 7-22.

[22] H. P. Huntington, Using traditional ecological knowledge in science: methods and applications, Ecol. Appl. 10(2000) 1270-1274. Available from: https://doi.org/10.1890/1051-0761(2000)010 [1270:UTEKIS] 2.0.CO;2.

[23] A. L. Mattice, The fisheries subsidies negotiations in the world trade organization: a

win-win-win for trade, the environment and sustainable development, Gold Gate Univ. Law Rev.34(2004) 573.

[24] A. M. Cisneros-Montemayor, T. Cashion, D. D. Miller, T. C. Tai, N. Talloni-Álvarez, H. W. Weiskel, et al., Achieving sustainable and equitable fisheries requires nuanced policies not silver bullets, Nat. Ecol. Evol. 2(2018) 1334. Available from: https://doi.org/10.1038/s41559-018-0633-0.

[25] H. V. Kuhnlein, O. Receveur, Dietary change and traditional food systems of indigenous peoples, Annu. Rev. Nutr. 16(1996) 417-442.

[26] W. W. L. Cheung, V. W. Y. Lam, D. Pauly, Modelling Present and Climate-Shifted Distribution of Marine Fishes and Invertebrates, 2008.

[27] A. Frainer, R. Primicerio, S. Kortsch, M. Aune, A. V. Dolgov, M. Fossheim, et al., Climate-driven changes in functional biogeography of Arctic marine fish communities, Proc. Natl. Acad. Sci. U. S. A. 114(2017) 12202-12207. Available from: https://doi.org/10.1073/pnas.1706080114.

[28] B. V. Howard, E. T. Lee, L. D. Cowan, R. B. Devereux, J. M. Galloway, O. T. Go, et al., Rising tide of cardiovascular disease in american indians the strong heart study, Circulation 99(1999) 2389-2395.

[29] Y. T. Kue, C. D. Schraer, E. V. Shubnikoff, E. J. E. Szathmary, Y. P. Nikitin, Prevalence of diagnosed diabetes in circumpolar indigenous populations, Int. J. Epidemiol. 21(1992) 730-736.

[30] M. Naqshbandi, S. B. Harris, J. G. Esler, F. Antwi-Nsiah, Global complication rates of type 2 diabetes in Indigenous peoples: a comprehensive review, Diabetes Res. Clin. Pract. 82(2008) 1-17. Available from: https://doi.org/10.1016/j.diabres.2008.07.017.

[31] A. Roe, Fishing for identity: mercury contamination and fish consumption among indigenous groups in the United States, Bull. Sci. Technol. Soc. 23(2003) 368-375. Available from: https://doi.org/10.1177/0270467603259787.

[32] Alaska Department of Fish and Game, Harvest information for community, ADFG Subsist Hunt Fish Harvest Data Rep 2016. 〈https://www.adfg.alaska.gov/sb/CSIS/index.cfm?ADFG=harvInfo.harvestCommSelComm〉.

[33] A. M. Cisneros-Montemayor, T.-A. Kenny, Y. Ota, Dynamics in Seafood Consumption by Coastal Indigenous Peoples, in prep.

[34] U. N. United Nations Declaration on the Rights of Indigenous Peoples, United Nations, New York, 2008.

[35] ILO, Convention Concerning Indigenous and Tribal Peoples in Independent Countries, International Labour Organization, Geneva, 1989.

[36] R. C. G. Capistrano, A. T. Charles, Indigenous rights and coastal fisheries: a framework of livelihoods, rights and equity, Ocean Coast Manage. 69(2012) 200-209. Available from: https://doi.org/10.1016/j.ocecoaman.2012.08.011.

[37] K. Ruddle, The context of policy design for existing community-based fisheries man-

agement systems in the Pacific Islands, Ocean Coast Manage. 40(1998) 105-126.

[38] F. Berkes, J. Colding, C. Folke, Rediscovery of traditional ecological knowledge as adaptive management,Ecol. Appl. 10(2000) 1251-1262.

第 10 章

[1] W. Swartz, E. Sala, S. Tracey, R. Watson, D. Pauly, The spatial expansion and ecological footprint of fisheries (1950 to present), PLoS One 5(12)(2010) e15143-e15146.

[2] D. Pauly, R. Watson, J. Alder, Global trends in world fisheries: impacts on marine ecosystems and food security, Philos. Trans. R. Soc. B: Biol. Sci. 360(1453)(2005) 5-12.

[3] U. T. Srinivasan, W. W. L. Cheung, R. Watson, U. R. Sumaila, Food security implications of global marine catch losses due to overfishing, J. Bioecon. 12(3)(2010) 183-200.

[4] C. Bene, B. Hersoug, E. H. Allison, Not by rent alone: analysing the pro-poor functions of small-scale fisheries in developing countries, Dev. Policy Rev. 28(3)(2010) 325-358.

[5] C. Bene, G. Macfadyen, E. H. Allison, Increasing the Contribution of Small-Scale Fisheries to Poverty Alleviation and Food Security, Food and Agriculture Organization of the United Nations, Rome, 2007.

[6] E. H. Allison, B. D. Ratner, B. A˚ sga ˚rd, W. Willmann, R. Pomeroy, J. Kurien, Rights-based fisheries governance: from fishing rights to human rights, Fish Fish. 13(1)(2011) 14-29.

[7] E. H. Allison, Big laws, small catches: global ocean governance and the fisheries crisis, J. Int. Dev. 13(7)(2001) 933-950.

[8] A. Kalfagianni, P. Pattberg, Fishing in muddy waters: exploring the conditions for effective governance of fisheries and aquaculture, Mar. Policy 38(C)(2013) 124-132.

[9] FAO, The State of World Fisheries and Aquaculture 2018: Opportunities and Challenges, FAO, Rome, 2018, p. 243.

[10] C. Stringer, G. Simmons, E. Rees, Shifting post production patterns: Exploring changes in New Zealand's seafood processing industry, N. Z. Geogr. 67(3)(2011) 161-173.

[11] L. H. Gulbrandsen, Overlapping public and private governance: can forest certification fill the gaps in the global forest regime? Global Environ. Polit. 4(2)(2004) 75-99.

[12] D. O'Rouke, Outsourcing regulation: analyzing nongovernmental systems of labor standards and monitoring, Policy Stud. J. 31(1)(2003) 1-29.

[13] D. Vogel, The private regulation of global corporate conduct: achievements and limitations, Bus. Soc. 49(1)(2010) 68-87.

[14] H. Österblom, J. B. Jouffray, C. Folke, B. Crona, M. Troell, A. Merrier, et al., Transnational corporations as 'keystone actors' in marine ecosystems, PLoS One 10(5)(2015) e0127533.

[15] K. Sainbury, Review of ecolabelling schemes for fish and fishery products from capture fisheries (No. 533), FAO Fisheries and Aquaculture Technical Paper, FAO, Rome, 2010, p. 93.

[16] J. L. Jacquet, D. Pauly, The rise of seafood awareness campaigns in an era of collapsing fisheries, Mar. Policy 31(3)(2007) 308-313.

[17] M. Thrane, F. Ziegler, U. Sonesson, Eco-labelling of wild-caught seafood products, J. Clean. Prod. 17(3)(2009) 416-423.

[18] M. F. Tlusty, Environmental improvement of seafood through certification and ecolabelling: theory and analysis, Fish Fish. 13(1)(2011) 1-13.

[19] C. A. Roheim, F. Asche, J. I. Santos, The elusive price premium for ecolabelled products: evidence from seafood in the UK market, J. Agric. Econ. 62(3)(2011) 655-668.

[20] H. Uchida, Y. Onozaka, T. Morita, S. Managi, Demand for ecolabeled seafood in the Japanese market: a conjoint analysis of the impact of information and interaction with other labels, Food Policy 44(C)(2014) 68-76.

[21] S. Washington, L. Ababouch, Private standards and certification in fisheries and aquaculture: current practice and emerging issues, FAO Fisheries and Aquaculture Technical Paper, vol. 553, FAO, Rome, 2010, p. 203.

[22] J. Konefal, Environmental movements, market-based approaches, and neoliberalization: a case study of the sustainable seafood movement, Organ. Environ. 26(3)(2013) 336-352.

[23] N. Gunningham, R. A. Kagan, D. Thornton, Social license and environmental protection: why businesses go beyond compliance, Law Soc. Inq. 29(2)(2004) 307-341.

[24] Intra Fish Media, Intra Fish 150 Report: Industry Report 2013, Intra Fish, 2014.

[25] S. de Colle, A. Henriques, S. Sarasvathy, The paradox of corporate social responsibility standards, J. Bus. Ethics 125(2)(2013) 177-191.

[26] N. Dew, S. D. Sarasvathy, Innovations, stakeholders & entrepreneurship, J. Bus. Ethics 74(3)(2007) 267-283.

[27] K. Bondy, K. Starkey, The dilemmas of internationalization: corporate social responsibility in the multinational corporation, Br. J. Manage. 25(1)(2012) 4-22.

[28] C. Parkes, J. Scully, S. Anson, CSR and the "undeserving": a role for the state, civil society and business? Int. J. Sociol. Soc. Policy 30 (11/12) (2010) 697-708.

[29] L. M. Bellchambers, B. F. Phillips, M. Pérez-Ramírez, From certification to recertification the benefits and challenges of the Marine Stewardship Council (MSC): a case study using lobsters, Fish. Res. 182(2016) 88-97.

[30] P. Castka, C. J. Corbett, Governance of eco-labels: expert opinion and media coverage, J. Bus. Ethics 135(2)(2016) 309-326.

[31] M. Bailey, H. Packer, L. Schiller, M. Tlusty, W. Swartz, The role of corporate social responsibility in creating a Seussian world of seafood sustainability, Fish Fish. 19(5) (2018) 782-790.

[32] W. W. L. Cheung, V. W. Y. Lam, J. L. Sarmiento, K. Kearney, R. Watson, D. Zeller, et al., Large-scale redistribution of maximum fisheries catch potential in the global ocean under climate change, Global Change Biol. 16(1)(2010) 24-35.

[33] J. D. Bell, V. Allain, E. H. Allison, S. Andréfouët, N. L. Andrew, M. J. Batty, et al., Diversifying the use of tuna to improve food security and public health in Pacific Island countries and territories, Mar. Policy 51(C) (2015) 584-591.

[34] A. Couper, H. D. Smith, B. Ciceri, Fishers and Plunderers: Theft, Slavery and Violence at Sea, Pluto Press, 2015.

[35] P. Lund-Thomsen, A. Lindgreen, Corporate social responsibility in global value chains: where are we now and where are we going? J. Bus. Ethics 123(1) (2014) 11-22.

[36] W. Swartz, L. Schiller, U. R. Sumaila, Y. Ota, Market-based sustainability pathway: challenges and opportunities for seafood certification programs in Japan, Mar. Policy 76 (2017) 185-191.

第 11 章

[1] FAO, The State of World Fisheries and Aquaculture 2016, 2016, pp. 1-204.

[2] J. B. Jackson, M. X. Kirby, W. H. Berger, K. A. Bjorndal, L. W. Botsford, B. J. Bourque, et al., Historical overfishing and the recent collapse of coastal ecosystems, Science 293 (2001) 629-637. Available from: https://doi.org/10.1126/science.1059199.

[3] D. J. McCauley, M. L. Pinsky, S. R. Palumbi, J. A. Estes, F. H. Joyce, R. R. Warner, Marine defaunation: animal loss in the global ocean, Science 347(2015) 1255641. Available from: https://doi.org/10.1126/science.1255641.

[4] P. U. Clark, J. D. Shakun, S. A. Marcott, A. C. Mix, M. Eby, S. Kulp, et al., Consequences of twenty-first century policy for multi-millennial climate and sea-level change, Nat. Clim. Change 6(2016) 360-369. Available from: https://doi.org/10.1038/nclimate2923.

[5] S. Koenigstein, F. C. Mark, S. Gößling-Reisemann, H. Reuter, H.-O. Poertner, Modelling climate change impacts on marine fish populations: process-based integration of ocean warming, acidification and other environmental drivers, Fish and Fisheries 17(2016) 972-1004. Available from: https://doi.org/10.1111/faf.12155.

[6] E. H. Allison, H. R. Bassett, Climate change in the oceans: human impacts and responses, Science 350(2015) 778-782. Available from: https://doi.org/10.1126/science.aac8721.

[7] S. C. Doney, M. Ruckelshaus, J. E. Duffy, J. P. Barry, F. Chan, C. A. English, et al., Climate change impacts on marine ecosystems, Annu. Rev. Mar. Sci. 4(2012) 11-37. Available from: https://doi:10.1146/annurev-marine-041911-111611.

[8] A. Bennett, P. Patil, D. Rader, J. Virdin, X. Basurto, Contribution of Fisheries to Food and Nutrition Security, Duke University, Durham, NC, 2018. Available from: http://nicholasinstute.duke.edu/publicaon.

[9] C. D. Golden, E. H. Allison, W. W. L. Cheung, M. M. Dey, B. S. Halpern, D. J. McCauley, et al., Nutrition: fall in fish catch threatens human health, Nature 534(2016) 317-320. Available from: https://doi.org/10.1038/534317a.

[10] C. D. Golden, K. L. Seto, M. M. Dey, O. L. Chen, J. A. Gephart, S. S. Myers, et al., Does aquaculture support the needs of nutritionally vulnerable nations? Front. Mar. Sci. 4

(2017) 151-157. Available from: https://doi.org/10.3389/fmars.2017.00159.

[11] K. E. Charlton, J. Russell, E. Gorman, Q. Hanich, A. Delisle, B. Campbell, et al., Fish, food security and health in Pacific Island countries and territories: a systematic literature review, BMC Public Health 16(2016) 1-26. Available from: https://doi.org/10.1186/s12889-016-2953-9.

[12] R. J. Stanford, B. Wiryawan, D. G. Bengen, R. Febriamansyah, J. Haluan, The fisheries livelihoods resilience check (FLIRES check): a tool for evaluating resilience in fisher communities, Fish Fish. 18(2017) 1011-1025. Available from: https://doi.org/10.1111/faf.12220.

[13] M. C. Badjeck, E. H. Allison, A. S. Halls, N. K. Dulvy, Impacts of climate variability and change on fishery-based livelihoods, Mar. Policy 34(2015) 375-383. Available from: https://doi.org/10.1016/j.marpol.2009.08.007.

[14] J. Spijkers, T. H. Morrison, R. Blasiak, G. S. Cumming, M. Osborne, J. Watson, et al., Marine fisheries and future ocean conflict, Fish Fish. 10(2018) 173-179. Available from: https://doi.org/10.1111/faf.12291.

[15] M. G. Collins, Preparing Ocean Governance for Species on the Move, 2018, pp. 1-4.

[16] D. Tickler, J. J. Meeuwig, K. Bryant, F. David, J. A. H. Forrest, E. Gordon, et al., Modern slavery and the race to fish, Nat. Commun. (2018) 1-9. Available from: https://doi.org/10.1038/s41467-018-07118-9.

[17] J. S. Brashares, B. Abrahms, K. J. Fiorella, C. D. Golden, C. E. Hojnowski, R. A. Marsh, et al., Wildlife decline and social conflict, Science 345(2014) 376-378. Available from: https://doi.org/10.1126/science.1256734.

[18] K. Ruddle, E. Hviding, R. E. Johannes, Marine resources management in the context of customary tenure, Mare 7(1992) 249-273. Available from: https://doi.org/10.1086/mre.7.4.42629038.

[19] R. Hilborn, Managing fisheries is managing people: what has been learned? Fish Fish. 8(2007) 285-296. Available from: https://doi.org/10.1111/j.1467-2979.2007.00263_2.x.

[20] B. Mansfield, Privatization: property and the remaking of nature-society relations, Antipode 39(2007) 393-405. Available from: https://doi.org/10.1111/j.1467-8330.2007.00532.x.

[21] C. B. Macpherson, Property, Mainstream and Critical Positions, University of Toronto Press, 1978.

[22] S. J. Langdon, Foregone harvests and neoliberal policies: creating opportunities for rural, small-scale, community-based fisheries in southern Alaskan coastal villages, Mar. Policy 61(2015) 347-355. Available from: https://doi.org/10.1016/j.marpol.2015.03.007.

[23] B. Tolley, M. Hall-Arber, Tipping the scale away from privatization and toward community-based fisheries: policy and market alternatives in New England, Mar. Policy 61 (2015) 401-409. Available from: https://doi.org/10.1016/j.marpol.2014.11.010.

[24] S. J. Breslow, Accounting for neoliberalism: "Social drivers" in environmental management, Mar. Policy 61(2015) 420-429. Available from: https://doi.org/10.1016/

j.marpol.2014.11.018.

[25] B. Mansfield, Neoliberalism in the oceans: "rationalization," property rights, and the commons question, Geoforum 35(2004) 313-326. Available from: https://doi.org/10.1016/j.geoforum.2003.05.002.

[26] M. Fairbairn, J. Fox, S. R. Isakson, M. Levien, N. Peluso, S. Razavi, et al., Introduction: new directions in agrarian political economy, J. Peasant Stud. 0(2014) 1-14. Available from: https://doi.org/10.1080/03066150.2014.953490.

[27] L. Campling, E. Havice, The problem of property in industrial fisheries, J. Peasant Stud. 41(2014) 707-727. Available from: https://doi.org/10.1080/03066150.2014.894909.

[28] T. W. Fulton, The Sovereignty of the Sea, Blackwood, Edinburgh, London, 1911.

[29] J. C. Cordell, A sea of small boats, Cultural Survival (1989) 1-418.

[30] D. Rothwell, T. Stephens, The International Law of the Sea, Hart Publishing, Oxford and Portland, Oregon, 2010.

[31] H. Grotius, The Freedom of the Seas or the Right which Belongs to the Dutch to Take Part in the East Indian Trade, 1633rd ed., Oxford University Press, New York, 2006.

[32] J. Selden, Mare Clausum seu De Dominio Maris, W. Du-Gard, London, 1652.

[33] C. M. Rose, Property and Persuasion: Essays on the History, Theory, and Rhetoric of Ownership, Westview Press, Boulder, CO, 1994.

[34] R. L. Friedheim, Managing the second phase of enclosure, Ocean Coastal Manage. 17 (1992) 217-236. Available from: https://doi.org/10.1016/0964-5691(92)90011-9.

[35] L. Campling, A. Colás, Capitalism and the sea: sovereignty, territory and appropriation in the global ocean, Environ. Plan. D (2017). Available from: https://doi.org/10.1177/0263775817737319.026377581773731-19.

[36] F. Alcock, UNCLOS, property rights, and effective fisheries management, in: S. Oberthür, O. S. Stokke (Eds.), Managing Institutional Complexity Regime Interplay and Global Environmental Change, The MIT Press, 2011, pp. 255-284. Available from: https://doi.org/10.7551/mitpress/9780262015912.003.0010.

[37] W. S. Ball, The old grey mare national enclosure of the oceans, Ocean Dev. Int. Law 27(1996) 97-124. Available from: https://doi.org/10.1080/00908329609546077.

[38] E. Ostrom, Governing the Commons, Cambridge University Press, 1990.

[39] G. Hardin, The tragedy of the commons, Science 162(1968) 1243-1248. Available from: https://doi.org/10.1126/science.159.3818.920-a.

[40] E. M. Finkbeiner, N. J. Bennett, T. H. Frawley, J. G. Mason, D. K. Briscoe, C. M. Brooks, et al., Reconstructing overfishing: moving beyond Malthus for effective and equitable solutions, Fish Fish. 13(2017) 1180-1191. Available from: https://doi.org/10.1111/faf.12245.

[41] R. L. Friedheim, Ocean governance at the millennium: where we have been — where we should go, Ocean Coastal Manage. 42(1999) 747-765. Available from: https://doi.org/10.1016/s0964-5691(99)00047-2.

[42] United Nations, United Nations Convention on the Law of the Sea (UNCLOS), Montego Bay, 1982.

[43] H. S. Gordon, The economic theory of a common-property resource: the fishery, J. Polit. Econ. 62(1954) 124. Available from: https://doi.org/10.1086/257497.

[44] P. A. Neher, R. Árnason, N. Mollett (Eds.), Rights Based Fishing, Kluwer Academic Publishers, Dordrecht, Boston, London, 1989.

[45] R. Árnason, Property Rights as a Means of Economic Organization, Rome, 2000.

[46] R. D. Eckert, The Enclosure of Ocean Resources, Hoover Institution Press, Stanford, CA, 1979.

[47] B. Mansfield, Property, Markets, and Dispossession: the Western Alaska Community Development Quota as Neoliberalism, Social Justice, Both, and Neither, Antipode 39 (2007) 479-499.

[48] B. L. Endemaño Walker, Engendering Ghana's Seascape: Fanti Fishtraders and Marine Property in Colonial History, Soc. Natur. Resour. 15(2002) 389-407. Available from: https://doi.org/10.1080/08941920252866765.

[49] C. Carothers, Fisheries privatization, social transitions, and well-being in Kodiak, Alaska, Mar. Policy 61(2015) 313-322. Available from: https://doi.org/10.1016/j.marpol.2014.11.019.

[50] Q. R. Grafton, D. Squires, J. E. Kirkley, Private Property Rights and Crises in World Fisheries: Turning the Tide? Contemp. Econ. Policy 14(1996) 90-99.

[51] H. Bodwitch, Challenges for New Zealand's individual transferable quota system: processor consolidation, fisher exclusion, & Māori quota rights, Mar. Policy 80(2017) 88-95. Available from: https://doi.org/10.1016/j.marpol.2016.11.030.

[52] E. Pinkerton, R. Davis, Neoliberalism and the politics of enclosure in North American small-scale fisheries, Mar. Policy 61(2015) 303-312. Available from: https://doi.org/10.1016/j.marpol.2015.03.025.

[53] M. Barbesgaard, Blue growth: savior or ocean grabbing? J. Peasant Stud. 45(2017) 130-149. Available from: https://doi.org/10.1080/03066150.2017.1377186.

[54] C. Chambers, C. Carothers, Thirty Years After Privatization: a Survey of Icelandic Small-Boat Fishermen, Mar. Policy 80(2017) 69-80. Available from: https://doi.org/10.1016/j.marpol.2016.02.026.

[55] E. Pinkerton, Hegemony and resistance: disturbing patterns and hopeful signs in the impact of neoliberal policies on small-scale fisheries around the world, Mar. Policy 80 (2017) 1-9. Available from: https://doi.org/10.1016/j.marpol.2016.11.012.

[56] H. Saevaldsson, S. B. Gunnlaugsson, The Icelandic Pelagic Sector and Its Development Under an ITQ Management System, Mar. Policy 61(2015) 207-215. Available from: https://doi.org/10.1016/j.marpol.2015.08.016.

[57] N. L. Peluso, "Coercing Conservation?: the Politics of State Resource Control" 3, no. 2 (January 1, 1993): 199-217. Available from: https://doi:10.1016/0959-3780(93)90006-7.

[58] C. Corson, K. I. MacDonald, Enclosing the Global Commons: the Convention on Biological Diversity and Green Grabbing, J. Peasant Stud. 39(2) (April 2012) 263-283. Available from: https://doi.org/10.1080/03066150.2012.664138.

[59] J. Fairhead, M. Leach, I. Scoones, Green Grabbing: a New Appropriation of Nature? J. Peasant Stud. 39(2) (April 2012) 237-261. Available from: https://doi.org/10.1080/030661 50.2012.671770.

[60] B. Büscher, Letters of Gold: Enabling Primitive Accumulation Through Neoliberal Conservation, Human Geography 2(3) (January 1, 2009) 91-93.

[61] T. A. Benjaminsen, I. Bryceson, Conservation, Green/Blue Grabbing and Accumulation by Dispossession in Tanzania, J. Peasant Stud. 39(2) (April 2012) 335-355. Available from: https://doi.org/10.1080/03066150.2012.667405.

[62] M. Baker-Médard, Gendering Marine Conservation: the Politics of Marine Protected Areas and Fisheries Access, Soc. Natur. Resour. 30(6) (October 31, 2016) 723-737. Available from: https://doi.org/10.1080/08941920.2016.1257078.

[63] C. A. Loperena, Conservation by Racialized Dispossession: the Making of an Eco-Destination on Honduras's North Coast, Geoforum 69(C) (February 1, 2016) 184-193. Available from: https://doi.org/10.1016/j.geoforum.2015.07.004.

[64] Conference of the Parties to the Convention on Biological Diversity. Conference of the Parties (COP) 10 Decision X/2, 2010.

[65] E. M. De Santo, P. J. S. Jones, A. M. M. Miller, Fortress Conservation at Sea a Commentary on the Chagos Marine Protected Area, Mar. Policy 35(2) (March 1, 2011) 258-260. Available from: https://doi.org/10.1016/j.marpol.2010.09.004.

[66] A. Hill, Blue grabbing: Reviewing marine conservation in Redang Island Marine Park, Malaysia, Geoforum 79(2017) 97-100.

[67] N. J. Bennett, H. Govan, T. Satterfield, Ocean Grabbing, Mar. Policy 57(C) (July 1, 2015) 61-68. Available from: https://doi.org/10.1016/j.marpol.2015.03.026.

[68] D. Hall, P. Hirsch, L. T. Murray, Powers of Exclusion: Land Dilemmas in Southeast Asia, National University of Singapore, Singapore, 2011.

第 12 章

[1] C. Bueger, What is maritime security? Mar. Policy [Internet]. 53(2015) 159-164. Available from: https://doi.org/10.1016/j.marpol.2014.12.005.

[2] T. Mcclanahan, E. H. Allison, J. E. Cinner, Managing fisheries for human and food security, Fish Fish. 16(1) (2015) 78-103.

[3] J. Spijkers, W. J. Boonstra, Environmental change and social conflict: the northeast Atlantic mackerel dispute, Reg. Environ. Change [Internet] (2017). Available from: ⟨http://link.springer.com/10.1007/s10113-017-1150-4⟩.

[4] R. A. Rogers, C. Stewart, Prisoners of their histories: Canada-U. S. conflicts in the Pacific salmon fishery, Am. Rev. Can. Stud. 27(2) (1997) 253-269.

[5] C. S. Hendrix, S. M. Glaser, Civil conflict and world fisheries, 1952-2004, J. Peace Res. [Internet]. 48(4) (2011) 481-495. Available from: ⟨http://jpr.sagepub.com/content/48/4/481. abstract⟩.

[6] S. M. Mitchell, B. C. Prins, Beyond territorial contiguity: issues at stake in democratic militarized interstate disputes, Int. Stud. Q. 43(1) (1999) 169-183.

[7] H. Zhang, Fisheries cooperation in the South China Sea: evaluating the options, Mar. Policy [Internet] 89(2018) 67-76. Available from: https://doi.org/10.1016/j.marpol. 2017.12.014 (December 2017).

[8] A. Dupont, C. G. Baker, East Asia's maritime disputes: fishing in troubled waters, Wash Q. [Internet] 37(1) (2014) 79-98. Available from: ⟨http://www.tandfonline.com/doi/abs/ 10.1080/0163660X.2014.893174⟩.

[9] B. M. L. Pinsky, G. Reygondeau, R. Caddell, J. Palacios, J. Spijkers, W. William, Preparing ocean governance for species on the move, Science 360(6394) (2018) 1189-1192 (80-).

[10] L. M. Robinson, H. P. Possingham, A. J. Richardson, Trailing edges projected to move faster than leading edges for large pelagic fish habitats under climate change, Deep. Res. Part II Top. Stud. Oceanogr. 113(2015) 225-234. Available from: https://doi.org/10.1016/ j.dsr2.2014.04.007.

[11] D. Pauly, D. Zeller, Catch reconstructions reveal that global marine fisheries catches are higher than reported and declining, Nat. Commun. [Internet] 7(2016) 1-9. Available from: https://doi.org/10.1038/ncomms10244.

[12] W. J. Boonstra, H. Österblom, A chain of fools: or, why it is so hard to stop overfishing, Marit. Stud. [Internet] 13(1) (2014) 15. Available from: ⟨http://www.maritime studiesjournal.com/content/13/1/15⟩.

[13] R. Pomeroy, J. Parks, K. L. Mrakovcich, C. LaMonica, Drivers and impacts of fisheries scarcity, competition, and conflict on maritime security, Mar. Policy [Internet] 67(2016) 94-104. Available from: ⟨http://linkinghub.elsevier.com/retrieve/pii/S0308597X16000105⟩.

[14] J. Spijkers, T. H. Morrison, R. Blasiak, G. S. Cumming, M. Osborne, J. Watson, et al., Marine fisheries and future ocean conflict, Fish Fish. 19(5) (2018) 798-806.

[15] R. Penney, G. Wilson, L. Rodwell, Managing sino-ghanaian fishery relations: a political ecology approach, Mar. Policy 79(2017) 46-53.

[16] P. R. Hensel, M. Brochmann, Peaceful management of international river claims, Int. Negot. [Internet]. 14(2) (2009) 393-418. Available from: ⟨http://booksandjournals.brillon line.com/content/journals/10.1163/157180609x432879⟩.

[17] S. Yoffe, A. T. Wolf, M. Giordano, Conflict and cooperation over international freshwater resources: indicators of basins at risk, J. Am. Water Resour. Assoc. [Internet]. 39 (2003) 1109-1126. Available from: ⟨http://onlinelibrary.wiley.com.proxy.library.oregon state.edu/doi/10.1111/j.1752-1688.2003.tb03696.x/abstract⟩.

[18] L. De Stefano, P. Edwards, L. De Silva, A. T. Wolf, Tracking cooperation and conflict in international basins: historic and recent trends, Water Policy 12(6) (2010) 871-884.

[19] C. Devlin, C. S. Hendrix, Trends and triggers redux: climate change, rainfall, and interstate conflict, Polit. Geogr. [Internet] 43(2014) 27–39. Available from: https://doi.org/10.1016/j.polgeo.2014.07.001.

[20] I. Salehyan, From climate change to conflict? No consensus yet, J. Peace Res. 45(3) (2008) 315–326.

[21] T. F. Homer-Dixon, On the threshold: environmental changes as causes of acute conflict, Int. Secur. 16(2)(1991) 76–116.

[22] J. Selby, C. Hoffmann, Beyond scarcity: rethinking water, climate change and conflict in the Sudans, Global Environ. Change [Internet] 29(2014) 360–370. Available from: https://doi.org/10.1016/j.gloenvcha.2014.01.008.

[23] A. Ciccone, Economic shocks and civil conflict: a comment, Am. Econ. J. Appl. Econ. 3 (4)(2011)215–227.

[24] N. L. Peluso, M. Watts, Violent Environments, Cornell University Press, Ithaca, NY, 2001.

[25] O. M. Theisen, Blood and soil? Resource scarcity and internal armed conflict revisited, J. Peace Res. 45(6)(2008) 801–818.

[26] H. Seter, O. M. Theisen, J. Schilling, All about water and land? Resource-related conflicts in East and West Africa revisited, GeoJournal 83(1) (2016) 169–187.

[27] S. Yoffe, G. Fiske, M. Giordano, M. Giordano, K. Larson, K. Stahl, et al., Geography of international water conflict and cooperation: data sets and applications, Water Resour. Res. 40(5)(2004) 1–12.

[28] W. Hauge, T. Ellingsen, Beyond environmental scarcity: causal pathways to conflict, J. Peace Res. 35(3) (1998) 299–317.

[29] J. Barnett, W. N. Adger, Climate change, human security and violent conflict, Polit. Geogr. 26(6)(2007) 639–655.

[30] S. Dinar, Environmental security, in: G. Kütting (Ed.), Global Environmental Politics: Concepts, Theories and Case Studies., Routledge, London, New York, 2011, pp. 56–69.

[31] B. Germond, The geopolitical dimension of maritime security, Mar. Policy [Internet] 54(2015) 137–142. Available from: https://doi.org/10.1016/j.marpol.2014.12.013.

[32] World Wildlife Fund, Illegal Fishing: Which Fish Species are at Highest Risk from Illegal and Unreported Fishing? 2015.

[33] R. Blasiak, J. Spijkers, K. Tokunaga, J. Pittman, N. Yagi, O. Henrik, Climate change and marine fisheries: least developed countries top global index of vulnerability, PLoS One 12(6)(2017) 1–15.

第 13 章

[1] J. J. Silver, N. J. Gray, L. M. Campbell, L. W. Fairbanks, R. L. Gruby, Blue Economy and competing discourses in international oceans governance, J. Environ. Dev. 24(2015) 135–160. Available from: https://doi.org/10.1177/1070496515580797.

[2] P. G. Patil, J. Virdin, C. S. Colgan, M. G. Hussain, P. Failler, T. Vegh, Toward a Blue Economy: A Pathway for Bangladesh's Sustainable Growth, World Bank, Washington, DC, 2018.

[3] Government of Grenada, Blue Grenada, A Commitment to Blue Growth, Sustainability, and Innovation, 2017.

[4] M. Voyer, G. Quirk, A. McIlgorm, K. Azmi, Shades of blue: what do competing interpretations of the Blue Economy mean for oceans governance? J. Environ. Policy Plan. (2018) 1-22. Available from: https://doi.org/10.1080/1523908X.2018.1473153.

[5] United Nations Environment Programme, Towards a Green Economy: Pathways to Sustainable Development and Poverty Eradication, UNEP, Nairobi, Kenya, 2011.

[6] C. Corson, K. I. MacDonald, B. Neimark, Grabbing "green": markets, environmental governance and the materialization of natural capital, Hum. Geogr. 6(1) 1-15.

[7] D. K. S. Park, D. J. T. Kildow, Rebuilding the classification system of the ocean economy, J. Ocean Coast Econ. 2014(2015). Available from: https://doi.org/10.15351/2373-8456.1001.

[8] Economist Intelligence Unit, The blue economy. Growth, opportunity and a sustainable ocean economy, The Economist, 2015.

[9] World Bank, UN-DESA. The Potential of the Blue Economy. Increasing Long-term Benefits of the Sustainable Use of Marine Resources for Small Island Developing States and Coastal Least Developed Countries, World Bank, Washington, D.C, 2017.

[10] M. R. Keen, A.-M. Schwarz, L. Wini-Simeon, Towards defining the Blue Economy: practical lessons from pacific ocean governance, Mar. Policy (2017). Available from: https://doi.org/10.1016/j.marpol.2017.03.002.

[11] A. Stock, L. B. Crowder, B. S. Halpern, F. Micheli, Uncertainty analysis and robust areas of high and low modeled human impact on the global oceans: human-impact areas, Conserv. Biol. 32(2018) 1368-1379. Available from: https://doi.org/10.1111/cobi.13141.

[12] B. S. Halpern, C. Longo, D. Hardy, K. L. McLeod, J. F. Samhouri, S. K. Katona, et al., An index to assess the health and benefits of the global ocean, Nature 488(2012) 615-620. Available from: https://doi.org/10.1038/nature11397.

[13] FAO, The state of world fisheries and aquaculture 2018, in: Meeting the Sustainable Development Goals, Rome, 2018.

[14] U. R. Sumaila, W. Cheung, A. Dyck, K. Gueye, L. Huang, V. Lam, et al., Benefits of rebuilding global marine fisheries outweigh costs, PLoS One 7(2012) e40542. Available from: https://doi.org/10.1371/journal.pone.0040542.

[15] World Bank, The Sunken Billions Revisited: Progress and Challenges in Global Marine Fisheries., The World Bank, 2017. Available from: https://doi.org/10.1596/978-1-4648-0919-4.

[16] ECORYS, Deltares, Oceanic Développement, Blue Growth, Scenarios and drivers for sustainable growth from the oceans, Seas and coasts, 2012.

[17] E. M. Finkbeiner, N. J. Bennett, T. H. Frawley, J. G. Mason, D. K. Briscoe, C. M. Brooks, et al., Reconstructing overfishing: moving beyond Malthus for effective and equitable solutions, Fish Fish. (2017). Available from: https://doi.org/10.1111/faf.12245.

[18] N. J. Bennett, Navigating a just and inclusive path towards sustainable oceans, Mar. Policy 97(2018) 139-146. Available from: https://doi.org/10.1016/j.marpol.2018.06.001.

[19] P. Christie, N. J. Bennett, N. J. Gray, T. Aulani Wilhelm, N. Lewis, J. Parks, et al., Why people matter in ocean governance: incorporating human dimensions into large-scale marine protected areas, Mar. Policy 84(2017) 273-284. Available from: https://doi.org/10.1016/j.marpol.2017.08.002.

[20] U. Pascual, J. Phelps, E. Garmendia, K. Brown, E. Corbera, A. Martin, et al., Social equity matters in payments for ecosystem services, BioScience 64(2014) 1027-1036. Available from: https://doi.org/10.1093/biosci/biu146.

[21] OECD, The Ocean Economy in 2030, OECD Publishing, 2016. Available from: https://doi.org/10.1787/9789264251724-en.

[22] G. G. Singh, A. M. Cisneros-Montemayor, W. Swartz, W. Cheung, J. A. Guy, T.-A. Kenny, et al., A rapid assessment of co-benefits and trade-offs among Sustainable Development Goals, Mar. Policy (2017). Available from: https://doi.org/10.1016/j.marpol.2017.05.030.

[23] H. M. Donohoe, R. D. Needham, Ecotourism: the evolving contemporary definition, J. Ecotourism. 5(2006) 192-210. Available from: https://doi.org/10.2167/joe152.0.

[24] A. M. Cisneros-Montemayor, D. Pauly, L. V. Weatherdon, Y. Ota, A global estimate of seafood consumption by coastal Indigenous Peoples, PLoS One 11(2016) e0166681. Available from: https://doi.org/10.1371/journal.pone.0166681.

[25] L. C. L. Teh, U. R. Sumaila, Contribution of marine fisheries to worldwide employment: global marine fisheries employment, Fish Fish. 14(2013) 77-88. Available from: https://doi.org/10.1111/j.1467-2979.2011.00450.x.

[26] FAO, Voluntary Guidelines for Securing Sustainable Small-Scale Fisheries in the Context of Food Security and Poverty Eradication, Food and Agriculture Organization of the United Nations, Rome, 2015.

[27] B. Worm, Averting a global fisheries disaster, Proc. Natl. Acad. Sci. U. S. A. 113(2016) 4895-4897. Available from: https://doi.org/10.1073/pnas.1604008113.

[28] G. Hiriart Le Bert, Potencial energético del Alto Golfo de California, Bol. Soc. Geológica Mex. 61(2009) 143-146. Available from: https://doi.org/10.18268/BSGM2009v61n1a13.

[29] R. Blasiak, J.-B. Jouffray, C. C. Wabnitz, E. Sundström, H. Österblom, Corporate control and global governance of marine genetic resources, Sci. Adv. 4(2018) eaar5237.

[30] W. W. L. Cheung, V. W. Y. Lam, J. L. Sarmiento, K. Kearney, K. Watson, D. Zeller, et al., Large-scale redistribution of maximum fisheries catch potential in the global ocean under climate change, Global Change Biol. 16(2010) 24-35. Available from: https://doi.org/10.1111/j.1365-2486.2009.01995.x.

[31] A. M. Cisneros-Montemayor, U. R. Sumaila, A global estimate of benefits from ecosystem-based marine recreation: potential impacts and implications for management, J. Bioeconomics 12(2010) 245-268.

[32] S. Thomas, Blue carbon: knowledge gaps, critical issues, and novel approaches, Ecol. Econ. 107(2014) 22-38. Available from: https://doi.org/10.1016/j.ecolecon.2014.07.028.

[33] B. Hunt, A. C. J. Vincent, Scale and sustainability of marine bioprospecting for pharmaceuticals, AMBIO J. Hum. Environ. 35(2006) 57-64. Available from: https://doi.org/10.1579/0044-7447(2006)35 [57:SASOMB] 2.0.CO;2.

[34] M. A. Oyinlola, G. Reygondeau, C. C. Wabnitz, M. Troell, W. W. Cheung, Global estimation of areas with suitable environmental conditions for mariculture species, PLoS One 13(2018) e0191086.

[35] UNEP, The strategic plan for biodiversity 2011-2020 and the Aichi Biodiversity Targets, Nagoya, Japan, 2010.

[36] S. Garcia, K. Cochrane, Ecosystem approach to fisheries: a review of implementation guidelines, ICES J. Mar. Sci. 62(2005) 311-318. Available from: https://doi.org/10.1016/j.icesjms.2004.12.003.

[37] FAO, FAO Code of Conduct for Responsible Fisheries, FAO Fisheries and Aquaculture Department, 1995.

[38] UN, Transforming our world: the 2030 Agenda for Sustainable Development, United Nations, New York, 2015.

[39] Natural Resources Canada,. Renewable Energy Facts, 2018. ⟨https://www.nrcan.gc.ca/energy/facts/renewable-energy/20069⟩.

[40] S. I. Seneviratne, M. G. Donat, A. J. Pitman, R. Knutti, R. L. Wilby, Allowable CO2 emissions based on regional and impact-related climate targets, Nature 529(2016) 477-483. Available from: https://doi.org/10.1038/nature16542.

[41] Federal Court of Appeal, Tsleil-Waututh Nation v. Canada (Attorney General), 2018, FCA 153.

[42] T. F. Homer-Dixon, Environmental scarcities and violent conflict: evidence from cases, Int. Secur. 19(1994) 5. Available from: https://doi.org/10.2307/2539147.

[43] D. Pauly, V. Christensen, S. Guénette, T. J. Pitcher, U. R. Sumaila, C. J. Walters, et al., Towards sustainability in world fisheries, Nature 418(2002) 689-695.

[44] E. L. Gilman, J. Ellison, N. C. Duke, C. Field, Threats to mangroves from climate change and adaptation options: a review, Aquat. Bot. 89(2008) 237-250. Available from: https://doi.org/10.1016/j.aquabot.2007.12.009.

[45] J. M. Pandolfi, Global trajectories of the long-term decline of coral reef ecosystems, Science 301(2003) 955-958. Available from: https://doi.org/10.1126/science.1085706.

[46] E. H. Allison, H. R. Bassett, Climate change in the oceans: human impacts and responses, Science 350(2015) 778-782.

[47] W. N. Adger, J. Barnett, K. Brown, N. Marshall, K. O'Brien, Cultural dimensions of cli-

mate change impacts and adaptation, Nat. Clim. Change 3(2012) 112–117. Available from: https://doi.org/10.1038/nclimate1666.

[48] W. N. Adger, N. W. Arnell, E. L. Tompkins, Successful adaptation to climate change across scales, Global Environ. Change 15(2005) 77–86.

[49] D. D. Miller, Y. Ota, U. R. Sumaila, A. M. Cisneros-Montemayor, W. W. L. Cheung, Adaptation strategies to climate change in marine systems, Global Change Biol. (2017). Available from: https://doi.org/10.1111/gcb.13829.

第 14 章

[1] UN, Transforming Our World: The 2030 Agenda for Sustainable Development, UN General Assembly, 2015.

[2] UN, Resilient People, Resilient Planet: A Future Worth Choosing, New York, 2012.

[3] R. W. Kates, T. M. Parris, A. A. Leiserowitz, What is Sustainable Development? Goals, indicators, values, and practice, Environ.: Sci. Policy Sustain. Dev. 47(3)(2005) 8–21.

[4] E. Sala, J. Lubchenco, K. Grorud-Colvert, C. Novelli, C. Roberts, U. R. Sumaila, Assessing real progress towards effective ocean protection, Mar. Policy 91(1)(2018) 11–13.

[5] T. Agardy, G. N. Di Sciara, P. Christie, Mind the gap: addressing the shortcomings of marine protected areas through large scale marine spatial planning, Mar. Policy 35(2) (2011) 226–232.

[6] A. Marx, J. Wouters, Combating slavery, forced labour and human trafficking. Are current international, European and national instruments working? Global Policy 8(4)(2017) 495–497.

[7] M. Hebblewhite, Billion dollar boreal woodland caribou and the biodiversity impacts of the global oil and gas industry, Biol. Conserv. 206(2017) 102–111.

[8] M. Nilsson, D. Griggs, M. Visbeck, Policy: map the interactions between sustainable development goals, Nat. News 534(7607)(2016) 320.

[9] P. Christie, Marine protected areas as biological successes and social failures in Southeast Asia, in: American Fisheries Society Symposium, Citeseer, 2004, pp. 155–164.

[10] S. Singleton, Native people and planning for marine protected areas: how "stakeholder" processes fail to address conflicts in complex, real-world environments, Coastal Manage. 37(5)(2009) 421–440.

[11] G. G. Singh, A. M. Cisneros-Montemayor, W. Swartz, W. Cheung, J. A. Guy, T.-A. Kenny, et al., A rapid assessment of co-benefits and trade-offs among sustainable development goals, Mar. Policy 93(2018) 223–231.

[12] J. Buchdahl, D. Raper, Environmental ethics and sustainable development, Sustain. Dev. 6(2)(1998) 92–98.

[13] M. Christen, S. Schmidt, A formal framework for conceptions of sustainability — a theoretical contribution to the discourse in sustainable development, Sustain. Dev. 20(6) (2012) 400–410.

[14] E. C. Moore, The moralistic fallacy, J. Philos. 54(2)(1957) 29-42.

[15] J. Rockström, W. Steffen, K. Noone, Å. Persson, F. S. Chapin III, E. F. Lambin, et al., A safe operating space for humanity, Nature 461(7263)(2009) 472.

[16] W. Steffen, K. Richardson, J. Rockström, S. E. Cornell, I. Fetzer, E. M. Bennett, et al., Planetary boundaries: guiding human development on a changing planet, Science 347 (6223)(2015) 1259855.

[17] D. Griggs, M. Stafford-Smith, O. Gaffney, J. Rockström, M. C. Öhman, P. Shyamsundar, et al., Policy: sustainable development goals for people and planet, Nature 495(7441) (2013) 305.

[18] J. M. Montoya, I. Donohue, S. L. Pimm, Planetary boundaries for biodiversity: implausible science, pernicious policies, Trends Ecol. Evol. 33(2)(2018) 71-73.

[19] T. Nordhaus, M. Shellenberger, L. Blomqvist, The Planetary Boundaries Hypothesis, A Review of the Evidence Breakthrough Institute, Oakland, CA, 2012.

[20] P. M. Vitousek, J. D. Aber, R. W. Howarth, G. E. Likens, P. A. Matson, D. W. Schindler, et al., Human alteration of the global nitrogen cycle: sources and consequences, Ecol. Appl. 7(3)(1997) 737-750.

[21] D. Blumenthal, C. E. Mitchell, P. Pyšek, V. Jarošik, Synergy between pathogen release and resource availability in plant invasion, Proc. Natl. Acad. Sci. U. S. A. 106(19)(2009) 7899-7904.

[22] A. C. Newton, Biodiversity risks of adopting resilience as a policy goal, Conserv. Lett. 9(5)(2016) 369-376.

[23] D. F. Simpson Jr, J. A. Van Tilburg, L. Dussubieux, Geochemical and radiometric analyses of archaeological remains from Easter Island's moai (statue) quarry reveal prehistoric timing, provenance, and use of fine-grain basaltic resources, J. Pac. Archaeol. 9(2) (2018) 12-34.

[24] T. Hunt, C. Lipo, The Statues that Walked: Unraveling the Mystery of Easter Island, Simon and Schuster, 2011.

[25] J. B. MacKinnon, The once and future world: nature as it was, as it is, as it could be. Houghton Mifflin Harcourt, 2013.

[26] L. Fehren-Schmitz, C. L. Jarman, K. M. Harkins, M. Kayser, B. N. Popp, P. Skoglund, Genetic ancestry of Rapanui before and after European contact, Curr. Biol. 27(20)(2017) 3209-3215.e6.

[27] C. Raudsepp-Hearne, G. D. Peterson, M. Tengö, E. M. Bennett, T. Holland, K. Benessaiah, et al., Untangling the environmentalist's paradox: why is human well-being increasing as ecosystem services degrade? BioScience 60(8)(2010) 576-589.

[28] J. Rockström, K. Richardson, Planetary boundaries: separating fact from fiction. A response to Montoya et al, Trends Ecol. Evol. 33(4)(2018) 232-233.

[29] J. Robinson, Squaring the circle? Some thoughts on the idea of sustainable development, Ecol. Econ. 48(4)(2004) 369-384.

[30] P. Slovic, M. L. Finucane, E. Peters, D. G. MacGregor, The affect heuristic, Eur. J. Oper. Res. 177(3)(2007) 1333-1352.

[31] P. M. Gollwitzer, P. Sheeran, Implementation intentions and goal achievement: a meta-analysis of effects and processes, Adv. Exp. Soc. Psychol. 38(2006) 69-119.

[32] M. Rounsevell, T. Dawson, P. Harrison, A conceptual framework to assess the effects of environmental change on ecosystem services, Biodivers. Conserv. 19(10)(2010) 2823-2842.

[33] D. A. Gill, M. B. Mascia, G. N. Ahmadia, L. Glew, S. E. Lester, M. Barnes, et al., Capacity shortfalls hinder the performance of marine protected areas globally, Nature 543 (7647)(2017) 665.

[34] G. I. Broman, K.-H. Robèrt, A framework for strategic sustainable development, J. Clean. Prod. 140(2017) 17-31.

第 15 章

[1] Food and Agriculture Organization (FAO), The State of the World Fisheries and Aquaculture, Rome, 2018.

[2] 他国間の環境協定の標準となった法的遵守の仕組みは，漁業に関わる国際的な協定について の仕組みと比べてより組織化されている。そのため，この章では効率的な法的遵守の 仕組みにのみ言及している。他の環境協定に関わる法的遵守については，下記を参照。U. Beyerlin, P.-T. Stoll and R. Wolfrum (Eds.), Ensuring Compliance With Multilateral Environmental Agreements ─ A Dialogue Between Practitioners and Academia, Martinus Nijhoff Publishers, Leiden/Boston, 2006; UNEP, Manual on Compliance With and Enforcement of MEAs, 2006.

[3] これについては，例として M. C. Engler Palma, Non-Compliance Procedure: Can Regional Fisheries Management Organizations Learn from the Experience of Multilateral Environmental Agreements? Ocean Yearbook 24(2010) 185-237 を参照。

[4] United Nations Convention on the Law of the Sea (UNCLOS), Montego Bay, 10 December 1982, in force 16 November 1994, 1833 UNTS 396.

[5] Agreement to Promote Compliance With International Conservation and Management Measures by Fishing Vessels on the High Seas (Compliance Agreement), Rome, 24 November 1993, in force 24 April 2003, 2221 UNTS 120.

[6] Agreement for the Implementation of the Provisions of the United Nations Convention on the Law of the Sea of 10 December 1982 relating to the Conservation and Management of Straddling Fish Stocks and Highly Migratory Fish Stocks (UNFSA), New York, 4 August 1995, in force 11 December 2001, 2167 UNTS 88.

[7] International Tribunal for the Law of the Sea (ITLOS), Request for an Advisory Opinion Submitted by the Sub-Regional Fisheries Commission (SRFC), Advisory Opinion, 2 April 2015, ITLOS Reports 2015.

[8] 沿岸国は TAC（漁業可能量）を決める過程で自由裁量が許される。そのため，自国の

漁業能力を超える TAC を設定するかどうかを決定しなくてはならない。しかし，この決定が第三者国から評価に晒されるような法的拘束力につながる司法的な手段は存在しない。

[9] Agreement on Port State Measures to Prevent, Deter and Eliminate Illegal, Unreported and Unregulated Fishing (PSMA), Rome, 22 November 2009, in force 5 June 2016.

[10] 特に 2018 年 12 月からは，89 カ国が UNFSA に，42 カ国が the Compliance Agreement にそして 57 カ国が the PSMA に参加している。

[11] 執筆中に開催された隔年会議は 2018 年 7 月に開かれた。会議内容については，下記を参照。COFI33 Documents for an overview of the issues discussed 〈http://www.fao.org/about/meetings/cofi/documents-cofi33/en/〉, 2018 (accessed 18.12.18).

[12] 執筆時点で採択された最新の決議案は United Nations General Assembly (UNGA) Sustainable Fisheries Resolution of 5 December 2017, A/RES/72/72.

[13] 4-6 年に一度行われ，執筆時点で最新とされるこの法的手続きは下記の報告書となった。2016 UNFSA Resumed Review Conference, A/CONF.210/2016/5,1 August 2016.

[14] Voluntary Guidelines for flag State performance, FAO, Rome, (flag state Guidelines) 〈http://www.fao.org/3/a-i4577t.pdf〉, 2015 (accessed 18.12.18).

[15] Report of the Thirty-First Session of the Committee on Fisheries (Rome, 9-13 June 2014), FAO Fisheries and Aquaculture Report No. 1101, Rome, 2015.

[16] K. Erikstein, J. Swan, Voluntary Guidelines for Flag State Performance: A New Tool to Conquer IUU Fishing, Int. J. Mar. Coastal Law 29(2014) 116-147.

[17] Regional Statistical Analysis of Responses by FAO Members to the 2018 Questionnaire on the Implementation of the Code of Conduct for Responsible Fisheries and Related Instruments, COFI/2018/SBD.1 〈http://www.fao.org/3/CA0465EN/ca0465en.pdf〉, 2018 (accessed 18.12.18).

[18] Report of the Secretary-General to the 2016 UNFSA Resumed Review Conference, A/CONF.210/2016/1,1 March 2016.

[19] 旗国責任遵守のための自主的指針の条文 47 への言及は貿易措置など市場による対応を示しているとも考えられる。下記を参照。International Plan of Action to Prevent, Deter, and Eliminate IUU Fishing (IPOA-IUU), Rome, 2011, paras. 65-76.

[20] 例えば，エカート (R. D. Eckert) は，排他的経済域での非持続可能な活動は，資源保持者に経済的な利益を与える事で減らせると唱える。一方で，高度回遊魚の資源管理については，法的遵守の強制力や実施効率に関して課題が多い事を認識している。下記を参照。R. D. Eckert, The Enclosure of Ocean Resources: Economics and the Law of the Sea, Hoover Institution Press, Stanford, CA, 1979, 129-131.

[21] 共有される漁業資源は乱獲されやすい。下記を参照。S. F. McWhinnie, The tragedy of the commons in international fisheries: An empirical examination, J. Environ. Econ. Manage. 57(2009) 321-333.

[22] すでに課題とされる一般的な漁業資源の乱獲と比較しても，高度回遊魚の乱獲と資源量の激減は特に問題視されている。下記参照。J. J. Maguire, M. Sissenwine, J. Csirke and S. Garcia, The state of world highly migratory, straddling and other high seas fishery re-

sources and associated species, FAO Fisheries Technical Paper No. 495, Rome, 2006; FAO, The State of the World Fisheries and Aquaculture, Rome, 2014; G. Ortuño Crespo and D. C. Dunn, A review of the impacts of fisheries on open-ocean ecosystems, ICES J. Mar. Sci. 74(9)(2017) 2283-2297.

[23] F. Meere and C. Delpeuch, The challenge of combating illegal, unreported and unregulated (IUU) fishing, in: FAO and OECD, Fishing for Development, FAO Fisheries and Aquaculture Proceedings No. 36, Rome, 2015, pp. 31-52.

[24] FAO, The State of the World Fisheries and Aquaculture, Rome, 2016.

[25] S. Cullis-Suzuki, D. Pauly, Failing the high seas: A global evaluation of regional fisheries management organizations, Mar. Policy 34(2010) 1036-1042.

[26] M. W. Lodge, D. Anderson, T. Lobach, G. Munro, K. Sainsburg, A. Willock, Recommended Best Practices for Regional Fisheries Organizations, Chatham House, London, 2007.

[27] M. J. Juan-Jordá, H. Murua, H. Arrizabalaga, N. K. Dulvy, V. Restrepo, Report card on ecosystem-based fisheries management in tuna regional fisheries management organizations, Fish Fish. 19(2)(2018) 321-339.

[28] これらの問いについては、著者の他の発表論文を参照。S. Guggisberg, The Use of CITES for Commercially-exploited Fish Species, Springer, Cham, 2016, pp. 43-49, 71.

[29] Report of the Twenty-Sixth Meeting of the Committee on Fisheries (Rome, 7-11 March 2005), FAO Fisheries Report No. 780, Rome, 2005.

[30] UNGA Sustainable Fisheries Resolution of 29 November 2005, A/RES/60/31.

[31] Report of the 2006 UNFSA Review Conference, A/CONF.210/2006/15, 5 July 2006.

[32] 執筆時点で行われた地域管理機関の最新の活動評価については下記を参照。SPRMO, Performance Review of RFMOs〈https://www.sprfmo.int/about/theconvention/sprfmo-review-2018/〉, 2018 (accessed 18.12.18).

[33] M. Ceo, S. Fagnani, J. Swan, K. Tamada and H. Watanabe, Performance Reviews by Regional Fishery Bodies: Introduction, summaries, synthesis and best practices, Volume I: CCAMLR, CCSBT, ICCAT, IOTC, NAFO, NASCO, NEAFC, FAO Fisheries and Aquaculture Circular No. 1072, Rome, 2012.

[34] P. D. Szigeti and G. Lugten, The Implementation of Performance Review Reports by Regional Fishery Bodies, 2004-2014, FAO Fisheries and Aquaculture Circular No. 1108, Rome, 2015.

[35] Report of the Sixth Round of Informal Consultations of States Parties to the UNFSA, ICSP6/UNFSA/REP/INF.1, 29 May 2007.

[36] SPRFMO Convention, Auckland, 14 November 2009, in force 24 August 2012.

[37] Terms of Reference and criteria to conduct the Second Performance Review of the IOTC, in: Report of the Eighteenth Session of the IOTC, 2014, Appendix XVI.

[38] CCAMLR, Report of the Thirty-Fifth Meeting of the Commission (Hobart, Australia, 17-28 October 2016) Annex 8.

［39］Approach to a Second Review of ICCAT, Annex 1 〈https://www.iccat.int/intermeet ings/Performance_Rev/ENG/PER_FINAL_TOR_ENG.pdf〉, (accessed 18.12.18).

［40］漁業における寄港措置については下記を参照。J. Swan, Port State Measures—from Residual Port State Jurisdiction to Global Standards, Int. J. Mar. Coastal Law 31 (2016) 395-421.

［41］Report of the first meeting of the Parties to the Agreement on Port State Measures to Prevent, Deter and Eliminate Illegal, Unreported and Unregulated Fishing (Oslo, 29–31 May 2017), Fisheries and Aquaculture Report No. 1211, Rome, 2017.

［42］IMO Member State Audit Scheme & Implementation Support 〈http://www.imo.org/ en/OurWork/MSAS/Pages/default.aspx〉, (accessed 18.12.18).

［43］H. Jessen, L. Zhu, From a voluntary self-assessment to a mandatory audit scheme: monitoring the implementation of IMO instruments, Lloyd's Marit. Commer. Law Q. 3 (2016) 389-411.

［44］Council Regulation (EC) No 1005/2008 of 29 September 2008 establishing a Community system to prevent, deter and eliminate illegal, unreported and unregulated fishing (EU IUU Regulation), OJ L 286, 29 October 2008, pp. 1-32.

［45］Overview of existing procedures as regards third countries as of December 2018 〈https://ec.europa.eu/fisheries/sites/fisheries/files/illegal-fishing-overview-of-existing-procedures-third-countries_en.pdf〉, (accessed 18.12.18).

［46］貿易法と EU の違法漁業に関する取り決めとの一貫性について著者の他の論文を参照。S. Guggisberg, Recent developments to improve compliance with international fisheries law, L'Observateur des Nations Unies 42 (2017) 139-169.

［47］下記の事例を参照。A. Leroy, F. Galetti and C. Chaboud, The EU restrictive trade measures against IUU fishing, Mar. Policy 64 (2016) 82-90.

239

索 引

執筆者紹介

太田義孝　編者，第9章，訳者
ワシントン大学 School of Marine and Environmental Affairs 教授，Ph. D.（Anthropology）。
専門は，海洋人類学，海洋政策等。オーストラリア，インドネシア，イギリス，フランス，
ペルー（アマゾン流域）など世界数カ国にて魚資源の管理と漁業文化についての学際的研究
に従事。2011 年に日本財団ネレウスプログラムをブリティッシュコロンビア大学にて立ち
上げ，事業完了の 2019 年まで共同統括そして政策および社会科学担当のディレクターとし
て事業を牽引。2017 年に米国ワシントン大学に着任。2019 年に，日本財団オーシャンネク
サス研究所（ワシントン大学）所長となり，新たな海洋政策の国際プラットフォームを立ち
上げる。2021 年 8 月よりワシントン大学に実践教授（Professor of Practice）として再着任。

アンドレス・シスネロス = モンテマヨール（Andrés M. Cisneros-Montemayor）編者，第9
章，第13章
サイモンフレイザー大学助教授，Ph. D.（Fisheries Economics）。オーシャンネクサス副統
括。応用漁業管理と生態系サービスを専門とする資源経済学者。持続可能な資源利用の実現
を常に視野に入れ，ブルーエコノミーに最適な経済政策，小規模漁業に関連する研究を行っ
ている。2021 年にネイチャー誌にブルーエコノミーに関する研究論文を発表。

ウィリアム・チェン（William W.L. Cheung）編者，第1章
ブリティッシュコロンビア大学 Institute for the Oceans and Fisheries 教授，Ph. D（Ecology）.
2009 年より気候変動による漁業への影響を分野横断的手法により研究，世界的な予測を
2013 年にネイチャー誌に発表。その後，IPCC に海洋部門の主筆者として参加している。既
に 100 本以上の論文を発表しており，2013 年よりネレウスプログラムの共同統括を担った。

チャールズ・ストック（Charles A. Stock）第1章
NOAA/Geophysical Fluid Dynamics Laboratory の海洋学者（調査研究専門），Ph. D.（Civil,
Environmental And Ocean Engineering）。海洋生態系や幅広い時空間規模での物質と生物
の相互作用を研究。彼の研究目的は，季節と数十年単位で起こる気候と海洋生態間の量的変
化の予測と相互作用の予想である。

ジョルジ・サルミエント（Jorge L. Sarmiento）第1章
プリンストン大学 Department of Geosciences 名誉教授，Ph. D（Geology）。二酸化炭素に代表される気候上重要な化学物質の大洋サイクル，海流を研究するための化学的トレーサー手法の利用，海洋生物科学に対する気候変動の影響について広く発表している。

エルシー・サンダーランド（Elsie M. Sunderland）第1章，第4章
ハーバード大学 Department of Environmental Health 教授，Ph. D.（Environmental Toxicology）。彼女の研究グループは，地球汚染物質の生物地球化学を研究しており，生態系や地球規模のアプリケーションなど，様々なスケールでモデルを開発し，過去および将来の気候変動や環境汚染物質の人間の生態学的健康への影響に関する研究を進めている。

レベッカ・アッシュ（Rebecca G. Asch）第2章
イーストカロライナ大学 Department of Biology 助教授，Ph. D.（Biological Oceanography）。プランクトンの生態，気候の相互作用に焦点を当て研究する漁業海洋学者である。彼女の研究は，フィールドワーク，時系列分析，生態系モデリングを組み合わせ，ローカルからグローバル，季節性から100年周期のスケールに及ぶ。主に気候変動が栄養段階間の季節的な不一致の増加につながる可能性があるかを調査する。

トマス・フレーリヒャー（Thomas L. Frölicher）第3章
ベルン大学 Physics Institute 助教授，Ph. D.（Climate & Environmental Physics）。モデル，理論，観測の考察をして研究を進める。現在，そして未来の炭素循環サイクルと気候変動の関係を地域レベルと地球規模の双方から研究している。特に，エクストリームイベントと呼ばれる地域的な異常熱波とその環境影響，また地球のシステムの海洋成分とそれが炭素循環・栄養循環の中で果たす役割に焦点を当てる。

コリン・ザックレイ（Colin P. Thackray）第4章
大気物理学と科学の数値化モデリングの経験を持つハーバード大学のポスドク研究員，Ph. D.（Atmospheric Chemistry）。毒性物質が及ぼす漁業の健全性と持続可能性への影響を査定するために，物理的環境を海洋食物網と照らし合わせ，人間に起因する（大気から海洋まで）水銀のような有毒物質の排出を追跡するためのモデリングフレームワークを開発している。このフレームワークは，漁業・気候・排出が変化する中で，将来の漁業の持続可能性を予測するのにも役立つだろう。

ガブリエル・レイゴンデュー（Gabriel Reygondeau）第5章
ブリティッシュコロンビア大学 Institute for the Oceans and Fisheries, Changing Ocean Research Unit 助手，Ph. D.（Macroecology & Oceanography）。「地球規模の海洋生物地理学における気候変動と人為的活動の影響」に焦点を当てて研究をしている。 現在の研究として以下3つが挙げられる。(1)海洋生物（プランクトンから最上位の捕食者まで），生物多様性および地球規模での環境条件の関係性 (2)世界の海洋生態系の特定とモニタリング (3)地

球規模の海洋生態系における人為的負荷の影響の評価。

ジョーイ・バーンハート（Joey R. Bernhardt）第6章
イェール大学 Department of Ecology and Evolutionary Biology ポスドク研究員，Ph. D.（Zoology）。変化する環境に，人々や地域社会がどのように適応し，また存続させられるかを理解することを目指す。個々のレベルでのエネルギーや物質の流れがどのように環境変化に応じて個体群を形成するかを定量化するために，生物学的構造のレベル間で統合する。理論，実験，統合により，生物多様性，および生物多様性と人間の暮らしのつながりにおける代謝の基礎を追求する。

レベッカ・セルデン（Rebecca Selden）第7章
ウェルズリー大学 Department of Biological Sciences 助教，Ph. D.（Ecology, Evolution and Marine Biology）。幅広い訓練を受けた海洋経済学者であり，気候変動が海洋コミュニティや漁師にどのように影響するかを調査する。気候変動がいかに海洋捕食者−被食者関係に影響しているのかを調査しているラトガーズ大学のマリン・ピンスキーの指導の下で，NSF OCE でポスドクリサーチフェローとして研究していた。ネレウスのプロジェクトとして，種の分布移動が沿岸海洋システム内で生物学的コミュニティをどのように作っているか，生態学的コミュニティ構造での変化が漁業コミュニティに影響を与える可能性を調査する。

マリン・ピンスキー（Malin Pinsky）第7章
ラトガーズ大学 Department of Ecology, Evolution, and Natural Resources 准教授，Ph. D.（Biology）。ピンスキー博士は，海洋の生物群衆と分子ツールに関心を寄せる生態学者である。研究領域の境界を押し広げ，高い技術のある科学者やコミュニケーターを育成することで，海洋生態系の保全を目指す。温帯魚とその漁業の気候変動への適応，海洋保護構想のためのコーラルフィッシュの幼魚分散，気候変動や狩猟によるアザラシの個体群動態を調査している。

ティフ゠アニー・ケニー（Tiff-Annie Kenny）第8章
ラベル大学 Département de médecine Sociale et préventive 准教授，Ph. D.（Biology）。ティフ゠アニーは，栄養と食料安全保障のための生物多様性における人間の依存関係に関心を持つ。先住民族の食料システムの生態学的，環境的，経済的側面に特に焦点を当てつつ，海洋環境と人間の健康との関係を調査するために，一般参加型とシステムベースの方法論を採用している。

ウィルフ・スワーツ（Wilf Swartz）第10章
ダルハウジー大学 Marine Affairs Program 講師，Ph. D.（Resource Economics）。オーシャンネクサス副統括。これまでは，漁業補助金による漁船団の拡大と国際ガバナンスを背景に，世界の水産物消費量を調査してきた。現在は，主に水産物のサプライチェーン管理に焦点を当てる。具体的には，現在，水産物産業における CSR（企業の社会的責任），水産養殖にお

ける持続可能性基準，鮮度維持に制約がある場合の価格決定メカニズムのモデリング（日本の生鮮魚市場など）などが挙げられる。

キャサリン・セト（Katherine Seto）第 11 章

カリフォルニア大学サンタクルーズ校 Social Sciences Division 助教，Ph. D.（Environmental Science, Policy, And Management）。海洋と沿岸システムにおける人間と自然とのシステムダイナミックスの結合に重点をおいた研究をしている。1）食料保障や生計保障のための海洋資源の貢献　2）資源の公平性や持続可能のための海洋や沿岸システム管理　3）急速な世界的変化の状況での海洋安全保障やグローバリゼーションに焦点をおく。公正，持続可能，海洋と沿岸システムのガバナンスと紛争との相互関係を調査する。

ブルック・キャンベル（Brooke Campbell）第 11 章

オーストラリア国立海洋資源安全保障センター（ANCORS）の博士課程に在籍。彼女は生態系と自然資源計画，管理，政策を専門とし，島や僻地での食料安全保障と生活の糧としての漁業を取り巻く海洋資源ガバナンスの問題に関心を持つ。博士課程の研究として，西太平洋地域の太平洋島嶼国の漁業ガバナンス戦略に対する情報通信技術の影響を調査している。

ジェシカ・スパイカーズ（Jessica Spijkers）第 12 章

ストックホルム大学・ストックホルムレジリアンスセンターとジェームズクック大学・オーストラリア研究会議気候システム科学センター（ARC）サンゴ礁研究センターの博士課程に在籍。ヨーロッパ研究と持続可能な開発のための社会・生態レジリアンスをテーマに修士号を取得。博士課程では，社会・生態の因果関係によって，共有資源を巡る国際紛争が発生する仕組みについて研究する。特に，気候変動下での紛争のシナリオを構築し，今後の変化にいかに対応するかの提言につなげたいとする。

ジェラルド・シン（Gerald G. Singh）第 14 章

ニューファンドランドメモリアル大学 Department of Geography 助教授，Ph. D.（Resource Management and Environmental Studies）。持続可能な開発目標の達成と漁業管理および海洋保全の相互利益に関するネットワーク分析（海の持続可能な使用や管理を達成することに SDGs がどのように影響されるかについての研究）を行っている。彼は，これまでアセスメントの枠組みとして，専門家を対象としたシステマティックな比較分析また環境アセスメントの世界的なトレンドに関する考察を行っている。

ソレーネ・グッギスベルク（Solène A. Guggisberg）第 15 章

ユトレヒト大学ポスドク研究員 Ph. D.（International Law）。海洋法，環境法，国際紛争解決を専門とする。現在は，漁業ガバナンス，気候変動，持続可能な開発に関する研究を行う。国際漁業法，EU 漁業法，海洋区画法，持続可能な開発問題に関する法的助言や意見を提供する漁業や海事関係に関わる国連機関，国際的な政府および非政府組織に携わった経験がある。

海洋の未来　持続可能な海を求めて

2021 年 8 月 20 日　第 1 版第 1 刷発行

編　者　アンドレス・シスネロス＝
　　　　モンテマヨール
　　　　ウィリアム・チェン
　　　　太田義孝
訳　者　太田義孝

発行者　井　村　寿　人

発行所　株式会社　勁　草　書　房
112-0005 東京都文京区水道2-1-1　振替　00150-2-175253
（編集）電話 03-3815-5277／FAX 03-3814-6968
（営業）電話 03-3814-6861／FAX 03-3814-6854
本文組版 プログレス・平文社・中永製本

©OTA Yoshitaka　2021

ISBN978-4-326-65430-7　Printed in Japan

西條辰義 編著

フューチャー・デザイン──七世代先を見据えた社会

環境問題やエネルギー問題など，将来にも多大な影響を及ぼすような政策
や意思決定をどのように行うべきか。画期的な方法を提唱する。

3080円

宇佐美　誠 編著

気候正義──地球温暖化に立ち向かう規範理論

人類が直面する最大の難題──地球温暖化。政治も社会も大きな転換が求め
られる今，哲学・倫理学の重要論点を掘り下げる。

3520円

宇佐美　誠 編著

グローバルな正義

地球規模の正義はありうるか。国内正義とどう異なるか。貧困・南北問題・
移民・国際貿易・多国籍企業をめぐるスリリングな正義論！

3520円

ポール・B・トンプソン 著　太田和彦 訳

食農倫理学の長い旅──〈食べる〉のどこに倫理はあるのか

皆が食べ続けることができる食べ方とはどのようなものか。生産の効率性
に重きを置く市場原理主義的なフードシステムのあり方を問う。

3520円

三浦大介

沿岸域管理法制度論──森・川・海をつなぐ環境保護のネットワーク

森－川－海岸へとつながる空間を沿岸域として，人の活動に対する沿岸域
の環境保護をめざし，「総合」管理の法制度を探求する。

2750円

朝日新聞科学医療グループ 編

やさしい環境教室──環境問題を知ろう

環境問題ってむずかしそうで……と敬遠してきた人に。日本各地で起きてき
たこと，これからのこと。この本を手に見つめてみませんか。

2200円

勁草書房刊

＊表示価格は 2021 年 8 月現在。消費税（10％）が含まれています。